普通高等教育"十二五"规划教材

全国高等农林院校规划教材

植物发育生物学导论

蔡秀清　刘进平　编著

中国林业出版社

内容简介

本书系参考国外发育生物学相关专著、教材及论文，结合编者的教学实践编写而成的。全书共分11章，较为全面地介绍了植物发育概论、胚胎发生、苗芽发育、叶片发育、根的发育、维管发育、光形态建成和向性生长、开花控制、花的发育、配子体发育和受精、种子与果实发育。本书在介绍相关基础理论和基本知识的同时，也尽可能地介绍相关领域的最新研究进展。

本书可作为高等院校生物学相关领域的本科生、研究生教材，也可供相关领域的初学者、科研人员和教育工作者阅读参考。

图书在版编目（CIP）数据

植物发育生物学导论／蔡秀清，刘进平编著．—北京：中国林业出版社，2015.6（2017.3 重印）

普通高等教育"十二五"规划教材　全国高等农林院校规划教材

ISBN 978-7-5038-8055-1

Ⅰ.①植…　Ⅱ.①蔡…②刘…　Ⅲ.①植物－发育生物学－高等学校－教材　Ⅳ.①Q945.4

中国版本图书馆 CIP 数据核字（2015）第 145335 号

国家林业局生态文明教材及林业高校教材建设项目

中国林业出版社·教育出版分社

策　　划：杨长峰		责任编辑：肖基浒　高兴荣	
电　　话：(010)83143555		传　　真：(010)83143516	

出版发行　中国林业出版社（100009　北京市西城区德内大街刘海胡同 7 号）
　　　　　　E-mail：jiaocaipublic@163.com　电话：(010)83143500
　　　　　　http：//lycb.forestry.gov.cn

经　　销　新华书店
印　　刷　北京市昌平百善印刷厂
版　　次　2015 年 7 月第 1 版
印　　次　2017 年 3 月第 2 次印刷
开　　本　850mm×1168mm　1/16
印　　张　13.25
字　　数　322 千字
定　　价　33.00 元

前　言

　　发育和遗传是生命科学中最核心的问题。其中，植物发育生物学是研究植物生长发育机制的科学，是生物学最基础和最核心的学科。早期的植物发育生物学主要集中在胚胎发生，且多为描述性的知识，随着遗传学、生物化学、分子生物学、基因组学等多学科、多领域手段的发展和使用，植物发育生物学在近30年内转向以研究生长发育的遗传和分子机理的研究，获得了更多解释性知识，植物发育生物学也成为植物科学各分支中发展最快的前沿领域。我们在翻译国外优秀植物发育生物学教材、专著的基础上，参考最新的论文文献，编写了这本教科书。本书共分11章，包括：植物发育概论、胚胎发生、苗芽发育、叶片发育、根的发育、维管发育、光形态建成和向性生长、开花控制、花的发育、配子体发育和受精、种子与果实发育。本书尽可能系统全面地介绍植物发育生物学的基础概念、原理，图文并茂地阐述植物发育的主要方面，以便即时反映植物发育生物学最新研究进展和趋势。

　　需要说明的是，对本课程的学习应该在教材学习的基础上，大量阅读最新科技论文，及时跟踪和了解学科前沿领域的进展。尤其对于研究生以上层次的学生而言，更是如此。原因是植物发育生物学研究领域千头万绪，这方面的文献极为浩繁，任何一本植物发育生物学教材都难以对本学科的方方面面加以论述；同时，植物发育生物学研究进展十分迅速，教材出版周期远远落后于科技论文的出版周期，教材内容实际上难以囊括最新的研究进展。

　　本书出版受到了海南大学中西部高校提升计划（本科教学工程项目、教学创新团队建设）遗传学精品课程建设项目、中西部高校提升综合实力工作资金项目遗传学重点课程建设项目和屯昌鑫禾木苗有限公司的横向课题"几种果蔬、药物植物组织培养技术优化开发与应用研究"（2011039）资助，特此致谢。

　　本书可作为高等院校植物学相关领域的本科生、研究生教材，也可供植物学科研人员和教育工作者参考使用。

编著者

2015 年 2 月

目　录

第1章　植物发育概论

植物发育生物学(plant developmental biology)是研究植物个体生长发育规律及其遗传调控机理的学科。高等植物个体发育包括生殖细胞产生、受精、胚胎发生、种子和果实发育、实生苗发育、营养器官和生殖器官发育等过程。其个体发育的基础是细胞分裂、扩大、分化和死亡。植物个体发育过程复杂而有序，既受控于植物体内在的遗传机制，也受外界环境条件和生物因素影响。随着生物化学、分子生物学、遗传学和基因组学的发展，植物发育生物学已超越了胚胎学、形态学和解剖学等学科对植物发育现象的单纯描述阶段，进入阐明植物个体发育分子机制和解释发育本质的阶段。植物发育生物学目前是最活跃的植物科学前沿学科之一，几乎每个月都有激动人心的发现和进展。

为了让读者直观地了解植物生长和发育过程，图1-1展示了模式植物拟南芥从胚胎发生开始，经种子和果实发育、种子萌发、营养器官(根、茎、叶)发育，到开花、配子体形成和授粉等植物生活周期中的不同事件。

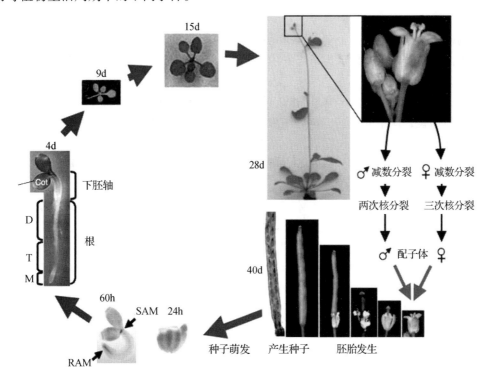

图1-1　拟南芥生活周期(引自 Gutierrez, 2005)

从合子进行胚胎发生(图1-1右下),之后胚在成熟种子中充分成熟,种子萌发并迅速生长,其茎尖分生组织(SAM)和根尖分生组织(RAM)包含增殖细胞,在萌发后60 h被报告基因57标记。萌发4 d根已包含3个区域:分生组织(M)、开始分化的转变区(T)及包含完全分化细胞的成熟区(D),种子萌发产生的实生苗顶部由子叶和正在伸展的子叶(cot)组成并可分辨。实生苗在生长发育成一株开花的成熟植株,其基部发育成莲座状叶片,28 d后在顶部开花。花由花器组成:萼片、花瓣、雄蕊和心皮。某些细胞经历减数分裂形成配子体,雌配子体为带有卵细胞的胚囊(在胚珠内),雄配子体为花粉(在花药内)。在授粉过程中,花药裂开,花粉粒落到柱头,并萌发形成花粉管,花粉管穿过柱头乳突、花柱和隔膜(子房壁)。花粉管在胚珠附近出现,并穿透胚珠,与胚囊中的卵和中央细胞受精。受精后进行胚胎发生、种子和果实发育(Gutierrez, 2005)。

1.1 从细胞角度来理解植物发育

一株成熟的植物是由许多不同的器官、组织和细胞类型构成的。植物发育从一个单细胞——合子(受精的卵子)细胞分裂开始,并形成种子内的胚胎。胚胎成熟时,已包含特征性的分生组织,种子萌发后依赖分生组织发育成一个完整植株。分生组织在植物的一生中保持分裂、形成新细胞的潜能,植物所有复杂的器官都是由看起来较为简单的分生组织通过细胞分裂、细胞扩大和细胞分化(一些情况下还包括细胞程序性死亡)组合发育而来的。这个过程称为形态发生(morphogenesis)。

任何植物结构形成的第一个阶段都是通过细胞分裂产生新细胞,因此,决定细胞分裂的位置、方向、数目及时间便成为形态发生过程中的第一个控制阶段。一旦细胞形成,之后即按照特定方向进行细胞扩大并达到一定大小,同时还伴随着细胞分化。细胞分裂可分为无丝分裂(amitosis)、有丝分裂(mitosis)和减数分裂(meiosis)3种类型。无丝分裂又称为直接分裂,细胞核伸长,从中部缢缩,然后细胞质分裂,其间不涉及纺锤体形成及染色体变化,故称为无丝分裂。无丝分裂不仅发现于原核生物,同时也发现于高等动植物,如植物的胚乳细胞。有丝分裂,又称为间接分裂,特点是有纺锤体染色体出现,子染色体被平均分配到子细胞中,这种分裂方式普遍见于高等动植物。减数分裂是指染色体复制一次而细胞连续分裂两次的分裂方式,是高等动植物配子体形成的分裂方式。植物细胞分裂受一系列相互作用的蛋白质如细胞周期蛋白(cyclin)与细胞周期蛋白依赖性激酶(cyclin-dependent kinase, CDK)的磷酸化与去磷酸化调控。

分生组织区域细胞进行分裂时,向前推挤与扩展。根尖分生组织细胞在发育成薄壁细胞时,体积会扩大30~100倍,而西瓜贮水细胞的体积则会扩大350 000倍,有时甚至达到数百万倍。通常,绝大多数细胞扩大发生在细胞分裂停止之后。细胞扩展的方向对器官的塑性及生长方向影响较大。在所有方向上扩展的细胞可能是以松弛的相互叠加的球形细胞来填充空间(如水果),也可能形成大块的胼胝质或愈伤组织(callus)。愈伤组织不仅可在植物组织培养中获得,在自然条件下如植物受伤或受病原菌侵染也会产生。在绝大多数情况下,细胞扩展并非在各个方向整齐一致,而是受控制的及定向方式的。不对称细胞扩大可引起细胞迅速定向生长,如在向性弯曲现象中所观察到的结果,因此,不对称细胞扩大对植物响应环境信号迅速做出反应十分重要。长期以来，生长素被认为控制着细胞扩大，但目前认为其他生长激素如赤霉素与细胞分裂素也会促进细胞增大。例如，在叶和子叶组织中，细胞分裂素可刺激细胞扩大；赤霉素可导致萌发的胚根伸长。生长素通过刺激位于原生质体膜上的 H^+ ATPase 活性，使氢离子由细胞质向胞外泵出，从而促进细胞壁酸化，这种理论称为酸性生长理论（acid growth theory）。

　　细胞分化可定义为特化结构和功能的发育。细胞分裂、扩大和分化是紧密联系、协调进行的过程。分化的细胞是由存在于（初生和次生）分生组织的细胞以位置依赖的方式产生的。包括分生组织在内的所有细胞都处于不同的内部环境中，由于内部环境中存在不同的环境组分如激素、营养、溶解的气体及源于周围细胞的信号的浓度梯度，因此细胞具有极性（polarity）。许多已分化的细胞仍保留脱分化及再生形成完整植株的能力，这种能力称为全能性（totipotency）。在离体培养条件下，植物细胞全能性可以得到表达。

　　特异性细胞死亡是包括植物和动物在内的许多真核生物生长和发育必不可少的环节。细胞死亡不仅在生物发育中发挥作用，也在应对生物和非生物胁迫反应中起着重要作用。由于生物控制细胞死亡过程的启动和执行，因此该类型细胞死亡称为程序性细胞死亡（programmed cell death，PCD）。衰老（senescence）和与超敏反应（hypersensitive response，HR）相关的细胞死亡是植物 PCD 的两个例子，揭示了植物 PCD 的形式和范围。衰老是组织在其寿命结束时相对缓慢的细胞死亡过程。衰老组织中的细胞组分有序解体，并使营养从衰老组织中最大程度地转移出，以便在存活的植物部分内再循环利用。HR 引起的 PCD 则大为不同，是由某些病原在试图感染部位或其附近引发的细胞死亡。

　　PCD 是正常生殖发育所需的。在被子植物的大配子形成过程中，大孢子母细胞减数分裂形成 4 个孢子，其中 3 个经历 PCD，剩余的 1 个大孢子产生卵和胚囊的其他组分。同样在小孢子形成过程中 PCD 也发挥作用，包围小孢子细胞的绒毡层会死亡和解体。绝大多数被子植物受精后，合子第一次有丝分裂产生两个细胞：其中一个产生胚，另一个产生胚柄。胚柄经数次有丝分裂后，胚柄细胞也会经历 PCD。籽粒达到收获成熟时，胚乳细胞死亡，而周围的糊粉层细胞保持成熟状态。淀粉质胚乳 PCD 的独特之处在于细胞死后仍保留全部内容物，包括细胞核和细胞器。在单、双子叶植物种子萌发过程中，胚乳也要经历 PCD。植物营养发育的许多方面是具有 PCD 依赖性的，如导管分子（tracheary element，TE）是一种功能成熟时死亡的细胞，在导管分子形成过程中，液泡破裂，释放出水解酶（如蛋白酶、核酸酶和磷酸酶）、降解细胞器和其他细胞内容物。龟背竹属植物（Monstera sp.）叶片发育过程中，PCD 给叶形带来了巨大变化。营养发育的其他方面也受选择性细胞死亡的影响。叶片的毛状体和茎枝上面的刺在成熟时都是死亡的。植物地上部分表面的不同类型腺体也是由细胞死亡产生的，例如，柑橘果实表面的油腺就是由表皮下细胞经历 PCD 后形成的空腔，并填充香精油。PCD 是一些植物对胁迫反应的一种自然反应。植物在胁迫条件下，例如，缺氧（hypoxia）条件下，植物在根中会形成通气（薄壁）组织（aerenchyma），形成管道，便于空气由此从茎向根扩散。衰老是与营养和生殖器官发育最后阶段相联系的类 PCD 过程。衰老一般在器官成熟后发生，并且不再生长和器官发生；但却受环境和内源因素（如激素）变化影响巨大。衰老是一个高度受调控的过程，在此过程中新的代谢途径被激活，而其他的代谢途径则被关闭。

1.2 从分子角度来理解植物发育

在很早以前植物发育生物学通常只是植物解剖学家的领域，由他们对植物发育进行详细的描述并提供了大量认识植物构造的宝贵信息。之后，实验植物生物学家和生理学家又增进了我们对植物生长发育过程的理解。现今，植物发育生物学已经进入分子生物学时代，分子遗传学研究进展彻底改变了我们对植物发育的理解。

从分子角度讲，发育就是按照贮存在 DNA 中的遗传信息展开的结果，是基因有规则地在特定的时空条件下表达的结果。例如，复杂的花器发育过程可以描述为"若干主要的调控基因指导下有序进行的一组事件"。遗传分析过的绝大多数发育过程都是在内外因素（外部因素如光照、温度，内部因素如内源激素水平）的作用下，由等级有序的基因所控制的基因表达过程。在某一器官或发育阶段中，等级体系中顶端的主要调控因子控制其他基因的表达。主要调控因子多数是转录因子或细胞信号转导分子，它们负责调控其他基因。高等植物的基因调控包括在染色质水平、DNA 水平、转录水平、RNA 加工、RNA 运输、翻译水平和翻译后水平上的调控。在转录水平上的调控，如顺式调控元件（如启动子和增强子）及反式作用因子（如转录因子）的相互作用研究得最为详细。随着表观遗传学（epigenetics）和微 RNA机制研究的深入，人们发现了生物基因表达调控的另一类奥秘。表观遗传是基因结构未改变但基因表达发生变化或染色质调节基因转录水平改变的遗传变化。目前除经典的遗传调控外，包括 DNA 甲基化作用（DNA methylation）、组蛋白修饰作用（histon modification）、染色质重塑（chromatin remodeling）、遗传印记（genetic imprinting）及非编码 RNA（non-coding RNAs）等调控作用机制也进入了植物发育生物学家的研究视野。

1.3 植物发育的特点

动植物发育之间的相似性可促使发育生物学家提出统一的发育学理论，但是动植物之间也存在许多差别。相同的方面，意味着植物发育可借鉴动物发育的理论和模型，例如，格式形成（pattern formation）就是一个在现代发育生物学中具有指导性意义的模型。格式形成的概念主要是从果蝇突变体分析中提出来的，它是由一个等级有序的基因网络驱动的。格式形成为动物中许多发育突变体的分类提供了一个理论框架。在植物发育学研究中格式形成被当作有用的范例。花器发育最初就是视作格式形成过程，因此研究者集中研究那些破坏花器官正常格式的突变体。动植物发育之间的差异表明：植物发育具有不同于动物发育的策略。动植物发育之间的差异如下：

1.3.1 植物的不动性及对环境的反应

被子植物和高等动物（如哺乳动物）相比，最明显差别的特点是：动物是可移动的；植物则扎根于土壤，是不动的。另外，动物体内的细胞都能够运动，而植物体内的细胞因为具有细胞壁，是不能移动的。运动性（mobility）决定了生物如何对环境做出反应，如何哺育自身并进行繁殖。因此，植物在发育和生殖策略上与动物存在显著差异。其中一个最主要的差别在于动物通常既可从行为上对环境变化做出反应，也可从生理上对环境变化做出反应，但植物由于不能运动以躲避逆境，因此主要局限于从生理上对环境变化做出反应。例如，动物会通过躲藏或快跑来避免被捕食，而植物则可能通过调控臭味化合物代谢合成来阻止食草动物的嚼食。

1.3.2　植物独特的胚后发育

在高等动物中，多数成年个体具有的器官在胚胎发生阶段就已经产生。以人为例，人类胚胎只是成体的一个微缩版。在高等植物中，胚并没有任何成年植株所具有的器官。组成植物胚的器官(子叶和胚轴)也是实生苗的器官，但不是成熟植株的器官。植物器官是在胚后发育中由芽和根分生组织形成的。由于器官形成可在胚后发育中持续进行，植物因而可以改变身体蓝图以适应环境变化。动物的身体蓝图是由胚胎发育预先决定的，而植物的身体蓝图具有很大的可塑性，能适应不同的环境压力。由于绝大多数植物器官是在胚后发育中产生的，因此植物发育生物学家们对分生组织和胚胎研究同样感兴趣。

1.3.3　植物细胞具有全能性并可实现植株再生

被子植物和高等动物受不同的发育策略控制。高等动物的发育通常可看作是一系列复杂途径，使未分化细胞逐渐地向更远的分化状态的细胞类型和细胞谱系转变。因此，动物发育势必限制单个细胞的发育潜力：一旦形成完整的动物，其内的细胞和器官通常最终到达分化状态。与此相反，植物细胞则通常保持细胞全能性或多能性，植物细胞分化是可逆转的，因此植物组织培养或体外培养被广泛应用，如对植物种苗进行快速繁殖和遗传工程等。目前动植物在干细胞研究方面的进展差距表明了动植物细胞全能性上的差别。许多分化完成的植物器官、组织和细胞仍保持再生的能力。植物组织培养中，分化细胞经器官发生(organogenesis)或体细胞胚胎发生(somatic embryogenesis)途径再生植株。在器官发生途径中，可不经胚胎发育阶段直接产生器官。体细胞胚胎发生的环境与合子胚十分不同，也没有其他母体组织和合子组织(胚乳)，但却会重复合子胚发育的步骤。值得注意的是，芽和根这样主要的植物器官系统即使在完全成熟的植株上仍然保有分化的能力。新的器官一般从分生组织(活跃的细胞分裂区域)产生，这使得成熟植株也能产生新的根、芽和叶。

1.3.4　植物无动物发育中的生殖细胞系

在动物中，生殖细胞系和体细胞在胚胎发育的极早期就已分化。在哺乳类动物中，生殖细胞系经历少数几次细胞分裂就停止，也正因为如此，雌性动物的生殖细胞才不至于像在持续分裂过程中那样累积突变。但在雄性动物中，生殖细胞如同体细胞一样经历很多次分裂，因而更易发生突变。而植物根本没有生殖细胞系。至少在胚胎发生过程中不同于动物中那样把生殖细胞系保存起来，生殖细胞的分化在植物发育的晚期才开始。成熟植株在芽和根的分生组织上产生新的营养器官，响应于发育和环境信号，植物的茎端会从营养分化模式向生殖分化模式转变。这种转变导致花和配子的产生。因此，产生植物种系的细胞是来自于分生组织区域，也就是先前产生植物营养组织(体细胞)部分的区域。这样，分生组织细胞的体细胞突变具有改变配子基因型的潜力。植物中的生殖细胞起源于三个基础细胞层之一，产生生殖细胞的那一细胞层（L2）并不只是保留下来专门产生生殖细胞的，而是既产生生殖细胞，也产生植物的营养器官部分。有研究曾提出在顶端分生组织（shoot apical meristem, SAM）有一组静止细胞组成生殖细胞系，称之为 méristème d'attente，它会在营养生长中保留下来，但细胞系谱分析表明，在胚性茎尖分生组织中并没有一群细胞专门用来形成花或花的生殖器官。

1.3.5　植物的器官和细胞类型较少

高等动物器官和细胞类型比高等植物的更加丰富多样，但植物会产生数目大、变异多的某种特定器官（如叶片）。双子叶植物的胚只有 4 种器官：上胚轴或胚芽（子叶以上的胚轴）、子叶、下胚轴（子叶以下，胚根以上的胚轴）和幼根（胚根）。成熟植株只有 3 种营养器官：叶、茎和根。花则有 4 种器官：萼片、花瓣、雄蕊和雌蕊。其他器官在特定发育时期形成，如果实（成熟子房）。由于只具有少数不同的器官，高等植物的细胞类型也比高等动物少，有 40 种左右，而在高等动物中则有数百种之多。由于植物只有较少的器官和细胞类型，不同细胞和器官间的胞间信号转导网络相较动物也相对简单。动物细胞和受体间有数百个胞外信号转导分子和激素作用，而植物细胞只有少数激素、生长因子和信号分子在文献中有描述，可能还有更多，只是现在没有发现而已。在经典的文献中，主要是对生长素、细胞分裂素、乙烯、赤霉酸和脱落酸 5 种激素的描述，另外还有新发现的油菜素内酯和茉莉酸。到目前为止，在植物上鉴定出 2 种信号肽分子，分别是伤信号分子系统素（systemin）和大豆 ENOD40 基因产物。ENOD40 基因在大豆根结形成早期的根皮层细胞内高度表达，参与诱导中柱鞘细胞分裂。这些发现表明，可能还有更多的其他植物基因编码参与植物发育过程的肽激素合成。其他信号分子如寡聚糖，特别是寡聚糖醛酸苷，参与受伤、病源入侵过程，还可能包括正常的发育过程。

1.3.6　植物生长形式与细胞分裂板取向有关

植物细胞因为有细胞壁，因此细胞固定在原来的位置不动。如前所述，植物细胞和组织不像动物一样在胚胎发育中可以迁移，因此，植物形式（plant form）的发育是由固定不动的细胞分裂和伸展决定的。这也是为什么植物发育生物学家用细胞分裂方式和分裂板来解释植物形式发育的原因。植物结构中的细胞分裂板的取向决定它如何生长。垂周分裂（anticlinal division）是细胞分裂板垂直于表面的分裂，它使表面伸展；而平周分裂（periclinal division）是细胞板平行于表面的分裂，它引起表面突起。占优势的细胞分裂板限定组织的特性，如表皮组织进行垂周分裂，形成的单细胞层扩展延伸，覆盖器官和其他结构的表面。而初生根中柱鞘中的细胞进行平周分裂，产生侧根并向外生长。

1.3.7　植物利用胞间连丝进行胞间通讯

植物细胞有细胞壁阻融，但相互连接的程度却是十分惊人的。植物细胞是通过细胞质桥（cytoplasmic bridge）或胞间连丝（plasmodesmata）相互连接的。胞间连丝是直径约 3 nm 的细

之间的有效通道，可允许小的代谢物、离子和相对分子质量约 1 000 或略小的信号分子通过。在植物体的某些特定部分，细胞甚至连结形成合胞体（syncytium，连续细胞质）。如蔗糖等小分子可从合胞体的一个细胞向另一个细胞流动。细胞类型不同，胞间连丝的数目也不同。植物细胞间存在大量的相互连结，除小分子外，目前已有证据表明，蛋白质和核酸等大分子物质也可能通过胞间连丝流动。

1.3.8 植物独特的配子体阶段和有性生殖

哺乳动物雌雄异体，在生命周期中通常以二倍体的孢子体阶段为主，配子产生和受精不能离开亲本体内，单对雌雄亲本繁殖产生的后代数量有限，且不能实现自体受精。在一些低等植物（单细胞生物绿藻）中单倍体世代（$1n$）在其生命周期中占优势，但在高等植物中作用则较少。高等植物有雌雄异株、雌雄同株异花、雌雄同花等多种形式，既可实现自花授粉或同株异花授粉，也可进行异株授粉，还可将花药（或花粉）及未受精胚珠培养来产生可成活的单倍体植株，生殖行为与动物迥异。高等植物的配子体如胚囊和花粉粒都是多细胞的。单倍体阶段的一个重要后果是，如果发生隐性突变，有可能在这个阶段致死或出现有害效果。但由于高等植物中经常发生多倍化和基因扩增，隐性突变未必在配子体上显现。植物配子体是多细胞结构，任何影响多细胞发育的突变可能在配子体阶段就不能存活。

1.4 植物发育生物学的研究方法

植物生物学的很多知识绝大多数来自于对模式植物所进行的研究。拟南芥（*Arabidopsis thaliana*）由于生长周期短、产生种子多、基因高度纯合、容易诱变产生突变体、基因组小（$2n = 10$，基因组大小为 125 Mbp）且已有测序数据信息和突变体库等因素，目前是植物发育生物学、遗传学和分子生物学研究使用最广的模式植物，被誉为植物界的"果蝇"。水稻是研究单子叶植物的重要模式植物。尽管拟南芥在发育遗传研究方面有很大的优势，但由于单、双子叶植物存在巨大的差异，拟南芥不是粮食作物，本身没有经济价值，而很多单子叶植物都是重要的粮食作物，如水稻、玉米、小麦、高粱、小米（粟、谷子）、燕麦、大麦、青稞等。在禾谷类作物中水稻基因组（450 Mbp）是最小的，而且也有了序列信息和突变体库，且容易遗传转化。此外，玉米、豌豆（*Pisum sativum*）、矮牵牛（*Petunia hybrida*）、金鱼草（*Antirrhinum majus*）、番茄（*Solanum lycopersicum*）、烟草（*Nicotiana tabacum*）、百脉根（*Lotus japonicus*）及杨树（*Populus* sp.）也是经常采用的模式植物。这些植物在研究植物发育遗传方面各有优势，如番茄在研究果实发育和成熟方面具有优势；百脉根可作为研究豆科植物固氮的分子机理方面的模式植物；杨树单倍体（$n = 19$，450～550 Mbp），基因组相对较小，因此杨树成为研究木本植物的模式植物。

以往利用形态观察、解剖学和生理学研究已经积累了很多资料，目前，几乎植物生命周期中的每个发育过程都在采用分子遗传学的工具进行探索。遗传学家通常采用影响发育过程的一系列突变体进行研究。首先，利用 EMS 等化学诱变剂诱导产生点突变，然后用以分子标记为基础的定位克隆（positional cloning）或图位克隆（map-based cloning）结合测序方法来分离基因。图位克隆需要有高精度的遗传图谱和物理图谱。还有一个最直接的方法是，采用插入突变对突体基因进行基因标签。在拟南芥上常用的方法是利用根癌农杆菌(*Agrobacterium tumefaciens*)的 T-DNA 转移来标签有关基因。获得大量的 T-DNA 插入突变体库后，可从中选出目标突变体，通过对插入的 T-DNA 旁侧 DNA 序列进行测序，即可鉴定出被标签的基因。

反向遗传学手段可以对已知序列但功能或表型不明的基因进行研究，如采用反义 RNA (antisense RNA)或 RNA 干扰(RNA interference，RNAi)技术，敲除基因功能，可获得基因功能的大量信息，但对表型影响微小且难以观测的基因，或者功能冗余的基因效果不是很理想。与之相对的是，利用组成型的强启动子，如 CMV 35S 启动子、组织特异性启动子、化学诱导启动子等驱动目标基因的过量表达(overexpression)，并同其他方法结合在一起可对基因功能进行鉴定。此外，采用聚合酶链式反应(polymerase chain reaction，PCR)来检测随机插入突变体，可找到发生突变的特定基因。

目前，基因组学、蛋白质组学和转录组学手段及各种植株测序手段已用于植物发育生物学研究，这些新技术同经典的分子遗传学手段相结合，将对研究植物发育生物学发挥更大的作用。

参考文献

Bewley J D, Hempel F D, McCormick S, Zambryski P. 2000. Reproductive development[C]. In：Buchanan B, Gruissem W, Jones R. eds. Biochemistry & Molecular Biology of Plants. Rockville, MD, USA, ASPB, pp. 988 – 1043.

Gutierrez C. 2005. Coupling cell proliferation and development in plants[C]. Nature Cell Biology, 7, 535 – 541.

Howell S H. 1998. Molecular genetics of plant development[M]. Cambridge：Cambridge University Press, 1 – 365.

Leyser O. 2000. Mutagenesis[C]. In：Tucker G A, Roberts J A. Methods in Molecular Biology, Volume 141：Plant Hormone Protocols, Totowa：Humana Press, pp. 133 – 144.

Meyerowitz E M, Somerville C R. 1994. *Arabidopsis*[M]. Cold Spring Harbor：Cold Spring Harbor Press.

Öpik H, Rolfe S A. 2005. The Physiology of Flowering Plants[M]. 4th Edition. Cambridge：Cambridge University Press, pp. 1 – 287.

第2章　胚胎发生

胚胎发生（embryogenesis）一直是动物发育研究的焦点。在许多动物中，胚胎发生是身体蓝图基本特征的展开及器官系统的形成过程。与动物不同，植物很大程度上是胚后发育，植物胚通常不存在成熟器官，成熟器官是茎、根分生组织后来产生的。植物胚较为简单，由两个主要器官系统——胚轴（axis）和子叶（cotyledon）组成。组成胚轴的组织将产生实生苗和成年植株结构。在成熟胚中，胚轴由上胚轴（epicotyl）、茎尖分生组织（shoot apical meristem，SAM）、下胚轴（hypocotyl）、胚根或幼根（radicle）、根尖分生组织（root apical meristem，RAM）组成（图2-1）。在拟南芥等植物的胚中，上胚轴发育程度不高，只是由SAM组成。在其他如豆类植物中，上胚轴或胚芽（plumule）由SAM和若干叶片组成。子叶为终端结构，包含胚和实生苗发育的营养贮备。

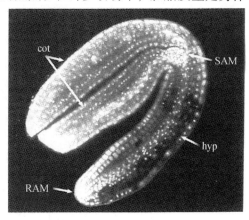

图2-1　拟南芥的成熟胚（引自 Clark 等，1995）

激光扫描共聚焦显微镜下可观察清晰的胚和到碘化丙啶染色的细胞核。茎尖分生组织（shoot apical meristem，SAM）和根尖分生组织（root apical meristem，RAM）区域细胞核密集分布。hyp：下胚轴；cot：子叶

合子经历一系列细胞分裂形成胚胎，胚胎按合点—珠孔轴排列，合点—珠孔轴被认为提供位置信息，决定胚胎发育的极性。胚胎发育是一系列有步骤的、按照确定细胞板进行细胞分裂的结果，经历一系列可从外形识别的阶段，这些阶段称为球形胚阶段、心形胚阶段和鱼雷形胚阶段。

胚胎发生包含3个重叠的阶段：组织分化、细胞增大和成熟（死亡）。在组织分化期间，受精卵经过多次细胞分裂和分化，形成胚组织和器官系统（球形胚到心形胚）。胚柄形成，并促进胚的发育，直到成熟中期（鱼雷形胚阶段）胚柄被生长中的胚所堵塞。鱼雷形胚阶段细胞增大，以适应贮藏营养的沉积。在成熟干燥阶段，发育过程终止，而胚准备并进行干燥脱水。由此可知胚胎发生不仅包括产生胚的形态发生事件，还包括胚的干燥（desiccation）、休眠（dormancy）和萌发（germination）等事件。本章主要论述胚的形态发生事件。

2.1　胚胎发生的早期事件

胚胎发育从卵子受精和合子形成开始。被子植物的受精是双受精过程，花粉粒（雄配子体）的两个精细胞与胚囊（雌配子体）的两个核融合。其中一个精细胞与卵细胞融合，而另一个精细胞与胚囊细胞中央的两个极核融合。受精后的卵细胞成为合子，中央细胞发育成三倍

体的胚乳。卵子是由大孢子母细胞中的卵核细胞化(cellularization)产生的。与不需母体环境发育的无脊椎动物的卵子相比，植物的卵细胞相对较小(50 ~ 100 μm)。植物胚需要母源性营养滋养，母源性营养贮藏在胚和胚外结构，如胚乳中。早期阶段根据原胚细胞数目命名，后期根据胚的形状命名。

极性(polarity)发育被认为是最早的过程之一，也是确立身体蓝图(body plan)最基础的步骤。拟南芥胚的极性很早就被决定，这是因为在合子第一次分裂之前，就开始沿着推定的胚轴伸长[图 2-2(A)]。胚轴是沿着胚珠的合点—珠孔(chalaza-micropyle)(卵孔或发芽口)的中轴，这表明母体组织影响胚轴的取向(Laux 和 Jürgens，1997)。支持该观点的证据是发现母体突变会影响到拟南芥的顶基轴(apical-basal axis)的取向(Ray 等，1996)。

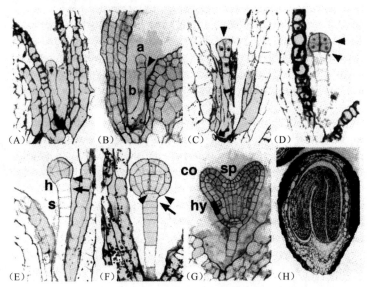

图 2-2　不同发育阶段的拟南芥胚光学剖面图(引自 Mayer 等，1993)

(A)合子　(B)一个细胞的原胚，此阶段的顶细胞　a. 将来发育为原胚，基细胞
b. 发育成胚柄　(C)二细胞阶段　(D)八细胞阶段。箭头所指为胚分裂成上层和下层
(E)早期球形胚阶段。最上层基细胞产生胚根原细胞(h)，其余细胞形成胚柄(s)　(F)
中球形胚阶段　(G)心形胚阶段　(H)手杖形胚或成熟胚阶段

随着合子伸长，皮层微管在合子的珠孔远端横向排列(Webb 和 Gunning，1991)。头两次横向分裂，产生两个细胞一列[图 2-2(B)]，之后四个细胞一列。第一次分裂是不对称分裂，产生两个不同大小的细胞(顶细胞小而基细胞较大)，这两个细胞有不同的发育命运(Laux 和 Jürgens，1997)。这种不对称分裂使小的顶细胞具有累积的 *ARABIDOPSIS THALIANA MERISTEM LAYER*1(*ATML*1)mRNA 的能力，而较大的基细胞则没有(Lu 等，1996)。较小的远端细胞将来发育成原胚(proembryo)。原胚是描述在可以看出表皮原或原表皮层(protoderm)之前的胚，通常在球形胚阶段可看到原表皮。基细胞附着在母体组织上，将来发育成胚柄(suspensor)，胚柄是将生长中的胚固着在母体组织上的结构。

在四细胞的原胚阶段，纵向和横向分裂板的细胞分裂产生球形胚。球形胚不产生器官，但却出现明显的组织发生或胚细胞分化迹象。被子植物是由三层基本细胞层(L1 ~ L3)构成，在此阶段可区分出推定的三细胞层：①原表皮细胞(L1)产生表皮；②基本分生组织细胞

(L2)在胚胎发育过程中累积贮藏蛋白和脂类,在胚中产生亚表皮细胞和薄壁组织细胞;③原形成层细胞(L3)产生胚的维管组织。不同细胞层的细胞不仅可通过其外形加以识别,也可通过它们的特征性细胞分裂方式来识别。例如,在十六细胞的原胚阶段,原表皮细胞进行垂周分裂,这也是在胚胎发育的后期及植株发育过程中 L1 层细胞的分裂方式。在球形胚阶段最后,胚形成最基本的器官:子叶和胚轴系统。器官形成使得球形胚转变形状和外观,其后的阶段分别为心形胚、鱼雷形胚、手杖形胚(或弯子叶)。形状变化主要是与子叶的出现有关。胚根原细胞(hypophysis)是由胚柄最上层细胞产生。根尖分生组织 RAM 和茎尖分生组织 SAM 分别在心形胚的早期和晚期变得明显。

四细胞的丝状胚其基部细胞形成胚柄。胚柄将胚固着在母体组织上,被认为向胚提供营养,但令人奇怪的是,胚柄竟然没有胞间连丝与胚细胞直接连接。在特定的物种中,与原胚邻接的胚柄细胞形成转移细胞(transfer cell)特征性的、精致的细胞壁赘刺。

茎尖分生组织和根尖分生组织的形成是胚胎发育中的关键事件,这些结构也是植物胚后发育的中心。接近心形胚阶段,下胚轴伸长,子叶开始形成,此时可见到 RAM 的组织。RAM 为双重起源,既起源于原胚细胞,也起源于胚柄上部细胞[图 2-2(E)]。SAM 的出现要比 RAM 晚,在心形胚阶段晚期的组织切片上可明显观察到 SAM 的形成。SAM 在刚出现的子叶分叉处形成,由细胞质浓密的小细胞组成。用新的细胞特异性标记可在胚胎发育的更早阶段鉴定出 SAM 的前身。来自三个基础细胞层的细胞参与 SAM 的组织,因此茎的 L1 ~ L3 细胞系谱可追溯到早期胚胎。

Scheres 等(1994)用转座因子 Ac 插入的 CaMV 35S 启动子—GUS 构件组成的转基因标记对拟南芥心形胚细胞进行跟踪,尤其集中在根和下胚轴的细胞谱系研究,提出在心形胚发育阶段,基础分生组织 4 层细胞产生根和下胚轴的主干(图 2-3)。在早期球形胚阶段,胚分成上下两层细胞,这两层细胞实质是最初原胚细胞第一次横向分裂的派生物。下层细胞(lower tier, lt)经横向分裂进一步分成上下层(upper lower tier, ult)和下下层(lower lower tier, llt)。llt 层有两个细胞高,由基础分生组织和原表皮细胞包围的原形成层内核组成。在心形胚晚期,llt 进一步分裂成四层,最下层的原表皮细胞转变为 RAM 原始细胞,因其平周分裂产生侧根冠可加以识别。下胚轴、中间区、根和 RAM 可追溯到的四层 llt 细胞。最大的胚区从子叶基部处与胚轴汇合,经下胚轴、根,直到根冠轴柱。该区来源于将胚分为上下两层时的第一次分裂。第二大区域是胚的下部跨越根和下胚轴的部分,被认为是由于细胞分裂将 ult 和 llt 层分开导致细胞系分离所形成的。下一个较小的区域将根—下胚轴区域划分出四段(图 2-3)。

正常情况下,胚胎发育从合子开始的,但受精并不是胚胎发生的唯一条件,植物还能够营养繁殖和从体细胞组织上启动胚胎发育。这个过程称为体细胞胚胎发生或无性胚胎发生(somatic 或 asexual embryogenesis),即从非合子组织产生胚。除不形成胚柄外,体细胞胚与合子胚其余发育过程都很相似。体细胞胚也经历合子胚类似的发育阶段,即球形胚、心形胚、鱼雷形胚阶段。体细胞胚胎发生可以从不同的外植体上经培养产生,体细胞胚胎诱导通常包括改变培养基,确定不同激素类型和浓度组合,控制培养环境(如细胞密度、营养和照明)等。体细胞胚胎发生是植物繁殖和进行遗传操作的一种重要形式,因此,几乎所有的经济植物都进行过胚胎发生的研究。

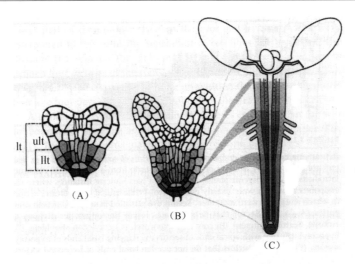

图 2-3　拟南芥胚胎细胞命运图（引自 Schers 等，1994）

（A）早期心形胚阶段：横向分裂将下层细胞（lt）分为上下层（ult）和下下层（llt）

（B）晚期心形胚阶段　　（C）实生苗

2.2　胚胎发生遗传学

　　植物的胚虽然形态上简单，但从分子角度上讲却很复杂。令人惊奇的是，有大量的基因在植物胚中表达。烟草胚中的 RNA 由约 20 000 个基因产生，相当于高度分化的植物器官，如根、叶、花药等的表达基因数目。阶段特异性 RNA 只是全部 RNA 中不太多的一部分，但也代表了大量基因。例如，棉花中度成熟胚阶段约 15 000 不同的 mRNA 中约有 10% 是阶段特异性的（Galau 和 Dure，1981）。

　　格式形成（pattern formation）由一个等级有序的基因网络驱动，如果蝇控制前后轴格式形成的不同组基因表达受时空调控。果蝇和哺乳类动物中，身体蓝图的基本特征（如胚的极性）等在胚胎发育早期就已形成。然后可将胚胎分成若干不同的模块或体节，并确定诸如单个体节的极性等一般体节特征及体节之间的关系。在动物系统中，通过突变体分析发现了胚胎发生中的格式形成原理，在植物中也找到类似的突变体。

　　在植物中研究了两种类型的胚胎突变体：胚胎致死突变体和影响格式形成突变体。胚胎致死突变体是指阻断胚胎成活和发育中必不可少的过程的突变体。在预先没有设想它们在植物发育中的潜在作用的情况下，已对这类突变体进行了收集和分析。另一方面，格式形成突变体也得到鉴定，并与植物胚胎发育格式形成的不同假说相一致。存在一个对胚胎身体蓝图基本方面调控的调控金字塔，而重要的格式形成基因是位于金字塔顶端的主调控子。主调控子较少，因而在所有发育突变体中影响主调控子的突变也就稀少。根据拟南芥的胚胎致死突变体出现的频率，Jürgens（1991）估计正常胚胎发育需要 4 000 个基因，但只有 40 到 50 个基因影响胚胎发生的格式形成。胚胎致死突变体代表正常胚胎发生所需的大量基因，但它们并非胚胎发生的主调控子。

　　许多基因参与发育调控。遗传分析结合分子鉴定是人们鉴定这些基因及其功能的重要步骤。参与贮藏营养合成的基因缺陷和突变体，在阐明贮藏营养生物合成途径及其控制点方面具有宝贵的作用。鉴定控制形态发育的基因困难较大，但利用化学和 T-DNA 诱变技术已取得一些进展。已经鉴定出在不同阶段发育阻断的拟南芥突变体，有的早在球形胚阶段或之前发育被阻断，有的成熟阶段晚期发育被阻断。尽管绝大多数特异性发育基因及其产物仍有待鉴定，但突变的多效性揭示出有趣的调控格式。例如，*Raspberry* 突变体形态发育阻断在球形胚阶段，但其原形成层、基本分生组织和表皮原组织已完成到胚胎发生末期的细胞分化。

2.2.1 胚胎致死突变体

Franzmann 等（1995）在拟南芥上鉴定和分析了大量胚胎致死突变体。他们估计（在 Jürgens 预测的 4 000 个基因中）在拟南芥中有 500 个基因很容易突变产生胚胎致死表型。这些突变体可在不同阶段阻断胚胎发生，因此这些基因以杂合形式存在。有些胚胎致死突变体对理解植物发育有用，有些则无用。关键在于这些突变体是否在重要的发育调控子方面缺陷，还是仅仅简单的代谢功能缺陷。拟南芥中 *bio1* 的例子可说明这点，该突变体最初是在胚胎发生的心形胚阶段停止发育而被识别，后来研究表明它只是一个生物素异养型突变体，该生物素需求型在特定发育阶段导致胚滞育的原因还不清楚，可能是在某一特定发育阶段所致，也可能是该胚胎在滞育阶段有特殊的生物素需求。无论什么原因，拟南芥 *bio1* 的例子表明解释胚胎致死突变在发育中的作用时要特别谨慎。如果只是简单地消耗完生物素导致滞育，那么其重要性就不如特异发育调控子缺陷突变体。

另外一组胚胎滞育突变体是由 Yadegari 等（1994）分离出来的所谓 *raspberry* 突变体。这类突变体在球形胚阶段停止发育，并在外细胞层产生隆起，产生山莓一样的外形［图 2-4（B）］。实际上由于野生型胚在球形胚阶段晚期也产生类似的隆起，所以这种隆起并不是突变体胚导致的畸形。只不过在正常胚中这个时期十分短暂，通常在描述胚胎发生时被忽略。*raspberry* 胚在器官形成前的某一阶段停止发育。Yadegari 等（1994）提出一个问题，是否组织发生（细胞特异性分化）可以在没有器官形成的情况下进行。尽管在 *raspberry* 胚中没有观察到形成基础分生组织和原形成层细胞的细胞形态分化，但利用细胞特异性探针清楚地表明有细胞特异性表达。例如，利用野生型胚的表皮细胞标记（脂转移蛋白 RNA 探针）可与 *raspberry* 胚外层细胞专一性杂交。对若干贮藏蛋白 RNA 探针也进行了试验。在野生型胚中，从鱼雷形胚阶段晚期开始，这些探针可与表皮细胞和基础分生组织累积的 RNA 杂交，但不与原形成层的RNA 杂交。*raspberry* 胚也以同样的时空格式累积同样的 RNA（即在外细胞层中，但不在原形成层通常出现的内细胞层）。因此，作者得出结论说，*raspberry* 胚的细胞可在没有器官形成的情况下（按正常时间）经历正常细胞分化。这一发现解决了发育的经典问题——是否形态发生先于组织发生。

既然胚和胚柄之间存在紧密的联系，那么令人感兴趣的是到底胚胎致死突变对胚柄发育有什么影响。胚柄将胚附着在母体组织上，被认为在胚胎发生早期发挥重要作用，负责从母体组织向胚中运输营养和生长调节物质（Yeung 和 Meinke，1993）。某些特定的胚柄结构十分精致，在绝大多数情况下，胚柄在胚胎发生晚期退化，成熟种子中不存在胚柄。如前所述，*raspberry* 胚的胚柄增大，并以细胞层特异性方式表达在正常情况下只有在胚中才表达的基

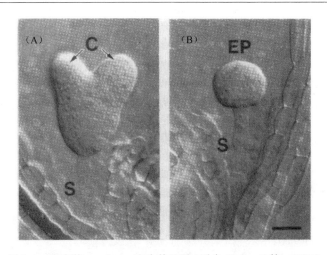

图 2-4　拟南芥 *raspberry* 突变体胚胎（引自 Yadegari 等，1994）

在同一发育阶段的（A）野生型胚及（B）*rasp* 胚胎。拟南芥 *rasp/* + 植株自交产
生的突变体胚胎，与同一果荚中的野生型胚比较。C：子叶；S：胚柄；EP：原
胚或胚体；用 Nomarski 光学显微镜观察。标尺 =26 μm

因。Yeung 和 Meinke（1993）研究表明，在拟南芥中胚柄发育受胚负向调控。当胚的发育被
阻断时，胚柄就会增大。现已发现破坏胚胎对胚柄抑制性调控的突变（Vernon 和 Meinke
1994）。一个称为 *twin* 的突变体可在胚柄上通过细胞转化产生串状排列的两个或三个胚（图
2-5）。这些胚虽然可以成活，但却有一定数量的发育缺陷。在格式形成模型中，合子第一次
分裂将原胚和胚柄的细胞命运分开，而从胚柄上形成的可成活的胚却严重破坏了这个模型。

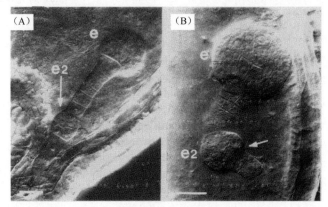

图 2-5　拟南芥 *twin* 的突变体发育成串状排列的两个胚

（引自 Vernon 和 Meinke，1994）

图 A 和 B 中 e 为球形胚阶段的原胚，其胚柄细胞形成额外胚 e2

　　Clark 和 Sheridan（1991）描述了两种类型的玉米胚胎致死突变体：*dek* 和 *emb* 突变体。
dek 突变体（缺陷性胚胎致死）胚和胚乳发育都受到抑制，而 *emb* 突变体只有胚的发育被阻
断。他们鉴定了在不同胚胎发育阶段受阻的 51 个 *emb* 突变体，据此认为胚胎按照基因调控
的步骤以一定时间顺序发育。令人奇怪的是，这些突变体没有一个是早期突变体、极性突变
体或在早期分裂阶段受阻的突变体，表明早期事件受母体调控。且所有的都是胚胎致死突变

体，没有对整个胚胎有整体影响的突变体，绝大多数影响诸如胚柄和盾片等特异器官的突变体。

2.2.2　格式突变体

　　格式突变体为确立蓝图基本特征存在缺陷的突变体。与胚胎致死突变体不同，格式形成突变体并不干预胚胎发生进程，它们产生的实生苗可识别出反映胚胎缺陷的表型。Jürgens（1994）提出的理论指出，拟南芥胚胎分节格式（segmentation pattern）是由顶基轴和辐射轴（radial axis）两者叠加在一起形成的（图 2-6）。从顶基轴方向可将胚划分为 5 个节，分别产生实生苗的 5 种器官或结构，自上而下为 SAM、子叶、下胚轴、胚根（或幼根）和 RAM（Laux 和 Jürgens，1997）。这些节与拟南芥胚胎早期横向分裂确立的区域大体相关（Scheres 等，1994）。原胚在四细胞阶段第一次横向分裂，产生上细胞层和下细胞层。上层细胞产生子叶和 SAM 的大部分，下层细胞产生胚的基部、子叶基部、下胚轴和根。

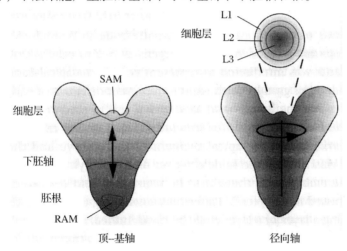

图 2-6　提出的拟南芥胚胎胚体平面图和分节格式（引自 Mayer 等，1991）
沿顶基轴可将胚分为 SAM、子叶、下胚轴、胚根（或幼根）和 RAM 5 个区。
沿径向轴将胚分为三个基础细胞层 L1 ~ L3

　　已鉴定出若干种影响拟南芥胚发育格式形成的突变，其中一组突变体被认为是极性或顶基轴突变体，另一组被认为是沿顶基轴体节缺失突变体，产生的实生苗缺失一个或多个器官或结构（图 2-7）。例如，突变体 *gurke* 胚中没有顶端体节，而 *fackel* 突变体丢失中部区域或下胚轴。沿辐射轴将胚分节形成 3 个细胞层 L1 ~ L3。沿径向轴的格式突变体可能缺失细胞层，也可能是细胞层识别错误。

　　gnom/emb30（*gn/emb30*）被认为一个关键的格式形成突变体，因为它是影响胚胎确立身体蓝图早期步骤之一的合子突变（即在合子组织中表达，而不是在母体组织中表达）（Mayer 等，1991）。该突变体最开始被描述为一个没有 RAM 的体节缺失突变体，但通过对其他额外等位基因的分析表明，*gn/emb30* 在确立胚胎顶基极性上存在缺陷（Mayer 等，1993）。在某些后果更严重的等位基因突变体中，突变体胚胎未能确立两个顶基轴，接近圆球形（图 2-7）。对 *gn/emb30* 进一步分析发现，在胚胎发育极早期的第一次分裂就有缺陷。正常情况下

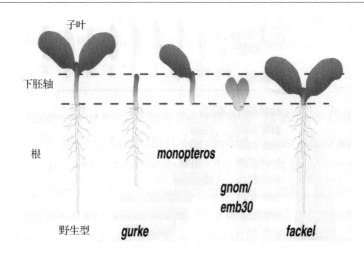

子叶

下胚轴

根

monopteros

gnom/
emb30

野生型　*gurke*　*fackel*

图 2-7　某些拟南芥胚胎格式突变体的表型（引自 Mayer 等，1991；Goldberg 等，1994）

除 *gnom/emb30* 以外的所有突变体被认为是沿顶基轴的不同的体节缺失突变体。*gnom/emb30* 被认为确立顶基轴方面缺陷的突变体。*gurke* 胚中缺失顶端体节、茎端和子叶。*monopteros* 突变体中基部体节、胚根和下胚轴没有发育。*fackel* 突变体中部体节或下胚轴没有发育

合子第一次不对称分裂产生两个大小不等的细胞，较小的顶细胞细胞质浓密，将来产生原胚，而较大的基细胞有液泡，将来产生胚柄。而 *gnom* 合子的第一次分裂并不对称，产生的两个细胞几乎大小相同。看来 *GN/EMB30* 在胚胎发育的极早期就发挥作用。

利用双重突变体的上位性分析（epistasis analysis）（如果突变基因在另一个基因的"上游"作用，就认为该基因突变对另一基因突变具有上位性。在双重突变体中，"上游"基因的丧失功能突变对下游基因突变有遮盖作用），发现该突变对影响同一调控途径的其他体节缺失突变体如 *monopteros* 具有上位性，这与 *gn/emb30* 在极早期作用的观察一致。尽管 *gnom* 合子对其他胚胎格式突变体有上位效应，看起来在胚胎发育的极早期就发挥作用，但它却是个合子基因，而非母体基因。这表明合子中表达的基因影响第一次胚胎分裂。

GN/EMB30 已被克隆（Shevell 等，1994），但奇怪的是，它编码的蛋白与酵母中的 *Gea2p* 基因的蛋白序列相似。在酵母中，*Gea2p* 基因的蛋白作为鸟苷酸交换因子，参与跟高尔基体有关的小泡运输，在分泌途径中发挥功能。在拟南芥中，*GN/EMB30* 虽然影响胚胎发育，但却在植物的实生苗、根、叶、茎、花序和花中表达。酵母中 *Gea2p* 基因为细胞生长所必需。*GN/EMB30* 很可能在植物中行使最基础的功能，但纯合 *gnom* 突变体在细胞培养中却能成活和分裂（Shevell 等，1994）。显然 *GN/EMB30* 并非基本的细胞生长所必需。尽管 *GN/EMB30* 的功能并不清楚，但推测它在植物中也与分泌功能有关，因为只有分泌功能才与 *gnom* 突变对胚胎发生的影响一致，同时它对细胞形状、细胞扩展等有影响，因而它对植物功能的各个方面都有较大影响。

monopteros（*mp*）突变体是一个没有胚的基部区域、下胚轴和 RAM 的体节缺失突变体（图 2-7）。该突变体的子叶变异较大，较为严重的突变体只有一个子叶，这也是为什么将其称为 *Monopteros* 的原因。*mp* 表型在胚胎发育中出现较早，尽管略晚于 *gnom*。在野生型胚中，八细胞阶段的原胚分为上下两层，上层产生上胚轴和子叶，而下胚轴、胚根和根则由下层产生。胚柄的最上层细胞转变成胚根原细胞，以及与下层细胞一起产生 RAM 的基本成

分。在球形胚发育阶段晚期，上层细胞保持等径状态，并不向任何一个方向优先分裂，而下层细胞则沿极性轴伸长并分裂形成精确有序的细胞列。*mp* 球形胚全部细胞都像上层细胞那样发育（Berleth 和 Jürgens，1993），下层细胞也保持等径状态而不形成成列细胞。此外，胚柄的最上层细胞也没有形成胚根原细胞，而是在胚柄顶部有略为扁平的细胞堆积。突变体的最主要缺陷似乎是原球胚下层细胞伸长或分裂缺陷，而不是未分化出胚根原细胞，后者可能是原球胚下层细胞未能产生信号的结果。尽管 *mp* 突变体胚不能形成基部区域（正常情况下为根的发育部位），但却没有失去生根能力。

gurke（*gk*）突变体胚的顶端发育缺陷（图 2-7）。*gk* 等位基因的表型具有连续性，都是影响胚胎顶端区域的发育，等位基因突变体胚的顶端和某些中部区域都受到严重影响（Torres-Ruiz 等，1996）。这种缺陷可追溯到早期心形胚阶段，胚经历从径向对称到两侧对称的转变期。转变期是上层细胞进行垂周分裂使胚上部变得扁平的这一段时间。直到球形胚期突变体的发育仍然正常，但在突变体中，子叶原基发育需的细胞分裂取向错误或推迟。严重的 *gk* 等位基因突变体不形成子叶。子叶来源于胚的顶端区域和中央区域（Scheres 等，1994），因此 *GK* 可能既控制顶端区的形成，也控制中央区的形成。较弱的 *gk* 等位基因突变体形成基本的子叶，只有在这些突变体中才形成一组具有典型 SAM 特征的细胞。所以 *gk* 影响胚的顶端区发育（也可能影响中央区发育），包括子叶原基形成及 SAM 区的发育。

其他的一些分节突变体并未如此详尽地描述（Mayer 等，1991）。例如，另一种类型格式突变体，是与重复相关的缺失突变体 *doppelwurzel*。该突变体顶端分生组织缺失，但缺失部位多出一个基部分生组织。还存在其他的一些格式突变体，如子叶重复或子叶转化为茎的突变体。影响形状而不是器官特征的格式信息突变体也有助于理解植物的格式发育。

对辐射轴缺陷（即原表皮、原形成层或基础分生组织三个组织层之一形成缺陷）突变体描述较少。有一个突变体 *knolle*（*kn*）被认为是辐射轴突变体，因为该突变体没有表皮或 L1 层（Mayer 等，1991）。*kn* 突变体缺陷在球形胚阶段早期就已明显。要搞清 *KN* 在胚胎发育径向格式形成中的作用，关键问题是 *kn* 突变体是否形成表皮，还是只是表皮难以识别。如前所述，表皮层最容易辨认的标记是表皮细胞进行切向或垂周分裂，因而表皮生长为一薄层。*kn* 突变体外细胞层的细胞分裂不整齐，破坏了该细胞层及其下的细胞层。为了弄清是否具有表皮，Lukowitz 等（1996）试验了 *fusca*（*fus*）突变体的表皮标记是否可在 *kn* 突变体胚胎中表达。*fus* 突变体会在胚胎表皮中累积大量的花青苷色素（将在第 4 章论述）。对 *kn* 及 *fus* 双突变体分析表明，花青苷会在一些外层细胞中累积，这说明 *kn* 突变体胚胎实际上是有表皮层的，但是表皮层由于细胞分裂取向错误或异常而受到破坏。尽管 *kn* 有表皮，但表皮已被破坏，那么 *kn* 能否算格式形成突变体？当然 *kn* 突变会引起胚胎发育异常，但 *KN* 是其他基因的一个调控子或是格式形成的操纵者吗？*KN* 被克隆后发现编码类似 syntaxin 的产物（Lukowitz 等，1996）。Syntaxin 参与分泌，被认为是质膜上分泌小泡的靶蛋白。因此，从分子水平来看，*KN* 并非格式形成过程中基因的主调控子。如同 *GN* 一样，*KN* 也参与分泌，说明在胚胎发育的早期阶段分泌是十分重要的。应该指出的是，*KN* 的实际功能现在并不清楚。

2.3　胚胎发生中格式形成与生长素分布

　　总的来说，拟南芥胚胎发育是一个格式形成过程，在胚胎发育中可看到格式出现。细胞层出现和胚胎区域开始特化会按照它们预定的命运进行。仍不清楚目前获得的几组突变体是否代表格式形成过程的关键调控子。Jürgens(1994)认为感兴趣的格式形成突变体可能存活到实生苗阶段，并且可根据特征性的实生苗性状加以识别。但也可能是胚胎致死突变体，因而在数百种胚胎致死突变体中难以根据性状筛选出来。

　　位置信息(positional information)为有关发育的空间信息，表示植物细胞根据其位置不同而接受到不同的信息。植物中位置信息被认为是来自可扩散的化学信号，如植物激素的梯度。采用突变体或生长素运输抑制剂(阻断生长素输出载体的试剂)可用来表明生长素梯度对发育的影响。生长素梯度是由生长素运输蛋白介导的极性运输产生的。拟南芥中 *pin1* 突变体在极性生长素运输方面存在功能缺陷，其子叶是融合子叶(Okada 等，1991)。正常情况下子叶出现后，胚具有两侧对称发育的特点，而该缺陷阻断这种两侧对称发育。*pin1* 突变体出现的子叶状如衣领，而不是像正常的两片子叶那样对生(图 2-8)。将印度芥菜(*Brassica juncea*)的胚外植到含生长素运输抑制剂的培养基上培养时，也出现类似效果(Liu 等，1993)。因此提出生长素梯度提供了确立双侧对称和胚的背端分裂成单个子叶的信息(Liu 等，1993)。

　　据 Nawy 等(2007)综述，在早期胚胎中确立顶—基轴和主要的组织类型，而生长素由顶向基运输是顶—基轴的全局组织因子。生长素流很大程度上由 PIN-FORMED (PIN)的极性分布决定。而生长素很大程度上通过调控 AUX/IAA 转录抑制因子蛋白降解途径来实现对基因表达调控的。具有富谷酰胺转录激活结构的 ARF 家族成员可激活生长素反应基因，而 AUX/IAA 具有强有力的转录抑制结构域，它与富谷酰胺 ARF 异源二聚化可阻断这种激活。

　　在胚胎发育过程中，生长素流存在两个阶段的变化。在球形胚阶段之前，PIN7 向胚柄顶端细胞膜上的定位可能介导生长素向上运输到原胚中。由于生长素运输和信号转导突变体的早期表型多变，因此这个阶段生长素的功能并不完全清楚。在球形胚阶段，原胚中央区域的 PIN1 和胚柄中的 PIN7 重新定位，这一事件与胚胎顶—基轴形成及维管植物的限定特征(即生长素流经中央维管组织)确立同时发生。生长素在最上面的胚柄细胞(该细胞命名为胚根原)中累积，胚根原成为胚柄中唯一对胚作出贡献的细胞。它不对称分裂产生一个透镜状的子细胞，形成根的静止中心(quiescent centre，QC)。根的产生需要生长素依赖性转录，因为 ARF *MONOPTEROS*(MP)丧失或其颉颃基因 *BODEN-*

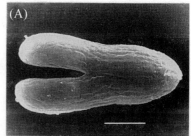

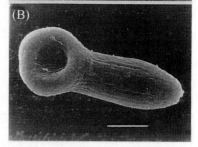

图 2-8　拟南芥 *pin1*-1 突变对胚胎发育的影响(引自 Liu 等，1993)

　　(A)野生型　(B)*pin1*-1 胚发育成辐射对称的衣领状结构而不是具有两个分离子叶的双侧对称结构。突变体花序柄中生长素运输存在缺陷。使用生长素运输抑制剂表现型与此相同。图(A)和(B)的标尺为 50 μm

LOS(*BDL*)显性的生长素抗性变异体缺乏初生根。

那么是什么导致 PIN1 和 PIN7 在球形胚阶段的极性分布？研究表明，PIN 蛋白是否优先定位于顶端细胞膜还是基部细胞膜，由其磷酸化状态决定。在芽中，丝氨酸/苏氨酸激酶 *PI-NOID*(*PID*)的表达可通过将 PIN 蛋白向顶端细胞膜重新定向而促进侧面器官形成。PID 可在体外将 PIN1 亲水环磷酸化，但该活性可被磷酸酶 2A(phosphatase 2A，PP2A)所抵消。在整个胚中异位表达 PID 或丧失多个 PP2A 调控性 A 亚基(*pp2aa*)会导致部分 PIN 顶端定位改变，缺失下胚轴和根结构。很可能有一种未知的丝氨酸/苏氨酸激酶在球形胚阶段响应于时间信号从而介导极性 PIN 定位的动态变化(图 2-9)。

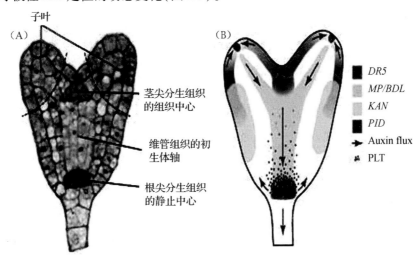

图 2-9　心形胚阶段的胚体平面图(引自 Nawy 等，2007)

(A)绝大多数的实生苗组织结构在心形胚中已很明显。两个组织顶端分生组织的诱导中心：茎尖分生组织的组织中心(shoot meristem organizing center)和根尖分生组织的静止中心(root meristem quiescent center)。维管组织的初生体轴(provasculature)将两者相连。维管组织与最初两个侧向器官——子叶相连通　(B)生长素是胚中最主要的位置信息来源，通过表皮和维管流通。生长素很可能呈梯度分布，局部累积到最大值，预测会引发合成型启动子 *Direct Repeat* 5(*DR*5)的表达。胚中的生长素依赖性转录部分由 ARF 基因 *MONOPTEROS*(*MP*)介导，该基因主要在原维管组织中表达。在根内，PLETHORA 因子(PLT)以浓度梯度累积，在 QC 累积到最大值，并(推测在生长素下游)以剂量依赖性方式组织干细胞命运。在芽中，丝氨酸/苏氨酸激酶 *PINOID*(*PID*)的表达改变生长素运输蛋白 PIN-FORMED(PIN)的极性定位，使生长素流重新定位，流向新生子叶。此外，*KANADI* 基因直接或间接地沿下胚轴侧面阻遏生长素反应

在根分生组织，AP2/ERF 转录因子至少部分起到同样的作用。其中 *PLETHORA1* 和 *PLETHORA2*(*PLT1/2*)是最早被鉴定为调控干细胞命运的基因。*PLT1/2* 在八细胞胚阶段之前就开始表达，表明这些基因功能较广。最近的研究表明 *PLT1/2* 可与另外两个家族成员 *PLT3* 和 *BABY BOOM*(*BBM*)合作，产生胚根。它们的多个突变体组合会使根和下胚轴结构发育受到阻遏或完全丧失，这与生长素感知缺陷的胚十分类似。PLT 蛋白在根中呈梯度表达，并在 QC 中央达到最大值，这与生长素分布也很类似。实际上，*PLT1/2* 在初始根和成熟根中依赖于 ARF 活性表达，但在早期胚中并非如此。活性 *PLT* 拷贝数目存在变化，表明 PLT 蛋白以一种取决于剂量的模式来决定干细胞分生潜能，表明它们翻译生长素梯度提供的位置信息。

PLT 基因在根发育命运的决定方面发挥的关键作用，可从以下的事实看出：条件性过量表达 *PLT2* 可引起茎尖处长出根来。这种同源异型转化与 *topless*(*tpl*)的效应十分相似，*tpl* 是

一种温敏性显性负突变，可将胚芽转变为根。*TPL* 在结构上与 *LEUNIG* 和 *TUP1/GROUCHO* 类型的转录共抑制基因类似，在功能上与 4 个 *TPL-RELATED*（*TPR*）基因冗余。两个染色质重塑因子 *histone acetyltransferase GCN1* 和 *histone deacetylase 19* 第二个位点突变深刻影响 *tpl* 表型，表明 TPL 介导对根特异性转录本的表观遗传阻遏。

最近报道的其他两个过程也直接或间接地影响胚中生长素信号转导效应。*KANADI*（*KAN*）基因编码一族 GARP 转录因子，对侧面器官的远轴的或外周的细胞命运进行调控。三重突变体 *kan1/2/4* 胚胎的子叶呈畸形，另外，在下胚轴侧面有小片异常增生，最终长出器官状结构。如同在茎尖分生组织产生的原基内一样，生长素依赖性转录在这些小片中上调，表明 *KAN* 基因通常阻遏下胚轴侧面的生长素反应。

一种有趣的遗传联系表明在 ARF *MP* 和 *ALTERED MERISTEM PROGRAM1*（*AMP1*）之间存在颉颃性互作。ARF *MP* 除了在轴和根形成中发挥功能外，还促进茎尖和维管原形成层的分生活性，而 *AMP1* 推测编码谷氨酸羧肽酶，*AMP1* 突变会产生一些与增生有关的胚或胎后畸形。令人奇怪的是，*amp1* 突变基本上阻遏了 *mp* 表型的所有胚或胚后发育。但是否 *MP* 的主要功能是与促进分化的 *AMP1* 依赖性活性有关，仍有待于进一步研究。

2.4　晚期胚胎发生调控

LEAFY COTYLEDON（*LEC*）和 *FUSCA*（*FUS*）基因控制心形胚阶段以后的晚期胚胎发生，编码的蛋白可能是晚期发育过程中发育和细胞信号转导的关键组分。这些基因功能消除的突变会表现早熟萌发、干燥耐性、不能合成一些贮藏蛋白和脂质、子叶发育为叶片状等缺陷性状。已知还有其他一些发育突变体，在未来若干年内将会有更多的突变体及其特异基因功能被鉴定。这将会最终揭示负责胚胎发生过程中不同细胞和组织类型特化的分子机制。

参考文献

Berleth T, Jürgens G. 1993. The role of the *monopteros* gene in organizing the basal body region of the *Arabidopsis* embryo[J]. Development, 118: 575 – 587.

Bewley J D, Hempel F D, McCormick S, Zambryski P. 2000. Reproductive development[C]. In: Buchanan B, Gruissem W, Jones R. eds. Biochemistry & Molecular Biology of Plants. Rockville, MD, USA, ASPB, pp. 988 – 1043.

Clark J K, Sheridan W F. 1991. Isolation and characterization of 51 embryo-specific mutations of maize[J]. Plant Cell, 3: 935 – 952.

Clark S E, Running M P, Meyerowitz E M. 1995. *CLAVATA3* is a specific regulator of shoot and floral meristem development affecting the same processes as *CLAVATA1*[J]. Development, 121: 2057 – 2067.

De Jong A J, Cordewener J, Lo Schiavo F, *et al.* 1992. A carrot somatic embryo mutant is rescued by chitinase [J]. Plant Cell, 4: 425 – 433.

de Vries S C, Booij H, Meyerink P, *et al.* 1988. Acquisition of embryonic potential in carrot cell-suspension cultures[J]. Planta, 176: 196 – 204.

Franzmann L H, Yoon E S, Meinke D W. 1995. Saturating the genetic map of *Arabidopsis thaliana* with embryonic mutations[J]. Plant Journal, 7: 341 – 350.

Galau G A, Dure L. 1981. Developmental biochemistry of cottonseed embryogenesis and germination: Changing messenger RNA populations as shown by reciprocal heterologous complementary DNA/mRNA hybridization[J]. Biochemistry, 20: 4169 – 4178.

Giuliano G, LoSchiavo F, Terzi M. 1984. Isolation and developmental characterization of temperature-sensitive carrot cell variants[J]. Theor. Appl. Genet. 67: 179 – 183.

Goldberg R B, Barker S J, Perez-Grau L. 1989. Regulation of gene expression during plant embryogenesis[J]. Cell, 56: 149 – 160.

Goldberg R B, dePaiva G, Yadegari R. 1994. Plant embryogenesis: Zygote to seed[J]. Science, 266: 605 – 614.

Guzzo F, Baldan B, Mariani P, *et al.* 1994. Studies on the origin of totipotent cells in explants of *Daucus carota* L[J]. J. Exp. Bot. , 45: 1427 – 1432.

Howell S H. 1998. Molecular genetics of plant development[M]. London: Cambridge University Press.

Jofuku K D, Goldberg R B. 1989. Kunitz trypsin inhibitor genes are differentially expressed during the soybean life cycle and in transformed tobacco plants[J]. Plant Cell, 1: 1079 – 1094.

Jürgens G. 1994. Pattern formation in the embryo[C]. In: *Arabidopsis*, ed. Meyerowitz E M, Somerville C R, 297 – 312. Cold Spring Harbor: Cold Spring Harbor Press.

Jürgens G, Mayer U, Ruiz R A T, *et al.* 1991. Genetic analysis of pattern formation in the *Arabidopsis* embryo [J]. Development Suppl, 1: 27 – 38.

Kranz E, Lörz H. 1993. *In vitro* fertilization with isolated, single gametes results in zygotic embryogenesis and fertile maize plants[J]. Plant Cell, 5: 739 – 746.

Laux T, Jürgens G. 1997. Embryogenesis: A new start into life[J]. Plant Cell, 9: 989 – 1000.

Liang P, Pardee A B. 1992. Differential display of eukaryotic messenger RNA by means of the polymerase chain reaction[J]. Science, 257: 967 – 971.

Liu C M, Xu Z H, Chua N H. 1993. Auxin polar transport is essential for the establishment of bilateral symmetry during early plant embryogenesis[J]. Plant Cell, 5: 621 – 630.

Lu P, Porat R, Nadeau J A, O'Neill S D. 1996. Identification of a meristem L1 layer-specific gene in *Arabidopsis* that is expressed during embryonic pattern formation and defines a new class of homeobox genes[J]. Plant Cell, 8: 2155 – 2168.

Lukowitz W, Mayer U, Jürgens G. 1996. Cytokinesis in the *Arabidopsis* embryo involves the syntaxin-related *KNOLLE* gene product[J]. Cell, 84: 61 – 71.

Mayer U, Buettner G, Jürgens G. 1993. Apical-basal pattern formation in the *Arabidopsis* embryo studies on the role of the *gnom* gene[J]. Development, 117: 149 – 162.

Mayer U, Ruiz R A T, Berleth T, *et al.* 1991. Mutations affecting body organization in the *Arabidopsis* embryo [J]. Nature, 353: 402 – 407.

McDaniel C N, Poethig R S. 1988. Cell-lineage patterns in the shoot apical meristem of the germinating maize embryo[J]. Planta, 175: 13 – 22.

Nawy T, Lukowitz W, Bayer M. 2007. Talk global, act local-patterning the Arabidopsis embryo[J]. Curr. Opin. Plant Biol, 10: 1 – 6.

Okada K, Ueda J, Komaki M K, *et al.* 1991. Requirement of the auxin polar transport system in early stages of Arabidopsis floral bud formation[J]. Plant Cell, 3: 677 – 684.

Öpik H, Rolfe S A. 2005. The Physiology of Flowering Plants. Cambridge[M], 4th Edition. London: Cambridge University Press.

Perez-Grau L, Goldberg R B. 1989. Soybean seed protein genes are regulated spatially during embryogenesis [J]. Plant Cell, 1: 1095 – 1110.

Poethig R S, Coe E H J, Johri M M. 1986. Cell lineage patterns in maize *Zea mays* embryogenesis: a clonal analysis[J]. Dev. Biol. , 117: 392 – 404.

Ray S, Golden T, Ray A. 1996. Maternal effects of the short integument mutation on embryo development in *Arabidopsis*[J]. Devel. Biol. , 180: 365 – 369.

Scheres B, Wolkenfelt H, Willemsen V, *et al.* 1994. Embryonic origin of the *Arabidopsis* primary root and root meristem initials[J]. Development, 120: 2475 – 2487.

Schmidt E D L, Guzzo F, Toonen M A J, *et al.* 1997. A leucine-rich repeat containing receptor-like kinase marks somatic plant cells competent to form embryos[J]. Development, 124: 2049 – 2062.

Shevell D E, Leu W M, Gillmor C S, *et al.* 1994. *EMB*30 is essential for normal cell division, cell expansion, and cell adhesion in *Arabidopsis* and encodes a protein that has similarity to Sec7[J]. Cell, 77: 1051 – 1062.

Sung Z R, Okimoto R. 1981. Embryonic proteins in somatic embryos of carrot[J]. Proc. Natl. Acad. Sci. USA. 78: 3683 – 3687.

Torres-Ruiz R A, Lohner A, Jürgens G. 1996. The *GURKE* gene is required for normal organization of the apical region in the *Arabidopsis* embryo[J]. Plant J. , 10: 1005 – 1016.

Vernon D M, Meinke D W. 1994. Embryogenic transformation of the suspensor in twin, a polyembryonic mutant of Arabidopsis[J]. Dev. Biol. , 165: 566 – 573.

Webb M C, Gunning B E S. 1991. The microtubular cytoskeleton during development of the zygote, proembryo and free-nuclear endosperm in *Arabidopsis thaliana* (L.) Heynh[J]. Planta, 184: 187 – 195.

Wilde H D, Nelson W S, Booij H, *et al.* 1988. Gene expression programs in embryonic and nonembryonic carrot cultures[J]. Planta, 176: 205 – 211.

Yadegari R, de Paiva G R, Laux T, *et al.* 1994. Cell differentiation and morphogenesis are uncoupled in *Arabidopsis raspberry* embryos[J]. Plant Cell, 6: 1713 – 1729.

Yeung E C, Meinke D W. 1993. Embryogenesis in angiosperms: Development of the suspensor[J]. Plant Cell, 5: 1371 – 1381.

第3章　苗芽发育

植物生长从分生组织细胞开始，是细胞分裂、细胞伸长及分化三者的结合。与动物发育不同，在植物发育中胚后发育比胚胎发育更为重要。在胚胎发生过程中，形成两个分生组织：茎端分生组织产生苗芽系统，而根端分生组织形成根系。随着初生分生组织发育，它们会产生更多的顶端分生组织和侧生分生组织，这些顶端分生组织产生侧枝与侧根，而侧生分生组织则使器官加粗。环境和内部信号一起控制生长速率、新分生组织的活动、细胞和组织的分化，以及在基本"身体蓝图"框架内进行器官发生与发育。分生组织的活性一方面要在精确控制之下产生特异的结构；另一方面也必须能够灵活地响应于环境的信号做出反应。因此，研究植物发育的所有方面——生长与分化、组织发生与器官发生——都应对顶端分生组织的活性、形成区域的大小与可得性进行研究。

顶端分生组织的形态多样，有圆锥形或圆顶形，也有的为平顶或甚至略凹陷形的(图3-1)。在最幼嫩叶原基以下的顶端分生组织区直径在苏铁类植物中有 3 500 μm，而在有的开花植物中仅有不到 50 μm。大多数植物的茎尖大小在 100～250 μm 之间。即使在同一物种或同一植株内，也可能因植株年龄、季节及是否形成叶原基等因素而导致茎尖的大小、形状存在差异。多数成熟茎或枝条具有背腹性，而末端分生组织却是辐射对称，但也有一些物种如卷柏(*Selaginella*)的背腹性茎或枝条发端于椭圆状的分生组织。

植物苗芽(由茎、枝、叶等组成的植物地上部分)的发育过程简直就是一个奇迹制造过程，数十米高的大树发育尤其如此。当人们认识到苗芽的初生生长就是从显微镜下看到的分

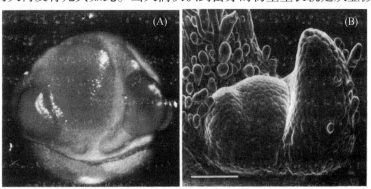

图 3-1　植物茎尖和分生组织(引自 Poethig 和 Sussex，1985)

(A)羽扇豆(*Lupinus albus*)解剖出来的成活茎尖。发育程度依次为照片顶端最幼嫩的叶原基(P1)，依次左下端叶原基(P2)及右下端叶原基(P3)。P3 可看到第一个小叶叶片(转引自 Steeves 和 Sussex，1989)×170　(B)烟草茎尖电子显微镜扫描图。P1 位于左下，P2 位于右下。图标尺 = 100 μm。×180

生组织(茎尖分生组织和腋芽分生组织)尖端开始时，令人印象尤为深刻。如拟南芥等植物的分生组织由大约 100 个细胞组成，由于分生组织细胞很小，无法接近研究，因此一直难以从生物化学角度对 SAM 进行研究。通常人们是根据其形成苗芽和侧向器官的变化推测 SAM 活动，但只有通过遗传学手段和原位杂交等技术才能直接探测 SAM 内部分子活动。

分生组织是一个自我更新能力惊人的结构，其内的增生细胞(proliferative cell)或干细胞(stem cell)分裂并产生初生苗芽，及一系列不同的侧向器官如叶、枝条、卷须和刺。器官形成中细胞持续分化，而分生组织则通过细胞分裂不断加以补充。能够在细胞分裂和细胞分化之间作出平衡是茎尖分生组织最显著的一个特征。

在营养生长中，SAM 不断产生苗芽的重复单位，称植物分生单位(phy-tomer)(图 3-2)(Evans 和 Grover，1940)。茎端分生组织产生的茎、叶和腋芽单位称为植物体节。每一个植物体节由与茎相连的一片叶(或若干叶片)、叶腋中的腋芽，以及到下一节之间的叶间组成。尽管相继产生的植物分生单位都由同样的器官组成，但这些植物分生单位通常根据它们在苗芽中的位置不同，而在节间长度、叶片大小和形状、腋芽的潜能等方面存在差异。两个相继的叶发端之间的时间间隔称为叶间期(plastochron)(Sharman，1942)。叶间期随物种不同、植物年龄及环境条件不同而有所不同，至少为数天。

图 3-2　植物分生单位

腋芽的分生组织与 SAM 相似，并且能产生如枝条和叶片等不确定的结构，也能产生确定的结构。根据腋芽是否具有活性，及它们产生确定的或不确定结构，植物的苗可以是单苗和不分枝的，也可以是多苗及高度分枝的。主茎与腋芽的芽尖分生组织从器官形成角度来说，它们的功能是相似的。但从顶端优势和来源讲，主茎与腋芽的芽尖分生组织是不同的。主茎的 SAM 是在胚胎中产生的，而腋芽分生组织是胚后形成的。

器官原基可以按顺序编号；习惯上将即将发育的原基编为 I1，而前一个(刚发育出的)编为 P1(有的研究者以 P0 开始)；当新原基发育时，I1 变为 P1，而 P1 变为 P2，依此类推。叶原基的空间间隔是精确地受到控制的，并具有特种特征性。叶原基的排列称为叶序(phyl-lotaxis)。所有的叶序格式都是 SAM 中细胞分裂的精确定位和取向引起的。

3.1　SAM 的组织结构

由于茎尖结构格式的多样性以及茎尖发育过程中的动态性，因此需要对茎尖格式中模块及其功能加以确定。Schmidt(1924)为了利用组织学方法研究被子植物的茎尖，提出了原套—原体学说(tunica-corpus theory)。该学说认为茎尖的分生组织是由原套或鞘层(tunica)与原体(corpus)二部分构成。原套(tunica)是覆盖于顶尖分生组织最幼嫩叶原基以上茎尖外侧的 1 至 5 层细胞层,进行垂周分裂使表面增大。原体(corpus)是构成被原套覆盖的顶尖分生组织的内部,以平周分裂、垂周分裂、斜分裂等形式进行分裂的部分。Foster(1938)以古老的被子植物银杏为例,提出顶端分区(apical zonation)概念。银杏茎尖呈辐射排列的结构格式,中央为一组较大、高度液泡化、染色较淡并且不常分裂的细胞称为中央母细胞(central mother cell, CMC)。分生组织远端为表层(surface layer, SL)包围,表层主要进行垂周分裂,也可以平周分裂,但茎尖顶端细胞被认为更多地进行平周分裂与斜分裂。茎尖顶端细胞被命名为顶端原始细胞(apical initial group, AI)。其向内的细胞分裂产物增大并变成为中央母细胞邻接区部分。围绕中央母细胞区是环状排列的小而细胞质浓密的细胞,称为外周亚表层区(peripheral subsurface layer zone, PZ)。该区因上覆表层的平周分裂及中央母细胞区边缘的细胞分裂而扩大。在中央母细胞区之下为肋状分生组织(rib meristem, RM),该区细胞由一排排或一列列小而液泡化细胞组成。这种排列表明这些细胞的分裂垂直于茎轴。此外,在中央母细胞与围绕该区的侧向和基部之间区域称为过渡区(transition zone, TZ)。中央母细胞的细胞学特征逐步为这些周围区域细胞特征所取代(图 3-3)。

　　被子植物与裸子植物的茎端组织结构格式具有共性。被子植物 SAM 可进一步分为若干个不同的区域[图 3-4(A)]。在 SAM 的中央顶端为中央区(central zone, CZ),中央区包含较大、液泡化并且很少分裂的中央母细胞(central mother cell),其周围是未分化的、细胞质浓厚的、与中央母细胞不同的原始细胞。中央区包含干细胞(stem cell),即所有分化发育自 SAM 细胞的祖先细胞。如果给植物饲喂放射性标志的胸腺嘧啶脱氧核苷,它会掺入到新合成的 DNA,可用来测定细胞分裂速度。用这种方法测定表明 CZ 的细胞分裂速度极慢,CZ 细胞一方面维持 CZ 的大小,同时也用于形成外周区(peripheral zone, PZ)。PZ 是形态发生区(morphogenic zone),该处形成器官原基(or-

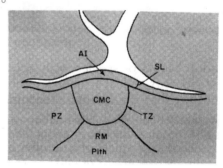

图 3-3　裸子植物的茎端组织结构示意
(引自 Steeves 和 Sussex, 1989)

AI: 顶端原始细胞;CMC: 中央母细胞;PZ: 外周亚表层细胞;RM: 肋状分生组织;SL: 表层细胞;TZ: 过渡区

gan primodia)。PZ 细胞虽然来源于 CZ,但其行为却截然不同。PZ 细胞分裂速度很快,并产生分裂形成叶片的器官原基。CZ 和 PZ 之下区域为肋状分生组织(rib meristem, RM)或肋区(rib zone, RZ),该区细胞分裂形成茎干的髓。随着该区细胞分裂或伸展,它将其上的细胞向上向外推挤,使茎生长。*SHOOT MERISTEMLESS*(STM)在 PZ 和 CZ 表达,维持细胞分裂和延缓分化。CZ 中干细胞的维持也需要由所谓组织中心(organizing centre, OC)的一小群下层细胞产生的未知细胞间信号,OC 中表达 *WUSCHEL*(WUS)[图 3-4(B)]。尽管分生组织细胞由于不断地生长和分裂而被取代,但 OC 却保持稳定。

　　被子植物的苗芽都是由三个基础的细胞层构成,它们都可通过 SAM 追溯到胚。对 SAM 的形态和功能的了解有助于更好地理解细胞层的连续性。SAM 实际上由三层无性系相关细胞层组成:L1 ~ L3(不一定只有一层厚)[图 3-4(A)]。在双子叶植物中,L1 和 L2 组成原套，L3 组成原体。最外层为 L1 层或表皮，它产生的细胞几乎覆盖所有器官。由于 L1 层几乎所有细胞都进行垂周分裂，推动该层细胞向二维方向延伸，所以 L1 层为细胞薄层。在中间层或 L2 层中，细胞分裂方向沿径向板但并不规则，产生的细胞组成亚表皮组织、原形成层和部分基础分生组织（皮层及髓的某些部分）。最内层为髓分生组织或 L3 层，该层细胞分裂大体上是平周分裂，产生基础分生组织和髓的其余部分。有关 3 个基础细胞层分别具有不同细胞谱系的证据来对周缘嵌合体的分析。在周缘嵌合体中，分生组织中的有一层细胞在遗传上不同于别的细胞层。这类嵌合体在果树植物中有很重要的园艺学价值，它们通常是自发或诱导产生的，并会成为侧芽的一部分。周缘嵌合体可通过一定的细胞分裂方式在继后的侧芽中得以延续。利用只在某一单层细胞层中表达的不同细胞标记来表明细胞层的存在。如 Lu 等（1996）发现编码同源异型结构域蛋白基因 *ARABIDOPSIS THALIANA MERISTEM LAYER1* （*ATML1*）只在 L1 层表达。该基因在胚的 L1 层中表达，直到鱼雷形胚阶段，其后又在 SAM 的 L1 层中表达。

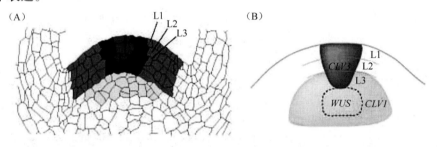

图 3-4　SAM 的组织结构（引自 Haecker 和 Laux，2001）

（A）SAM 按径向分区。CZ 区缓慢分裂，细胞质染色较弱。顶端干细胞（SC）形成 CZ 部分。PZ 区细胞进行器官原基发生，分裂较快，染色较深。RZ 区是中央髓组织分化发端区
（B）SAM 的中央部分，*CLV1*、*CLV3*、*WUS* 的 mRNA 表达位置

Dermen（1945）解决了干细胞在 SAM 中是否是稳定不动的，还是进行周转，并在发育中为其他细胞所取代的问题。他研究了用秋水仙素处理诱导多倍体细胞在周缘区分嵌合体（或边缘嵌合体）中是否能得以延续，发现扇形区的寿命不定，有的经过一段时间生长后就会消失。这好像说明祖先细胞是暂时的，处于周转中的。但 Dermen 的工作仍不能解决这个问题，因为中央母细胞不经常分裂，并没有充分的理由说明使真正的中央母细胞诱变成多倍体。极有可能并没有使多倍体细胞得到诱变，而是使顶端原始细胞得到诱变，但顶端原始细胞具有巨大但并不是无限制的增生能力。有关 SAM 中真正的干细胞身份和永久性问题，最关心的是那些想利用生物霰弹（基因枪轰击）转化细胞获得稳定的转基因植物的研究者。

对 SAM 组织结构的描述一直以来在很大程度上是从形态学、细胞分裂方式和细胞谱系方面来描述的。但也有人试图从参与分生组织活性的基因作用方式角度去理解 SAM 的组织结构。其中玉米 *knotted1* 基因（*kn1*）的表达方式尤其让人感兴趣，该基因编码一个含同源异型结构域的转录因子（见第 2 章）。*kn1* 在具有分生组织活性的组织中表达。Smith 等（1992）对该基因在玉米分生组织中的表达模式进行了研究，发现它只在分生组织中表达，不在正形成的器官中表达。最有意思的是，观察到 *kn1* 在下一个叶原基产生位置的表达逐渐消退，因此可用来预测侧向器官形成的部位。*kn1* 的表达模式使人们能够识别预期形态发生活性区

域，而单用形态特征去识别是不明显的（Kerstetter 和 Hake，1997）。

3.2 SAM 突变体

3.2.1 不能保持分生组织中增殖细胞的突变体

SAM 的作用机制对理解苗芽发育是如此重要，因此影响 SAM 形成的突变体受到极大的关注。其中最让人兴奋的一个突变体是 Barton 和 Poethig（1993）在拟南芥中鉴定的 *shoot apical meristemless*（*stm*）突变体。*stm* 在胚胎发生过程中不能形成可识别的 SAM，在实生苗阶段也不会如预期那样出现真叶（图 3-5）。但这些突变体却能产生具有子叶和下胚轴，并且看起来正常的实生苗，表明形成这些器官并不真正需要胚性 SAM 的产生。该发现并不会让人感觉惊讶，因为 Christianson（1986）通过细胞谱系分析已得出结论：棉花胚中 SAM 与子叶是从不同的细胞谱系产生的。

拟南芥的一个较弱的等位基因突变体 *stm-2* 也不能形成胚性 SAM，但可在实生苗阶段发育出 SAM。*stm-2* 虽然产生苗芽，但却是有限性结构，在产生少数叶片后就停止生长。这些苗芽上不产生花序；但有时却能从叶腋分生组织上产生花序（Clark 等，1996）。因此，从较弱的等位基因 *stm-2* 突变体看出，不仅形成 SAM 需要 *STM*，SAM 的保持也需要 *STM*。

较强的等位基因 *stm-1* 突变体产生的根其根尖分生组织（RAM）正常，因此 *stm-1* 缺陷并非是影响分生组织本身的一般性损害。一个有趣的问题是 *stm-1* 突变体能否产生叶。虽然它不能从正常的苗芽上产生叶或者排列异常，但在组织培养中的再生 *stm-1* 苗芽上却偶尔产生不定叶（Barton 和 Poethig，1993）。某些最弱的等位基因 *stm* 突变体产生若干排列正常的叶，但在弱等位基因突变体中花序发育提前终止（Endrizzi 等，1996）。在中等强度的等位基因 *stm* 突变体中，在产生单一但较大的叶原基时似乎会消耗掉胚性 SAM，在稍后的发育中该叶原基会产生上部分裂但基部融合的叶。强的等位基因 *stm* 突变体并不形成叶，叶原基也只在少数情况下产生，但形成的叶原基边缘为融合的子叶叶柄所包围。从一系列的 *stm* 等位基因突变体可以看出，其分生组织耗尽增殖细胞，并且不能阻止分生组织中央细胞的分化。最强的等位基因 *stm* 突变体被认为，在分生组织发育的最早阶段细胞分化就用完增殖细胞。在较弱的等位基因 *stm* 突变体，虽然分生组织中央的增殖细胞群可保持较长时间，但最后还是屈从于压力而分化。因此，*stm* 被解释为在分生组织保持而不是分生组织的产生方面存在

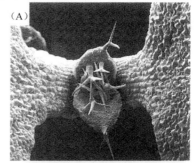

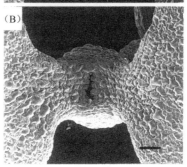

图 3-5 拟南芥野生型和 *shoot apical meristemless*-1（*stm-1*）突变体实生苗茎尖分生组织（SAM）区的比较

（引自 Long 等，1996）

（A）从野生型实生苗有功能的 SAM 区出现的头两片真叶，基上覆盖表皮毛（或腺毛）（B）*stm-1* 突变体的相同区域并无叶或芽的发育。实生苗为一周龄，用扫描电镜观察。标尺 = 100 μm

缺陷，尽管强的等位基因 *stm* 突变体似乎根本就没有形成 SAM。

　　Long 等(1996)克隆到 *STM* 基因，并用杂交探针在正常植株(非突变体)的胚胎发育过程中检测 *STM* 基因的表达。*STM* 基因只在预期形成胚性 SAM 的细胞中表达。从早期到中期球形胚阶段 *STM* 基因只在 1 ~ 2 个细胞中首先表达。从中期到晚期球形胚阶段，可在胚的上半部分的横向条状区域内的细胞中发现 *STM* RNA。心形胚中，在子叶之间的交叉处(SAM 预期在该处形成)有 *STM* 基因表达(图3-6)。在较老的植株中，*STM* 在 SAM 和腋芽分生组织中表达。在苗芽分生组织中，*STM* 基因表达在叶原基形成处迅速减退，且在新形成的叶中不表达。*STM* 也会在花序分生组织中表达，但当花芽启动后就消失；当花器官形成停止后，*STM* 就又会在花器官分生组织中表达。

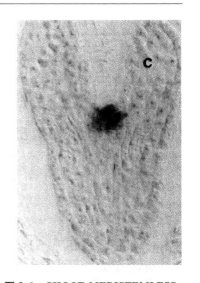

图 3-6 *SHOOT MERISTEMLESS* (*STM*)基因在野生型拟南芥鱼雷形胚阶段的茎尖分生组织(SAM)中的定位表达(引自 Long 等，1996)
　　用原位杂交检测 *STM1* 基因表达。
c: 子叶

　　Long 等(1996)发现 *STM* 编码一个与玉米中 *knotted1* (*kn1*)基因编码蛋白类似的同源异型结构域转录因子属同一一组的转录因子，*STM* 是另一个影响分生组织活性的基因。玉米 *Kn1* 突变体会在叶片上形成瘤结。瘤结被认为是 *kn1* 异位表达引起的分生组织活性源。在正常的玉米植株中，*kn1* 的表达模式与 *STM* 在拟南芥中的类似，两者都在分生组织中具有活性(Jackson 等，1994)。学者曾提出 *kn1* 表达与分生组织功能相关，很可能起到维持分生组织中的细胞在未分化状态。与 *STM* 一样，*kn1* 也是在分生组织中的未分化细胞表达。就像预期中两个基因具有相似的功能一样，*kn1* 的过度表达效果正好与 *STM* 表达不足效果恰好相反。当 *kn1* 在 CaMV 35S 强启动子控制下(35S: *kn1*)于转基因烟草植株中表达时，有一定数量的转基因植株形成异位苗芽分生组织，并由此出现"多苗芽"表型。在表达植株中，开花后植株下位节重新产生枝条叶片表面形成叶生花序(epiphyllous inflorescence)，并且在叶片与叶柄之间的连接处产生许多苗芽。

　　另一个不能维持功能性 SAM 的拟南芥突变体是 *wuschel*(*wus*)。*wus* 突变体形成的有缺陷的 SAM，在产生少数叶片后就提前终止生长。与野生型圆周顶状 SAM 不同，*wus* 突变体分生组织终端既平且薄[图3-7(B)]。Laux 等(1996)认为 *wus* 的缺陷是因为分生组织中增殖细胞或干细胞被耗尽。分生组织被消耗，但叶原基和次生苗芽分生组织异位启动。在营养生长过程中，次生分生组织的形成导致数百个莲座状叶产生。在花序发育过程中，*wus* 突变体表现定期而不断被迫停止的生长模式，花梗不断从主茎的叶丛中产生[图3-7(C)](Laux 等，1996)。

　　据推测，*wus* 突变体中 SAM 耗尽是因为增殖细胞群大量向形成器官方向补充。如果这种推测是正确的话，*WUS* 的功能就是正常抑制细胞分化，维持增殖细胞库。强等位基因 *stm* 和 *wus* 的双突变体表明，*stm* 上位作用于 *wus*(Endrizzi 等，1996)。在中等强度的等位基因 *stm*-2 和 *wus*-1 的双突变体中，*wus*-1 可促进 *stm*-2 的表达，产生一种新的表型。因此，*stm* 和 *wus* 突变体具有相似的效果，但它们显然不在同一条遗传途径上。

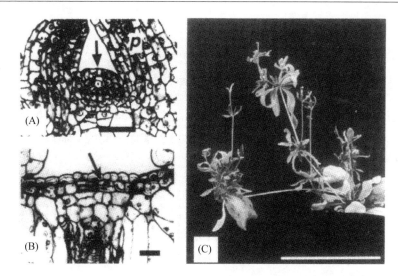

图3-7 拟南芥 *wuschel*(*wus*)突变体与野生型茎尖分生组织的比较(引自 Laux 等，1996)

(A)15d 龄野生型实生苗 SAM(箭头所指)呈圆顶状。p：叶原基 (B)7d 龄 *wus* 突变体 SAM 顶部平坦，且无叶原基。箭头所指亚表皮层细胞平周分裂，表示次生分生组织形成的起始阶段 (C)在花序发育过程中，*wus* 突变体以"定期而不断被迫停止"模式发育，在花序茎基部产生叶丛。被认为是由于花序 SAM 被耗尽所致，有时也会从次生分生组织长出花序梗。植株约 3 个月苗龄。标尺 =3 cm

　　Medford 等(1992)鉴定了被认为是同样存在 SAM 维持问题的其他拟南芥突变体。其中之一是 *forever young*(*fey*)，它只有少数真叶，SAM 平坦。在 *fey* 纯合体中，SAM 细胞比野生型的更为液泡化，排列也更散乱。Medford 等认为，*fey* 是一个 SAM 细胞增殖能力会消耗完的突变体，因而它不能自我维持。*FEY* 虽然已被克隆，但它编码一个与氧化还原酶(如叶绿素酯还原酶)类似的蛋白(Callos 等，1994)。而且 *FEY* 表达不只局限于 SAM，事实上它在成熟根、茎和叶中都有表达。从这点可以看出，*fey* 不可能是参与 SAM 区域结构内稳态(the homeostasis of the zonal structure)的格式形成突变体，它更像是一个中央区细胞功能缺陷的突变体，该缺陷在当细胞径向进入外周区时影响到 SAM 的功能。

　　在矮牵牛(*Petunia hybrida*)中也发现不能产生或保持胚性 SAM 的突变体。*No apical meristem*(*nam*)突变体在实生苗阶段就发育受阻，并且通常不能产生第一片叶(Souer 等，1996)。nam 实生苗中 SAM 为一群大的液泡化细胞所取代。某些 *nam* 实生苗虽然能产生苗芽，但这些"逃脱的"苗芽产生各种不同的畸形，包括在花的第二轮产生双生原基。*nam* 基因已被克隆，但它与已知功能的其他基因没有类似性。该基因在分生组织和原基边界环内表达，被认为具有消除 SAM 边界限制的功能(Souer 等，1996)。与此有关的是，在拟南芥上发现一个直向同源基因突变，称为 *cup-shaped cotyledon2*(*cuc2*)。该突变体实际上是作为 *cuc1* 和 *cuc2* 双突变体而获得的。该双突变体胚性 SAM 发育受阻，子叶融合形成喇叭状，这种杯状结构有时让人想起用生长素运输抑制剂处理过的胚中所见到的效果，也是杯状结构像 *cuc1* 和 *cuc2* 双突变体中两个融合子叶。双突变体在组织培养中可诱导产生不定苗芽，这些苗芽的茎和叶相当正常，但花却异常。雄蕊与花萼能各自相互融合成一体，花瓣不能正常生长或丢失。作者推测 *CUC1* 和 *CUC2* 不仅为 SAM 发育所必需，也是防止在某一花轮(whorl)内新形成的器官之间相互融合所必不可少的。事实上，*cuc* 双突变体才能阻断拟南芥 SAM 的发育，但 *nam*

单个突变就足以产生同样的表型，这说明 *cuc1* 和 *cuc2* 在拟南芥中是以冗余基因起作用的。

3.2.2 在分生组织中过度产生增殖细胞的突变体

在苗芽生长过程中，细胞不断从外周区向芽端的侧翼区流动，芽端的侧翼区就是器官形成的部位(形态发生区)。为此，需为器官形成招募细胞，并由外周区原始细胞分裂来加以补充。保持该区域的细胞群是十分重要的，也是 SAM 发挥功能所必需的。已经在拟南芥中发现维持该区域细胞群平衡缺陷的突变体。其中一个突变体是 *clavat1*(*clv1*)，该突变体在营养生长和生殖生长过程中产生的 SAM 较大[图 3-8(C)(D)](Clark 等，1993)。弱等位基因产生较大的分生组织，并且在不同花轮中产生更多的器官；而中等强度等位基因导致花轮中器官簇生；而强的等位基因则引起分生组织大量过度增生，但根的发育未受影响，表明这种缺陷并非一般性的细胞分裂控制缺陷。

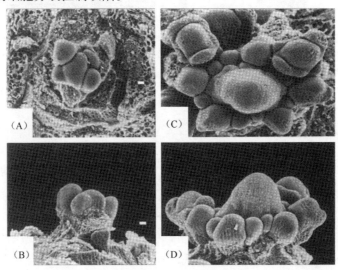

图 3-8 拟南芥野生型和 *clavat1*-4(*clv1*-4)突变体的茎尖分生组织

(SAM)的比较(引自 Clark 等，1993)

13d 苗龄的野生型(A)(B)与 *clv1*-4(C)(D)实生苗 SAM 的俯视图(A)(C)和侧视图(B)(D)。注意 *clv1*-4 中央圆顶较大，器官原基更多。分生组织用扫描电镜观察，并已将更成熟的器官原基切去。标尺 = 10 μm

另外一个隐性的 *clavata3*(*clv3*)突变已得到鉴定(Clark 等，1995)，除发现其花序分生组织比野生型的大 1 000 倍外，其他表型与 *clv1* 相似。CLV1 和 CLV3 似乎作用于同一条途径，因为它们的双突变体 *clv1 clv3* 并无放大或新的表型。此外，还发现在某些 *clv1* 和 *clv3* 等位基因双杂合体植株中，*clv1* 的半显性得到提高，这也说明 CLV1 和 CLV3 存在互作。

CLV1 已被克隆，发现它编码推测的受体蛋白激酶(Clark 等，1997)。有人推测，CLV1 的基因产物与某些参与植物防御反应的受体激酶类似(Bent，1996)。这些激酶具有胞外受体结构域、跨膜激酶结构域和胞内激酶结构域。胞外受体结构域具有富亮氨酸重复，这被认为介导受体及其配基(假定为病原或病原的产物)之间的蛋白质—蛋白质相互作用。未来对 CLV1 和 CLV3 的发现会非常令人兴奋，尤其是发现 CLV1 的配基。

　　Clark 等(1996)认为 *CLV* 基因促进外周区边界的细胞分化，但 *CLV1* 基因在拟南芥 SAM 的中央和外周区的亚表皮层表达(Clark 等，1997)。如果 *CLV1* 促进细胞分化的话，那么该基因一定使外周区的细胞容易分化，因为外周区细胞靠近外边界。因此 *CLV1* 要通过 *WUS* 而起作用，因为 *wus-1* 完全上位于 *clv1-4*(Laux 等，1996)。注意 *WUS* 正常情况下是抑制细胞分化的，因此 *CLV1* 对 *WUS* 起负调控作用。Clark 等(1996)提出 *STM* 和 *CLV* 作用相反，*STM* 刺激顶端原始细胞增殖(或减缓原始细胞分化)。如果这样的话，分生组织正常生长和发育就需要 *STM* 和 *CLV1* 和(或)*CLV3* 活性的适当平衡。实际上，*STM* 和 *CLV* 似乎具有抵消作用，因为 *clv1* 可抑制 *stm-1* 的效果。事实上双突变体 *stm-1/stm-1 clv-1/clv-1* 产生的 SAM 常常有别于野生型。单突变体 *stm-1* 产生不了花，而某些双突变体则可。*clv1* 大体上是一个隐性突变，且 *clv1* 杂合体可部分挽救 *stm-1*。也就是说，*stm-1/stm-1 clv-1/ +* 突变体的表型部分恢复到野生型，因此在抑制 *stm-1* 能力方面，*clv1* 具有部分显性作用(Clark 等，1996)。*stm-1* 同样也以显性方式部分抑制 *clv1* 突变。考察 *stm-1* 和 *clv1* 杂合体效果可看出这种作用。野生型花朵有两个融合心皮，而 *clv1* 杂合体常有 3 个或 4 个心皮。在对 *stm-1* 的分离群体中可看到 *clv1* 增加心皮数目的效果。因此，SAM 的发育和功能对 *STM* 和 *CLV* 基因剂量，并可能对其基因产物的水平十分敏感。关于 *stm-1 clv-1* 双突变体最值得注意的结论是，在没有 *CLV* 存在的情况下，SAM 发育并不需要 *STM*(Weigel 和 Clark，1996)。这意味着，*STM* 和 *CLV* 基因是专门负责分生组织增殖和分化功能的真正调控子，但并不为分生组织发育所需。因为这两个基因没有功能时，分生组织会变得过大或过小，所以这两个基因为 SAM 的自动动态平衡(homeostasis)所需。苗芽分生组织的形成并不需要这两个基因，只有分生组织细胞增殖和分化活性平衡才需要。

3.3　SAM 的功能调控

　　很显然，在细胞分裂形成新器官和保持原始分生组织之间必定存在一个平衡。SAM 在植物体整个生命过程中(休眠期及损伤后除外)持续不断地产生细胞，但茎端分生组织却能够保持同样大小，无论成熟植株最后大小及年龄如何。由于树可高达数百米及生长数百年，因此这一点十分显著。关于对细胞征募形成器官原基之间平衡的了解，主要来自于对拟南芥、玉米和矮牵牛该过程紊乱的突变体的研究。平衡的核心是分生组织不同区域之间的联系。拟南芥 *clavata1*(*clv1*)突变导致未分化细胞累积而使分生组织增大，而 *shoot meristemless1*(*stem1*)突变体分生组织细胞在胚胎发生过程中不能保持，*wuschel*(*wus*)突变体则在一些器官形成后丧失分生组织。CLV1 蛋白可减少分生组织中的细胞数，而 STM 和 WUS 则负责增加分生组织细胞数。这些基因颉颃作用与其他基因一起维持 SAM 的大小与结构。

　　SAM 组织结构及若干 SAM 关键基因的表达区域如图 3-9 所示。对 *WUS* 调控了解最多的是 CLAVATA(CLV)途径。该途径限制 *WUS* 表达，因而限制干细胞群的大小。*WUS* 在 OC 表达，诱导分生组织细胞增殖或 *WUS* 诱导的信号维持干细胞，但干细胞却能产生可扩散的肽 CLV3，它可通过激活一种包含 CLV1 和 CLV2 亚基的跨膜受体激酶来阻遏 *WUS* 表达，形成调控分生组织大小的负反馈环路。可扩散的 CLV3 信号的生化特性目前已研究清楚：成熟的、活性形式的 CLV3 及其相关肽是一种包含羟脯氨酸的十二肽(dodecapeptide)。CLV1/

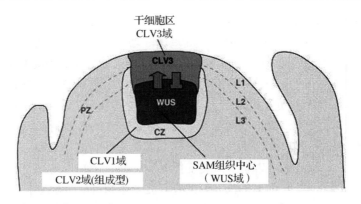

图 3-9　SAM 组织结构及若干 SAM 关键基因的表达区域（引自 Fiers 等，2007）

CLV1 在 CZ 中的 L2 和 L3 层中表达，而 CLV3 在同一区域的 L1、L2 和 L3 层中表达。
WUS 只在 CZ 中 L3 层表达

CLV2 信号转导链的下游大部分不清楚。

　　CLV 反馈环路失灵会导致 CZ 细胞数量大量增加。如在 *clv* 突变体中，该负调控途径被破坏，WUS 表达水平提高，分生组织体积增大，形成了额外的花器官，并残留着一些未分化组织。而在 *wus* 突变体中，WUS 表达水平显著下降，分生组织变小，最终无法形成完整的花器官。其原因可能是提高了 CZ 中细胞增生或减少了 CZ 细胞向 PZ 的招募。但活体成像（*in vivo imaging*）表明抑制性 *CLV3* 功能的最直接效应是 PZ 细胞向 CZ 细胞特征的转变（基于 *CLV3* 受体表达分析）。但其后不论是 CZ 还是 PZ 中的细胞分裂都普遍性地提高。导致这种普遍性细胞分裂增加的原因还不清楚，有可能是通过 *WUS* 相关基因如 *STIMPY*（*STIP* 或 *WOX9*）来实现的。在茎尖或根尖分生组织中细胞分裂的维持都需要 *STIP*。突变体 *clv3-2* 的分生组织增大需要 *STIP* 功能；与此相反，STIP 的过量表达则会使分生组织变大，但不会挽救 *wus-1* 突变体。这表明 *WUS* 在 *STIP* 下游发挥功能（图 3-10）。

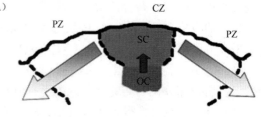

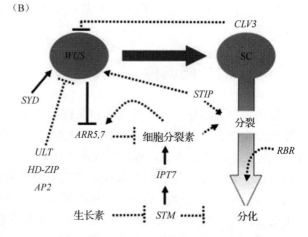

图 3-10　茎尖分生组织的功能调控（引自 Sablowski，2007）

　　（A）分生组织结构　（B）控制茎尖分生组织功能的调控网络。OC：组织中心；SC：干细胞；CZ：中央区；PZ：外周区。（A）中自 OC 指向 SC 的箭头表示干细胞维持信号，自 CZ 的箭头表示向细胞分化过渡；（B）中自 WUS 指向 SC 的箭头表示维持信号；自 SC 的箭头表示由活跃细胞分裂向分化转变。箭头和钝线分别表示正向（促进）和负向（抑制）互作。直接的分子互作用实线表示，而间接的或有待于证实为直接互作的用虚线表示

　　除 CLV 途径外，最近的研究还表明其他的调控基因如 *ULTRAPETALA*、*HD-ZIP*、

HANABA TARANU(或许也包括 *AP2*)也能限制 *WUS* 表达。此外，唯一已知的是 SPLAYED（SYD）（推测为染色质重塑因子）是 WUS 的直接调控因子。

对分生组织细胞行为控制还可能涉及植物激素的局部调控，包括赤霉素功能的阻遏、生长素和 STM 的颉颃及细胞分裂素的生物合成等。细胞分裂素在植物发育中有许多功能，其中之一是刺激茎中的细胞分裂。水稻突变体 *lonely guy*(*log*) 的分析表明茎尖分生组织中局部细胞分裂素的生物合成发挥重要作用。该突变体在分生组织维持方面的缺陷与拟南芥中 *wus* 或 *stm* 导致的缺陷类似。LOG 负责催化细胞分裂素表达中的一个新步骤，并且在分生组织中的亚区表达，这表明细胞分裂素在分生组织中作为一种旁分泌信号（paracrine signal）（靶细胞与信号产生细胞相近）而发挥功能。

茎尖分生组织调控因子与细胞分裂素功能之间直接联系也已显现。STM 发现激活编码异戊烯基转移酶7(isopentenyl transferase 7，IPT7)的基因表达，而该基因是细胞分裂素生物合成的一个关键酶。WUS 也发现可直接阻遏拟南芥 A 类 *RESPONSE REGULATOR*(*ARR*)表达，而该基因在抑制细胞分裂素反应的负向反馈环路中发挥作用。如果 WUS 和细胞分裂素在维持分生组织方面发挥正向作用，则 WUS 有可能通过对抗编码 A 类 *ARR* 基因的负向功能来促进细胞分裂素的作用。

3.4　叶原基的产生和节间生长

3.4.1　叶原基的产生

实验表明分生组织并非是已预决定细胞的嵌合体，SAM 具有不寻常的可塑性，且大体上是未决定的特点。当 PZ 内的细胞分裂时，细胞由分生组织顶端向外推移并形成器官原基。调控该过程的信号并不完全了解，但相互作用的基因网络很可能发挥重要作用。由于细胞壁改变有利于细胞扩大，原基形成最初步骤之一很可能是响应于细胞壁变化而发生的。有一些证据支持这一观点：①γ 射线对 SAM 辐射会抑制细胞分裂，但仍然会在即将发育原基的位置出现突起（细胞扩大的结果）；②细胞分裂突变的植物仍可正常进行器官原基发生；③利用细胞壁松弛剂（伸展素）可诱导西红柿叶原基形成。伸展素局部表达可逆转烟草的叶序。

叶片环绕茎轴的排列方式称为叶序（phyllotaxy）。SAM 中的叶序是通过外周区叶原基产生格式而确立的。从分子的角度并不了解叶原基的位置是如何被决定的，但有人用场论（field theory）对此过程大体上进行了描述。有 3 种基本的叶序格式：①轮生（whorled）叶序，叶片环绕成轮状，每个节上有两个或两个以上叶片（包括每个节上有两个对生叶片的直角交叉排列，节与节之间以直角交互排列）；②二分（distichous）叶序，每节上有一片叶，但排列成两纵列；③旋生（spiral）叶序，叶片在茎上呈螺旋状分布（Esau, 1960）。这里将集中讨论旋生叶序，拟南芥叶片排列为此种格式。在旋生叶序中，叶片排列整齐有序，以至于可以用数学术语来加以描述。螺旋的一个特性是其方向或手性（handness）。手性是相当明显的特征，将相继出现的叶原基编号，按其出现先后顺序画线连接起来，就可以确定旋生叶序的手性［图 3-11（A）］。这样的螺线称为生成螺线（generative spiral）。拟南芥旋生叶序的手性可通过营养发育得到保持，顺时针和反时针方向出现的频率相同（Callos 和 Medford，1994）。这意味着一定是某些随机事件决定了早期阶段的螺旋方向，且一旦被决定，就不再改变。

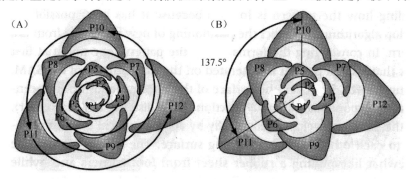

图 3-11　拟南芥螺生叶序格式特征（引自 Howell，1998）

在茎尖分生组织（SAM）俯视图中，从最先出现的叶原基开始依次标编号。（A）将相继出现的叶原基用线连接起来，形成生成螺线。叶序格式的手性由生成螺线决定　（B）扩张角为两个相继出现的叶原基之间的放射角。具有螺生叶序的植物，其扩张角约为 137.5°

螺旋的另外一个典型特征是螺距（pitch）或螺旋周期（period）。旋生叶序的螺距或螺旋周期随不同物种而异，但无论螺距多少，相继产生的两个叶原基之间的角度——叶序的扩张角或发散角（divergence angle）则是相同的，约为 137.5°[图 3-11（B）]。将组成费布纳西数列（Fibonacci series）（每个数字都是前两个数字之和的一种数学数列）的不同序数的叶原基，用"联动线（winding line）"连接起来，可以描述不同螺距的螺旋特性。不同螺距的螺旋可用费布纳西数列命名，例如，2 + 3，3 + 5 等。螺旋螺距和格式可以通过测量叶间隔比率（plastochron ratios，PR）得出。叶间隔比率是顶端中央与任意两个相继产生的叶原基之间距离比率。从 PR 可计算出叶序指数（phyllotaxis index，PI）= 0.38 − 2.39 loglog（PR）（Richards，1951）。例如，拟南芥 PR 为 1.20，PI 为 3.02，这与 3 + 5 格式对应（Callos 和 Medford，1994）。

在理解这种格式是如何形成的问题上，用几何术语来描述叶序是很重要的，因为只有这样才能提出算法来预测新叶原基产生的位置。一想到格式形成时，人们起初会以为螺旋格式是在固定不动的 SAM 表面产生的。但实际上在生长过程中 SAM 表面由其中心向外（按所在位置到中心距离指数率函数）扩展。因此，格式应是动态的，要加上在扩展表面上相互之间共同关联的单位。这种情形有点像从四个角拉橡皮纸一样，在橡皮纸中心周围的标记总是相互之间保持某种恒定关系。如果标记相互推移，它们就会形成螺旋。为了复制植物的螺生叶序，标记之间应相互以 137.5° 的叶序扩张角推移。为什么扩张角是固定的，原因如下；①原基尽可能在远离前一个前基处发育；②新原基和老原基之间的距离正好是它们叶间隔期年龄的反比例（Richards 和 Schwabe，1969）。

SAM 中叶原基模式可以用一定的方式加以改变。Fleming 等（1997）的拟南芥叶序逆转实验研究表明，可诱导单个叶原基原始细胞提早出现，从而改变叶原基通常的出现顺序。为了达到此实验目的，叶序的手性可用实验手段加以改变，方法是将伸展素或延展素（expansin）（也称细胞壁松弛或伸展蛋白，可增加细胞壁的伸展性）结合在极小的塑料珠上，巧妙地将单个塑料珠置于番茄茎端近按照左手螺旋预定出现的叶原基处，局部施用伸展素，会在该处不按预定时间长出叶原基。局部施用伸展素 5 天后产生突起，并发育成叶状结构。从该处提前出现的器官改变了叶原基出现的格式和顺序。改变后的格式将叶序逆转为右手螺旋。因此，叶原基出现的格式和叶序手性是由动态过程决定的，而非一种静态蓝图。

新叶原基出现的位置是由抑制性因素或力量介导的，这些因素或力量防止在刚刚出现的叶原基附近出现新的叶原基。这种抑制物质为生长素，局部生长素梯度可能是影响位置决定机制的因素。这种想法是源于在柳叶菜（*Epilobium*）上观察到生长素运输抑制剂如 2，3，5-三碘苯甲酸（2，3，5-tri-iodobenzoic acid，TIBA）影响叶原基出现位置（Schwabe，1971）。如不存在 TIBA 时，似乎老叶原基的抑制作用消失，因为叶原基围绕顶端形成一圈。有趣的是，叶原基之所以形成一圈，是因为它表明位置规律是由多种梯度或场所决定的。有可能生长素梯度决定单个叶原基的圆周定位，而其径向定位是由不受生长素运输抑制剂影响的其他因素决定。

3.4.2 节间生长

植物通过增加分生单位和（或）节间伸长而长高。株形是一个重要的农艺性状，遗传育种学家对农作物株高遗传学进行了广泛的研究，已记载的影响玉米株高的突变体就超过 50 个（MacMillan 和 Phinney，1987）。赤霉酸（gibberellic acid，GA）处理可挽救一定数目的 *dwarf* 突变体如 *d1*、*d2*。这些突变体累积的具有生物活性的 GA 很少，且 GA 生物合成存在缺陷。这些突变体在确认 GA 生物合成途径中的步骤十分重要。

其他玉米矮化突变体如 *D8-1* 则不能被 GA 挽救（Swain 和 Olszewski，1996）。*D8-1* 对 GA 不敏感，被认为是 GA 反应突变体。在拟南芥中，已经鉴定的 *GA insensitivity*（*gai*）突变体具有 GA 突变体的所有特征，但不能为 GA 所挽救（Peng 和 Harberd，1993）。该突变体矮化，腋芽数目增加，叶片更窄且颜色深绿，在连续光照下不能产生可育花。玉米和拟南芥的 GA 不敏感突变体为显性或半显性，被认为是获得功能突变体。仍不清楚它们是否是 GA 反应途径突变体。如果是的话，据认为这些突变体应是显性失活突变体，突变基因编码"毒性"亚基，干扰 GA 反应途径中多亚基组分的功能（Swain 和 Olszewski，1996）。尽管如此，已通过检测到提早开花结实和产生可育花选择抑制子（suppressor），其中有些抑制子发现为 *gai* 基因位点的基因内抑制子，而其他一些则为其他位点突变。据认为抑制子突变是那些编码 GA 反应途径组分基因内的突变，因为它们降低了植物生长对 GA 的依赖性。

其他影响植物株形的 GA 相关突变体被认为是加大 GA 功能（GA 组成型反应突变体）的突变体。为了在拟南芥中找到加大 GA 反应突变体，Jacobsen 和 Olszewski（1993）在 GA 生物合成抑制剂多效唑（paclobutrazol）存在的情况下分离出能够萌发的突变体。利用这种方法获得的一个突变体等位基因称为 *spindly*（*spy*）。当 GA 生物合成抑制剂不存在的情况下，突变体的表型就像野生型重复喷施 GA 时的表型一样［图 3-12（B）］。*spy* 突变体表型与 GA 有关的进一步证据是，GA 生物合成突变 *gibberellic acid*1（*ga*1）对 *spy*［图 3-12（C）］有抵消作用。*spy-1 ga1-2* 双突变体的表型正好为这两个单突变体表型［图 3-12（B）（D）］的中间型，这表明 *spy* 突变体表现对正常 GA 水平反应过度。*SPY* 已被克隆，发现它编码含 TPR（tetratrico peptide repeat）的蛋白质（Jacobsen 等，1996）。相关蛋白介导蛋白质—蛋白质相互作用，且存在于所有真核生物中。目前并不了解 *SPY* 在产生组成型 GA 反应中的作用。其他能增加 GA 反

应的突变体已在豌豆（*la* 和 *cry^s*）、
番茄（*pro*）和大麦（*sln*）中得到鉴
定。这些突变体除节间伸长外，
其他特征也说明它们提高了 GA
反应，例如，*sln* 突变体在萌发种
子中产生高水平的淀粉酶，并且
为雄性不育，这些都是 GA 反应
活性过度的预期特征（Swain 和
Olszewski，1996）。

　　GA 可刺激燕麦（*Avena*）等植
物茎段的节间伸长。GA 可以按多
种方式对细胞伸长起作用。首先，
GA 可引起细胞壁"松弛"（Gos-
grove，1993）。细胞壁承受着来自
细胞膨压带来的大量压力，松弛
可使细胞释放压力，吸收水分和
细胞伸展。GA 还可刺激新细胞壁
多糖的合成（Montague，1995）。
新细胞壁组分的产生是附加 GA
后检测到的最早的生物合成过程
之一。此外，GA 改变微管和微纤
丝的取向（Duckett 和 Lloyd，1994）

图3-12　拟南芥 *spindly*（*spy*）突变体的表型（引自 Howell，1998）

（A）野生型植株　（B）*spy*-1 突变体。*spy* 是针对抗 GA 生物合成抑制剂多效唑而筛选出来的。突变体可克服抑制剂存在下引起的 GA 缺乏。抑制剂不存在时，*spy*-1 突变体节间伸长，就如同野生型植株在多次重复施用 GA 时的表型。突变体 *gibberellic acid*1（*ga*1）在 GA 生物合成方面存在缺陷　（C）*spy*-1 *ga*1-2 双突变体的表型为 *spy*-1　（D）*ga*1-2 两个单突变体表型中间型。萌发后 4 周摄影

。细胞伸展方向依赖于纤维素微纤丝在细胞壁中的取向，
微纤丝横向排列有利于细胞伸长。而纤维素微纤丝在细胞壁中的排列方向又与细胞质皮层中
微管的定向有关。Duckett 和 Lloyd（1994）研究了豌豆矮化（*le*）突变体中微管的再定向，他们
观察到当用 GA 处理节间片段后，突变体表皮细胞中的微管就重新定向。微管向横向再定向
程度与 GA 刺激伸长率的增加相关。虽然不了解微管再定向的刺激物分子是什么，但再定向
与 α 微管蛋白的异型体有关，因而推测微管蛋白翻译后的修饰参与该反应。

3.5　营养生长的阶段变化

　　苗芽发育有营养生长和生殖生长两种不同的发育阶段。由营养生长向生殖生长转变反映
了在苗芽分生组织中发育程序的执行差异。在营养生长阶段，苗芽分生组织产生叶片、芽和
侧枝，而在生殖生长阶段则产生花序和花。要理解生长阶段的转变，必须了解在 SAM 中发
生的事件。植物由营养生长（生殖生长是植物生命中的一次巨大变化，在营养生长阶段，植
物本身也会经历其他的形态和生理变化。在营养生长阶段，植物经历由幼年型（juvenile
form）向成年型（adult form）的转变，在此过程中，植物获得生殖潜能。成年营养生长阶段的
典型特征是具有产生生殖结构的潜力，而幼年型则没有这种能力。某些木本植物发育呈现异
形模式（heteroblastic pattern），幼年阶段和成年阶段区别更大，幼年向成年的转变也更明显。

例如，常春藤（*Hedera helix*）在幼年向成年的过渡中，许多特征如叶形和叶序，植株的生长习性等都会发生变化。此外，在许多草本植物中，叶的大小和形状在营养发育过程中会发生变化。例如，拟南芥最初的真叶与子叶类似，叶柄较长，且叶呈圆形。其后的莲座丛叶片更像主茎叶，叶柄短而呈卵圆形（Tsukaya，1995）。叶的大小和形状变化的发育方式为异形发育。这样使同一株植株上具有不同叶形的叶，也称为异形叶性（heterophylly）。异形叶性被认为是叶片式样上进化变异的主要来源。有人在一个世纪前提出，在植株发育过程中的叶形变化反映了其所属分类学群体的不同叶形（Goebel，1900），即"个体发生重演群体发生（ontogeny recapitulates phyllogeny）"的一种形式。

Poethig 认为营养发育可进一步区分为若干阶段，这些阶段都是由遗传程序控制的（Poethig 1990；Lawson 和 Poethig，1995）。各阶段的数目和特征因植物而异，而且从幼年向成年阶段转变过程中并不一定有差别分明的过渡。玉米的阶段过渡更加细微，不仅叶形改变，还会产生表皮毛，节间伸长，不定根、花色素苷等次生化合物及角质层蜡减少。

玉米营养生长可分为幼年和成年阶段，发现影响玉米由幼年向成年阶段过渡的突变支持以下划分（Dudley 和 Poethig，1991）。三个被称为 *Tp1*、*Tp2* 和 *Tp3* 的半显性获得功能突变影响玉米由幼年向成年阶段过渡，并被认为延长了幼年期。Dudley 和 Poethig（1991）认为 *Tp* 突变体的幼年期与成年期相重叠，导致营养生长处于幼年与成年之间的中间状态，长在正常成年营养茎上的玉米穗和穗须也是中间类型（由叶片和花组成）。

关于阶段过渡的一个问题，是否这两个阶段是耦合在一起的（即一个阶段的开始是由前一阶段的结束引发的）？利用 *Tp* 突变体，Bassiri 等（1992）研究了延长营养生长阶段是否会影响到生殖阶段的开始。与野生型营养阶段（18～19 叶间隔期）相比，*Tp2/+* 植株的营养较长（21～26 叶间隔期）。短日（short day，SD）光敏感性被认为标志着生殖阶段的开始，因为此时植物获得生殖潜能。他们发现在野生型和 *Tp2* 突变体中 SD 光敏感性（15～18 叶间隔期）几乎同时开始，这意味着生殖阶段并不取决于营养阶段的长度。

Tp1 与 *Tp2* 被认为是通过可扩散因子作用的，因为它们在遗传嵌合体中并没有细胞自主性。虽然不清楚这种扩散物质的性质如何，但 Evans 和 Poethig（1995）发现 GA 对幼年期与成年期的过渡影响很大。减少 GA 累积的任何突变体，尤其是 *dwarf* 突变体，都延迟了成年阶段的过渡。通过双突变体分析，*dwarf* 与 *Tp1* 或 *Tp2* 之间具有积加效应（synergistic effect）。在某些双突变体中，幼年期很长，以至于玉米穗上的叶片仍带有幼年期的特征（角质层蜡）。大双突变体中很少影响到其他阶段标记，这说明 *Tp* 和 GA 反应途径存在互作，但并不相同。若它们属同一途径的话，预期会存在上位作用，而不是积加作用。在 *Tp1* 或 *Tp2* 上施用赤霉酸（GA₃）只能部分挽救突变体的表型，也与上述观点一致。因此，阶段转变的调控是控制幼年期向成年期过渡的一系列不同的输入（信号）复合作用的。在促进阶段过渡中，GA 发挥重要作用，但并非唯一作用。

Tp 基因控制阶段过渡，但 *Tp* 基因决定阶段特征被认为是通过其他基因作用的。*Glossy15*（*Gl15*）是该过程的一个中间基因，它只影响表皮细胞的阶段过渡。*Gl15* 缺失功能突变缩短了幼年阶段特征的表达时间，如角质层蜡的产生，同时加速成年期特征的提前出现（Moose 和 Sisco，1994）。*Gl15* 以细胞自主性方式在 *Tp1* 与 *Tp2* 下游作用。对 *Gl15* 作用方式的解释是，该基因可对幼年性总程序作出响应，并在表皮细胞中决定幼年期特征。

芽可由无限生长转变为有限生长，如产生刺与花。刺被认为具有保护功能，由顶芽或腋芽发育而来，但与芽不同的是，刺的顶部停止生长，端部呈尖刺状，且较坚硬。从发育生物学角度讲，刺是由无限生长的芽转变为有限生长的刺。

参考文献

Aida M, Ishida T, Fukaki H, et al. 1997. Genes involved in organ separation in Arabidopsis: An analysis of the cup-shaped cotyledon mutant[J]. Plant Cell, 9: 841 – 857.

Barton M K, Poethig R S. 1993. Formation of the shoot apical meristem in Arabidopsis thaliana: An analysis of development in the wild type and in the shoot meristemless mutant[J]. Development, 119: 823 – 831.

Bassiri A, Irish E E, Poethig R S. 1992. Heterochronic effects of teopod 2 on the growth and photosensitivity of the maize shoot[J]. Plant Cell, 4: 497 – 504.

Bent A F. 1996. Plant disease resistance genes: Function meets structure[J]. Plant Cell, 8: 1757 – 1771.

Bowman J L, Eshed Y. 2000. Formation and maintenance of the shoot apical meristem[J]. Trends in Plant Science, 5: 110 – 115.

Callos J D, Dirado M, Xu B, et al. 1994. The forever young gene encodes an oxidoreductase required for proper development of the Arabidopsis vegetative shoot apex[J]. Plant J., 6: 835 – 847.

Callos J D, Medford J I. 1994. Organ positions and pattern formation in the shoot apex[J]. Plant J., 6: 1 – 7.

Carol P, Peng J, Harberd N P. 1995. Isolation and preliminary characterization of gasl-1, a mutation causing partial suppression of the phenotype conferred by the gibberellin-insensitive (gai) mutation in Arabidopsis thaliana (L.) Heyhn[J]. Planta, 197: 414 – 417.

Christianson M L. 1986. Fate map of the organizing shoot apex in Gossypium[J]. Am. J. Bot. 73: 947 – 958.

Clark S E. 2001. Cellsignaling at the shoot meristem[J]. Nature Reviews, Molecular Cell Biology, 2: 276 – 284.

Clark S E, Jacobsen S E, Levin J Z, et al. 1996. The CLAVATA and SHOOT MERISTEMLESS loci competitively regulate meristem activity in Arabidopsis[J]. Development, 122: 1567 – 1575.

Clark S E, Running M P, Meyerowitz E M. 1993. CLAVATA1, a regulator of meristem and flower development in Arabidopsis[J]. Development, 119: 397 – 418.

Clark S E, Running M P, Meyero Witz E M. 1995. CLAVATA3 is a specific regulator of shoot and floral meristem development affecting the same processes as CLAVATA1[J]. Development, 121: 2057 – 2067.

Clark S E, WIlliams R K, Meyerowitz E M. 1997. The CLAVATA1 gene encodes a putative receptor kinase that controls shoot and floral meristem size in Arabidopsis[J]. Cell, 89: 575 – 585.

Cosgrove D. 1993. How do plant cell walls extend[J]. Plant Physiol., 102: 1 – 6.

Dermen H. 1945. The mechanism of colchicine-induced cytohistological changes in cranberry[J]. Am. J. Bot., 32: 387 – 394.

Duckett C M, Lloyd C W. 1994. Gibberellic acid-induced microtubule reorientation in dwarf peas is accompanied by rapid modification of an alpha-tubulin isotype[J]. Plant J., 5: 363 – 372.

Dudley M, Poethig R S. 1991. The effect of a heterochronic mutation teopod2 on the cell lineage of the maize shoot[J]. Development, 111: 733 – 740.

Endrizzi K, Moussian B, Haecker A, et al. 1996. The SHOOT MERISTEMLESS gene is required for maintenance of undifferentiated cells in Arabidopsis shoot and floral meristems and acts at a different regulatory level than the meristem genes *WUSCHEL* and *ZWILLE*[J]. Plant J. , 10: 967 – 979.

Esau K. 1960. The Anatomy of Seed Plants[M]. New York: John Wiley and Sons.

Evans M M S, Poethig R S. 1995. Gibberellins promote vegetative phase change and reproductive maturity in maize[J]. Plant Physiol. , 108: 475 – 487.

Evans M W, Grover F O. 1940. Developmental morphology of the growing point of the shoot and the inflorescence in grasses[J]. J. Agricul. Res. , 61: 481 – 520.

Fleming A J, McQueen-Mason S, Mandel T, *et al.* 1997. Induction of leaf primordia by the cell wall protein expansin[J]. Science, 276: 1415 – 1418.

Foster A S. 1938. Structure and growth of the shoot apex in Ginkgo biloba[J]. Bull. Torrey Botan. Club, 65: 531 – 556.

Foster A S. 1943. Zonal structure and growth of the shoot apex in Microcycas calocoma (Miq.) A. DC[J]. Am. J. Botany, 30: 56 – 73.

Fiers M, Ku K L, Liu C M. 2007. CLE peptide ligands and their roles in establishing meristems[J]. Curr Opin Plant Biol. , 10 (1): 39 – 43.

Gilbert S F. 1994. Developmental Biology[M]. Sunderland: Sinauer Associates, Inc.

Goebel K. 1900. Organography of plants. I. General organography[M]. New York: Hafner Publishers.

Howell S H. 1998. Molecular genetics of plant development[M]. Cambridge: Cambridge University Press, 1 – 365.

Haecker A, and Laux T. 2001. Cell – cell signaling in the shoot meristem[J]. Curr. Opin. Plant Biol. , 4: 441 – 446.

Jackson D, Veit B, Hake S. 1994. Expression of maize *KNOTTED*1 related homeobox genes in the shoot apical meristem predicts patterns of morphogenesis in the vegetative shoot[J]. Development, 120: 405 – 413.

Jacobs, T. 1997. Why do plant cells divide[J]The Plant Cell, 9: 1021 – 1029.

Jacobsen S E, Binkowski K A, Olszewski N E. 1996. SPINDLY, a tetratricopeptide repeat protein involved in gibberellin signal transduction in *Arabidopsis*[J]. Proc. Natl. Acad. Sci. USA, 93: 9292 – 9296.

Jacobsen S E, Olszewski N E. 1993. Mutations at the spindly locus of *Arabidopsis* alter gibberellin signal transduction[J]. Plant Cell, 5: 887 – 896.

Laux T, Mayer K F X, Berger J, *et al.* 1996. The *WUSCHEL* gene is required for shoot and floral meristem integrity in *Arabidopsis*[J]. Development, 122: 87 – 96.

Lawson E J R, Poethig R S. 1995. Shoot development in plants: Time for a change[J]. Trends Genet, 11: 263 – 268.

Long J A, Moan E I, Medford J I, *et al.* 1996. A member of the KNOTTED class of homeodomain proteins encoded by the *STM* gene of *Arabidopsis*[J]. Nature, 379: 66 – 69.

Lu P, Porat R, Nadeau J A, *et al.* 1996. Identification of a meristerm L1 layer-specific gene in *Arabidopsis* that is expressed during embryonic pattern formation and defines a new class of homeobox genes[J]. Plant Cell, 8: 2155 – 2168.

MacMillan J, Phinney H O. 1987. Biochemical genetics and the regulation of stem elongation by gibberellins [C]. In: Physiology of cell expansion during plant growth, ed. Cosgrove D J, Knievel D P. 156 – 171. Rockville M D: American Society of Plant Physiology.

Medford J I. 1992. Vegetative apical meristems[J]. Plant Cell, 4: 1029 – 1039.

Montague M J. 1995. Hormonal andgravitropic specificity in the regulation of growth and cell wall synthesis in pulvini and internodes from shoots of *Avena sativa* L. (oat)[J]. Plant Physiol, 107: 553 – 564.

Moose S P, Sisco P H. 1994. *Glossy*5 controls the epidermal juvenile-to-adult phase transition in maize[J]. Plant Cell, 6: 1343 – 1355.

Öpik H, Rolfe S A. 2005. The Physiology of Flowering Plants[M]. 4th Edition. London: Cambridge University Press.

Peng J, Harberd N P. 1993. Derivative alleles of the Arabidopsis *gibberellin-insensitive* (*gai*) mutation confer a wild type phenotype[J]. Plant Cell, 5: 351 – 360.

Poethig R S. 1990. Phase change and the regulation of shoot morphogenesis[J]. Science, 250: 923 – 930.

Poethig R S, Sussex I M. 1985. The cellular parameters of leaf development in tobacco: a clonal analysis[J]. Planta, 165: 170 – 184.

Richards F J. 1951. Phyllotaxis: Its quantitative expression and relation to growth in the apex[J]. Phil. Trans. Roy. Soc. Lond. Ser. B, 235: 509 – 564.

Richards F J, Schwabe W W. 1969. Phyllotaxis: A problem of growth and form[C]. In: Plant Physiology: A treatise. ed. Steward F C. 79 – 116. New York: Academic Press.

Schmidt A. 1924. Histologische Studien an phanerogamen Vegetationspunkten[J]. Botan. Arch, 8: 345 – 404.

Schwabe W W. 1971. Chemical modification of phyllotaxis and its implications[J]. Symp. Soc. Exp. Biol, 25: 301 – 322.

Sharman B B. 1942. Developmental anatomy of the shoot of *Zea mays* L. [J]. Ann. Bot. , 6: 245 – 284.

Sinha N R, Williams R E, Hake S. 1993. Overexpression of the maize homeobox gene, *KNOTTED*-1, causes a switch from determinate to indeterminate cell fates[J]. Genes & Devel, 7: 787 – 795.

Smith L, Greene B, Veit B, *et al.* 1992. A dominant mutation in the maize homeobox gene, *knotted*-1, causes its ectopic expression in leaf cells with altered fates[J]. Development, 116: 21 – 30.

Souer E, Van Houwelingen A, Kloos D, *et al.* 1996. The *no apical meristem* gene of petunia is required for pattern formation in embryos and flowers and is expressed at meristem and primordia boundaries [J]. Cell, 85: 159 – 170.

Steeves T A, Sussex I M. 1989. Patterns in Plant Development[M]. 2nd Edition. Cambridge: Cambridge University Press, 1 – 388.

Swain S M, Olszewski N E. 1996. Genetic analysis of gibberellin signal transduction[J]. Plant Physiol, 112: 11 – 17.

Sablowski R. 2007. Flowering and determinacy in Arabidopsis[J]. J. Exp. Bot. , 58: 899 – 907.

Tsuge T, Tsukaya H, Uchimiya H. 1996. Two independent and polarized processes of cell elongation regulate leaf blade expansion in *Arabidopsis thaliana* (L.) Heynh[J]. Development, 122: 1589 – 1600.

Tsukaya H. 1995. Developmental genetics of leaf morphogenesis in dicotyledonous plants[J]. J. Plant Res, 108: 407 – 416.

Vaughn J G. 1952. Structure of the angiosperm apex[J]. Nature, 171: 751 – 752.

Weigel D, Clark S E. 1996. Sizing up the floral meristem[J]. Plant Physiol, 112: 5 – 10.

Wilson R N, Somerville C R. 1995. Phenotypic suppression of the *gibberellin insensitive mutant* (*gai*) of Arabidopsis[J]. Plant Physiol, 108: 495 – 502.

第4章　叶片的发育

简单叶片为有限结构，由叶片或叶身（leaf blade 或 lamina）、叶柄或叶梗（petiole 或 stalk）及围绕茎干的叶基（leaf base）三部分组成（Poethig，1997）。与茎干不同，叶片为背腹（dorsiventral）结构，也就是说，叶片上或背（dorsal）面与下或腹（ventral）面存在差异。新叶并不是以一面朝上、一面朝下的伸展状态发育，而是在芽或茎轴周围卷绕。由于发育中的叶片背面离茎轴较近，所以称为近轴面（adaxial），而腹面则相反，称为远轴面（abaxial）。叶中脉（midrib）在腹面或远轴面隆起，使叶片的背腹性（dorsiventrality）十分明显。

叶片是一个包含若干种不同细胞类型的复杂器官，这些不同类型的细胞根据一个基础格式来排列。在接近水平取向的叶片中，至少有3种不同的发育梯度影响细胞发育（图4-1）；而在接近垂直方向着生的叶片中（如许多单子叶植物），背腹梯度不很明显，这可能是叶片的上下面所处的环境相对一致的原

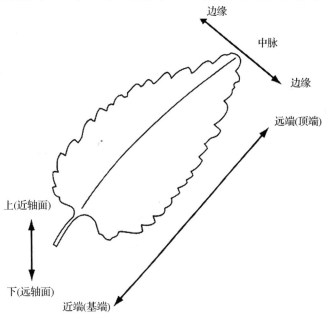

图 4-1　双子叶植物叶片的发育梯度（引自 Öpik 和 Rolfe，2005）

因。单子叶植物叶片由基部分生组织发育，绝大多数细胞首先进行细胞分裂，然后进行细胞伸展和细胞分化。而在双子叶植物中，这些过程很大程度上重叠在一起。

双子叶的叶原基在苗端以小嵴或叶原座（leaf buttress）出现。当其伸长时，叶原基侧向伸展，在某些物种中，叶基几乎环绕茎干一周。叶原基伸长，形成顶基轴，同时叶片或叶身从早期中脉向两侧伸展。背腹性发育是叶片发育中的早期的、关键性步骤，在叶原基露出时即开始。背腹性将叶片的早期发育与沿其轴辐射对称的茎或枝条发育相区别。

4.1　叶原基发育的决定

什么时候叶原基被决定发育成叶片的？ Steeves 和 Sussex（1957）利用不同发育阶段的向日葵叶原基（explanting）离体培养来解决这个问题。在该实验中，决定（determination）被定义

为当某个发育阶段的叶原基离体后，将在组织培养中发育为叶片的那个发育阶段。长度不到
1 mm 的叶原基，如向日葵的叶原基，在组织培养中可产生正常的叶片；而此前发育阶段的
叶片离体培养后产生没有背腹性的茎状结构。当将蕨类植物桂皮紫萁（*Osmunda cinnamomea*）
不同发育阶段的外原基外植时，P8 ~ P10 可高频率形成叶片，P1 ~ P5 则不行（Steeves 和 Sus-
sex，1957）。如前一章所述，叶原基按其出现先后次序编号，最幼嫩的为 P1，那么 P8 ~ P10
为在外植时苗端第 8 到第 10 最幼嫩的叶原基。因此，在桂皮紫萁中叶片决定发生在 P5 ~
P8。在烟草和向日葵（*Helianthus*）中进行了同样的试验，它们的叶片决定稍早，发生在 P2 阶
段。可见叶原基在出现后不久就被决定，并且在此过程中获得独立发育的能力。此外，叶片
发育过程并非一步而成。叶原基先要决定是有限生长还是无限生长，然后再进一步决定是背
腹对称还是辐射对称。在叶原基发育过程中，未来叶片的不同区域也在进行决定。例如，
Sachs（1969）发现，当把长度小于 30 μm 豌豆叶原基的边缘利用显微手术去除后，叶原基的
边缘的叶结构可以再生出来，如果将发育稍晚的边缘去掉则会丧失该叶片部分、卷须、小叶
和（或）托叶。因此，叶原基是遵循限制性生长（叶片发育）还是进行无限性生长（苗芽发育）
的决定依赖于组织连续性，以及很有可能扩散物质从顶端中心向初生叶原基运动也是必
需的。

4.2　植物叶片发育

双子叶植物中，叶片发育包括沿叶片顶基轴生长（在羽状脉叶片中沿中脉生长）和叶片
或叶身生长。烟草叶原基在发育成长约 0.5 mm 的结构之后叶身才开始伸展（Poethig 和 Sus-
sex，1985b）。叶片的主要部分（即叶身、中脉和叶柄）都起源于同一原始体，因为许多无性
系都包含这 3 个结构。由于许多扇形区只有中脉和叶柄，中脉及其位置可能在发育极早期就
已固定。由于在叶片基部看不到包括叶身的中脉扇形区，因此先形成中脉（由最大的扇形区
组成），然后形成叶身。叶片由 3 个细胞层 L1 ~ L3 组成，因此它不可能起源于单个细胞。3
个细胞层与新叶产生都有关。L1 层覆盖叶表面，一般不含叶绿素的表皮层。双子叶植物叶
片的最大部分是 L2 层。L2 层产生位于叶片中央的栅栏组织叶肉细胞、海绵组织叶肉细胞，
以及外周的海绵组织叶肉细胞。而许多中脉维管组织和在叶片中部的内层海绵组织叶肉细胞
起源于 L3（Tilney-Bassett，1963）。

图 4-2 为典型的双子叶植物叶片发育的不同阶段（Donnelly 等，1999）。绝大多数细胞进
行垂周分裂，新生细胞与叶片表面平行，因而导致叶片的扁平结构；而导致叶片增厚的平周
分裂的细胞数量则很小。在叶原基发育的极早期，细胞分裂形成平板分生组织（plate meri-
stem），平板分生组织分裂形成叶片。玉米叶片中，SAM 的 L1 层分裂形成表皮。当全部 L1
层细胞都进行垂周分裂时，形成的表皮就只有一个细胞厚。与此相反，L2 层平周分裂一次
形成两层，最里面一层再次分裂，最后形成维管束、维管束鞘细胞和最内层的叶肉层。

导致叶片增厚的细胞分裂既受发育因素调控，也受环境因素调控。在烟草突变体中，有
8 个叶肉细胞层，不是通常认为的 4 个。许多植物的叶肉细胞层数目也会对辐射做出反应。
生长在低光照下的藜（*Chenopodium album*）叶片（遮阴叶）只有 1 层栅栏叶肉细胞层，当生长
在高光照下时（向阳叶），则含有更多的栅栏叶肉细胞层（Yano 和 Terashima，2001）。但并非

所有植物都如此响应于光照。例如，槭木（*Acer* spp.）在高光照下叶片较厚，不是由细胞数目增大所致，而是由栅栏叶肉细胞层细胞厚度增加所致。因此，叶片发育既是可塑的，可对环境条件响应，同时，它又是决定的，当达到一定体积和结构时，生长就会停止。

在绝大多数物种中，叶片发育遵循由顶向基的梯度，即细胞分化和成熟是从顶端开始，向基部推移。这种梯度在包括细胞分裂在内的叶片发育的许多方面都有反映。图4-3显示为正在发育的拟南芥叶片中的细胞分裂格式。为了鉴别正在经历分裂的细胞，细胞周期素（cyclin）基因（其表达在有丝分裂过程中表达增强）的启动子与β-葡萄糖醛酸酶（β-glucu-ronidase，GUS）报告基因融合，因此在分裂细胞即可表达GUS并被染成蓝色（Donnelly等，1999）。起初细胞分裂在整个叶片中都有发生，其后局限于叶片近基部区

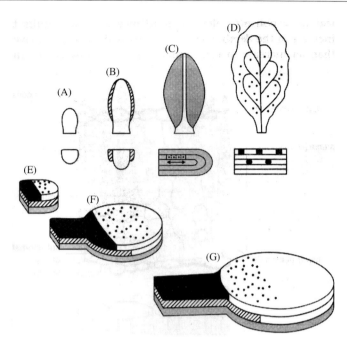

图 4-2　双子叶植物叶片发育的表面与截面观察图

（引自 Donnelly 等，1999）

（A）叶原基　（B）叶片形态发生与边缘分生组织（阴影部分）活性相关　（C）叶片伸展与平板分生组织（浅黑色部分）活性相关　（D）组织层内细胞格式形成与细胞分化，包括气孔和叶脉前体（深黑色部分）。示意图概括了拟南芥正在发育的叶片中细胞周期的组织层特异性格式　（E）叶发育第4天　（F）叶发育第8天　（G）叶发育第12天。与气孔保卫细胞形成（深黑色点）及维管组织分化（浅黑色圈和线）相关的细胞周期，是由近端表皮（深黑色）及栅栏叶肉细胞层（阴影）内细胞增生的更一般的空间格式上相重叠的

域，最后局限于叶柄。尽管形成叶片组织的绝大多数细胞分裂都遵循这种格式，但特化细胞如产生维管或保卫细胞的细胞分裂则会持续较长时间。金鱼草属植物（*Antirrhinum*）*cin* 突变体叶片中的细胞分裂的停止过程稍有改变，叶中部细胞分裂要比野生型的持续略久。这种在时间安排上的微小变化对叶片的形态有巨大影响，叶片不是发育为扁平叶，而是变得皱皱巴巴（Nath 等，2003）。有意思的是，最近研究表明拟南芥中的相关基因表达至少部分受微RNA调控（Palatnik 等，2003）。

对于扁平叶片（不是所有的叶片都是扁平的）发育而言，细胞分裂和细胞伸展过程必须紧密协调。据研究，表皮在限制下层组织伸展方面发挥重要作用，其驱动力来自于叶肉层和（或）维管组织。当表皮停止生长而下面的组织仍持续生长时，就会使得叶肉组织很紧密。另一方面，表皮组织生长较快时会使叶肉细胞拉得很开，形成气隙。一个极端的例子是豌豆 *argentum* 突变体，其叶片表皮最先停止生长，但叶肉细胞持续伸展，最终导致叶肉细胞翘曲并与表皮分离，形成大气隙。叶片的大小和形状受环境因素和发育因素联合控制。某些物种的叶形和叶序在幼态和成熟阶段之间显著不同。控制不同阶段叶形变化的机制包括对植物生

长激素(尤其是赤霉酸)及光受体如光敏色素的反应。

在叶身形状和大小方面，双子叶植物的叶片随物种不同而差异巨大。双子叶植物叶片的叶身形状是如何被决定的？尽管成熟叶片形状存在差异，但在叶身扩展前不同物种的叶原基或幼嫩叶片却十分相似，因此，决定双子叶植物叶形的事件大体发生在叶原基阶段之后的叶身或叶片扩展过程中。叶片是以居间生长(intercalary growth)扩展的，而不是在叶尖和叶缘以格式化方式生长。因此，在叶缘处的生长对于叶片主要生长方向而言贡献并不大。观察表明，尽管叶身居间生长，但细胞分裂是定向的，并且在频率上被调控。在发育过程中，叶尖处细胞分裂下降得比叶基处早。因此，烟草叶片中细胞分裂格式与叶形存在某种关系。

与双子叶植物相比，单子叶植物的叶片较简单，因为它们通常都具有条纹或平行叶脉(parallel venation)。禾本科植物如玉米的叶片没有类似双子叶植物的叶片、叶柄、叶基结构，相反，玉米叶

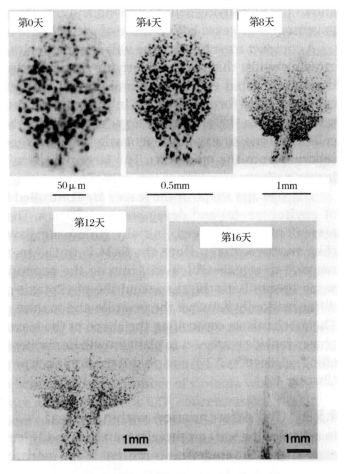

图 4-3　正在发育的拟南芥叶片中的细胞分裂格式

（引自 Donnelly 等，1999）

包含细胞周期素基因启动子与 GUS 报告基因融合构件的转基因植株叶片，在发育过程中的不同时间点进行表达活性染色。正在分裂的细胞被染为深色，随着叶片的发育，细胞分裂逐渐局限于叶片近基部区域，但导致保卫细胞形成的细胞分裂会持续

片沿纵向发育成叶片(blade)和叶鞘(sheath)，将茎干包围。在叶片和叶鞘结合处，形成一个由叶耳(auricle)和叶舌(ligule)组成的特化结构。叶耳是沿茎干周围形成的一个印记，可使叶片向下弯曲。叶舌是沿叶鞘周围在叶片近轴表面形成的隆起物。

玉米叶原基最初只有绕茎干一圈约 250 个细胞(Sylvester 等，1990；Freeling，1992)。在发育早期，整个原基中的细胞都分裂，然后叶片分化成叶片和叶鞘。叶片近基部横向细胞分裂使得叶片进一步生长，并产生平行的细胞列。叶片从基部生长意味着其发育历史可从叶尖追溯到叶基。因此，叶片中较老部分的晚期发育事件发生在向叶尖处，而早期事件发生在向叶基处。

4.3　叶片发育遗传学

4.3.1　双子叶植物

有趣的叶突变体已在包括拟南芥在内的许多双子叶植物上描述过（Telfer 和 Poethig，1994）。显然利用这些突变体可探讨关于叶发育的重大问题：叶发育有哪些可确定的遗传学步骤？是否存在控制叶发育的主调控基因？叶发育是否在原则上与花或胚胎有类似的格式形成过程？

如本章前面所述，背腹性发育是叶片发育的关键步骤，也是将叶发育区别于苗芽或枝条的最初步骤之一。金鱼草（*Antirrhinum*）的 *phantastica*（*phan*）突变体就影响叶片背腹性发育。Waites 和 Hudson（1995）认为 *phan* 突变体在表达叶片背部特征上存在缺陷。金鱼草叶片的背腹面并不对称[图4-4（A）]。叶身起源于背部中脉，中脉的大部分位于叶片腹面一侧。另外，叶身和维管显示背腹不对称性。叶身细胞层从背面到腹面依次为背面表皮细胞、栅栏组织叶肉细胞、海绵组织叶肉细胞及腹面表皮细胞。中脉也具有背腹不对称性，例如，木质部维管束位于韧皮部的背面。围绕中脉的背腹表皮细胞在细胞大小上存在差异，而且背面还有表皮毛。

phan 突变体在第 5 节及其以上部位的叶片没有背腹性。上部叶片

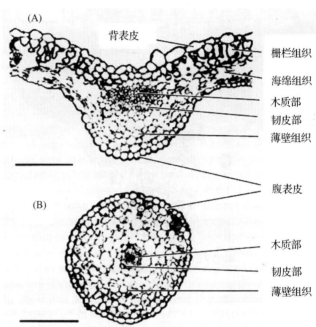

图4-4　金鱼草野生型和 *phantastica*（*phan*）突变体叶片比较（引自 Waites 和 Hudson，1995）

（A）野生型叶片从背面到腹面顺序排列的细胞类型表现出明显的背腹不对称性　（B）针状 *phan* 突变体叶片围绕中央维管束以辐射对称排列的细胞只具有腹部细胞类型。叶片横截面用甲苯胺蓝染色，在光学显微镜下观察。标尺 = 250 μm

为针状，对称，且由腹侧组织类型细胞构成：木质部、韧皮部、薄壁组织和腹面表皮细胞[图4-4（B）]。*phan* 突变体下部叶片和子叶比野生型更宽，在背面表皮上分布有不多见的小片状的腹部组织。这种小片状的腹部组织在叶片近轴或基部更常见。研究者曾提出这些小片是由无性系相关细胞组成，在发育晚期产生的，并且发现腹部组织特征的小片与背面表皮之间的边界如同叶缘一样。叶缘是通常为背面与腹面组织的交汇处。小片边界形成的小峰只是一层海绵组织叶肉细胞，它将表皮细胞层隔离开来。

Waites 和 Hudson（1995）认为 *phan* 突变体不仅在叶身产生方面，而且在叶片背部化功能

方面也存在缺陷。证据主要是观察到突变体上部叶片几乎全部由腹部细胞组成。他们还认为上部叶片对背部化功能(dorsalizing function)有更大的依赖性,而下部叶片则为中间型,显示在背面分布有腹部组织小片。

　　烟草(*Nicotiana sylvestris*)无叶片叶(bladeless leaf)突变体 *lam-1* 在叶身产生方面存在缺陷(McHale,1993)。与 *phan* 不同,*lam-1* 发育出叶的背腹性,但却不形成叶片,因为负责产生叶身的叶中脉近轴面旁侧的分生组织区没有发育[图 4-5(B)]。*lam-1* 突变体叶几乎为杆状,但其长度是正常的,这表明中脉伸长和叶身扩展在遗传上是可分离的过程。从 *lam-1* 突变体叶的横截面上可观察到,在正常情况下中脉近轴侧面向外突出的细胞产生叶身,但在该突变体中发育中止[图 4-5(B)]。在正常植物的叶身产生过程中,L1 和 L2 细胞通过垂周分裂将中间由 L3 组成的叶肉核心包裹起来[图 4-5(C)],但在 *lam-1* 突变体中,中间 L3 叶肉核心细胞液泡化,并以随机排列的细胞板分裂,但 L1 和 L2 分裂正常。McHale 认为是 L3 细胞通常的垂周分裂格式存在缺陷,限制了叶身的进一步发育。鉴于 L3 层对叶身贡献并不大,尤其是在叶缘处,因此 L3 层细胞分裂缺陷对叶身发育的限制多少让人感到惊讶。这种情况显然可通过创造 *lam-1* 只在 L3 层表达的遗传嵌合体来加以测试。

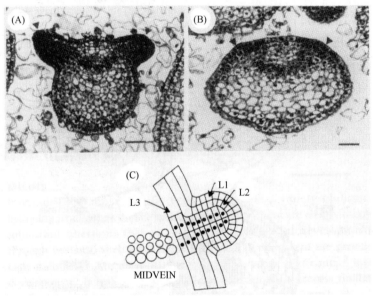

图 4-5　烟草(*Nicotiana sylvestris*)野生型(A)和 *lam-1* 突变体(B)

的叶片发育(引自 McHale,1993)

对 P3 阶段叶原基中部横截面进行观察,箭头所指为未来叶片起源处。注意在 *lam-1* 叶片的背腹不对称性,尤其是发育中维管的位置。*lam-1* 突变体缺陷被认为是由于在叶向外生长过程中,L3 层细胞通常的有序分裂格式混乱产生的　(C)L3 层细胞分裂缺陷被认为阻断了 L1 和 L2 垂周分裂及继后的叶身发育。横切用面用苏木色精铝矾(hemalum)和番红(safranin)染色,在光学显微镜下观察。标尺 =50 μm

　　McHale(1993)描述的另外一个烟草叶片发育突变体是叶片加厚的 *fat* 突变体。*fat* 突变体叶片的中间叶肉细胞多达 4 层,这些叶肉细胞是由 L2 或 L3 层细胞异常平周分裂产生的。平周分裂发生在 3 到 6 个叶肉细胞的细胞团中,移位的细胞又会重新恢复正常的垂周分裂,插入到已存在的细胞层中。综合 *lam-1* 和 *fat* 突变体来看,细胞分裂板的改变会影响到叶身的扩展和加厚。

影响叶身扩展的还有其他叶突变。叶身生长的大部分是由细胞增大引起的，而不是细胞分裂所致。在叶身展开过程中，细胞体积会增加2~6倍。拟南芥的两个突变体表明，细胞沿叶轴伸展（叶长）和跨叶轴伸展（叶宽）是由不同机制调控的。Tsuge等（1996）鉴定了叶片比野生型叶片窄的 *angustifolia*（*an*）突变体，及叶片比野生型叶片短，但更圆的一组突变体 *rotundifolia*（*rot1 ~ rot3*）[图4-5（B）（C）]。在描述这些突变体时，他们比较了突变体和野生型第5片真叶。*rot3* 突变体叶片中栅栏组织细胞层的细胞数目与野生型相近，但沿叶轴的细胞长度要比野生型的短约10%。另一方面，*an* 突变体栅栏组织层细胞不如野生型的宽（尤其是在叶片扩展早期阶段），但倾向于增加厚度。*an rot3* 双突变体的叶片宽度和长度都缩小，表明这些效应是独立的，且具有可加性的。因此，*an* 和 *rot3* 突变体被认为沿一个轴向或另外轴向上的选择性限制，生长方面存在缺陷，这些突变基因有负责编码细胞骨架元件（cytoskeletal element）或细胞壁成分，它们在对某个方向或另外的方向生长加以选择性限制。

4.3.2　单子叶植物

单子叶植物在叶片和叶鞘结合处有叶耳（auricle）和叶舌（ligule）组成的特化结构[图4-6（A）]，而玉米 *liguleless*-1（*lg1*）突变体叶片缺失叶耳和叶舌[图4-6（B）]。

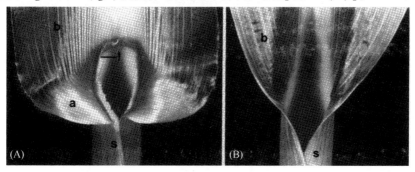

图4-6　玉米野生型和 *liguleless*-1（*lg1*）突变体叶片的比较（引自 Becraft 等，1990）
　　叶片从植株上剥下，图中所示叶舌区的叶片近轴表面。（A）野生型叶的叶片（b）和叶鞘（s）由楔形叶耳（a）连接起来，叶舌（l）为叶片和叶鞘连接处在叶片近轴面的突起物
　　（B）在 *lg1* 突变体叶片中缺失叶耳和叶舌

跨玉米叶片的横向分子格式。例如，维管分子的排列，在叶片发育早期就已确立。Sharman（1942）研究表明侧脉（lateral vein）格式在叶片发育的叶原基阶段结束时就已确立。*narrow sheath*-1 和 *narrow sheath*-2（*ns1* 和 *ns2*）两个玉米突变效应的证据表明叶片格式在叶原基发育早期就确立（Scanlon，1996）。两个 *ns* 突变体的叶片和叶鞘都很窄，更老的或基部叶片尤其如此。这些叶片变窄的原因是由于它们缺失叶缘。不仅跨叶片上下表面的边缘结构缺失，位于玉米叶片边缘的典型锯齿毛也同时缺失。*ns* 突变体的缺陷可追溯到 P3 叶原基（第三个幼嫩叶原基）边缘不能发育，因而未将茎端包住[图4-7（D）]。在正常植株中，P3 将茎端完全包裹[图4-7（C）]，但在 *ns* 突变体中则未能包上，在茎端有一个开口。作者利用免疫定位检测技术，测定类 *knotted1* 同源异型结构域蛋白基因的表达是否在突变体中正常下调。在非突变体植株中，类 *knotted1* 同源异型结构域蛋白基因围绕 P0 形成一个环状表达带，成

为营养性分生组织上叶原基的边界。但在突变体中，环缩小呈月牙状，不能完全环绕叶原基。

Scanlon 等（1996）认为 *ns* 突变体中没有叶缘，是因为在叶原基发育过程中，叶原基边缘的细胞没有被招募来进行发育。因此，在成熟叶片中缺失叶缘。*ns* 突变还有其他后果，因为叶原基特化整个植物分生单位，而不仅仅特化叶片。事实上，每个节间的（叶）边缘一侧较短，并产生裂刻，茎弯曲。Scanlon 认为无论如何叶原基中都已确立发育结构域，而在 *ns* 突变体中则缺失某些结构域（叶缘）。叶原基中的这种缺陷是发育叶片不能补偿的，并最终导致叶片没有叶缘。

关于玉米叶片发育，*tangled-1* 突变体研究则表明截然不同的另一种观点。*tangled-1* 突变体表明叶片形状不是由确立细胞分裂格式决定的，而是由其他力量决

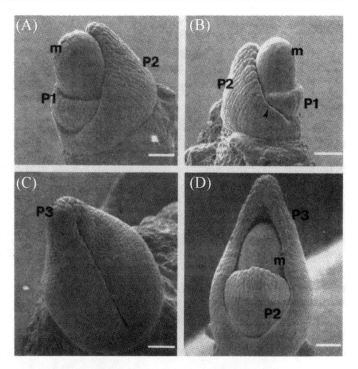

图4-7　玉米野生型和 *narrow sheath*（*ns*）叶突变体叶原基的比较（引自 Scanlon 等，1996）

在 P2 阶段的 *ns* 突变体（B）叶原基边缘与野生型（A）不同，不能完全环绕茎端。在 P3 阶段，野生型叶原基可完全将茎端包上（C），在 *ns* 突变体则留有缺口（D）。m：顶端分生组织；P1，P2，P3 为幼嫩程度递减的，最早产生的 3 个叶原基。用扫描电镜观察，标尺 = 35 μm

定的（Smith 等，1996）。*tangled* 突变体细胞纵向分裂经常偏离方向，导致叶片中的细胞列排列紊乱[图 4-8（D）]。玉米叶片中的细胞，尤其是表皮细胞通常情况下是以平行的细胞列排列的。虽然 *tangled* 突变体表皮细胞和维管分子排列紊乱，但叶形是正常的，只是叶片面积略小一些[图 4-8（B）]。该突变体明显表明，细胞分裂板并非叶片和器官形状的最后决定者。

tangled-1 突变体表明玉米叶片发育中可调节的方面，前文的 *ns* 突变体则表明叶片发育还有不可调节的方面，叶片不能弥补叶原基形成中丢失的因子。关于 *tangled-1* 突变体的结论也与烟草中 *lam-1* 和 *fat* 突变体分析结论相左。*lam-1* 中叶片 L3 层细胞垂周分裂缺陷导致叶身不扩展，而 *fat* 突变体额外平周分裂则使叶片加厚。烟草叶片突变体中细胞分裂方式（不论是垂周还是平周分裂）频率仍不确定，但玉米 *tangled-1* 突变体中横向与纵向分裂之比与野生型几乎相同，因此是纵向细胞分裂方向错误（Smith 等，1996）。这可能是区别突变体效应的决定点，或者单子叶植物和双子叶植物在叶片发育方面存在根本不同。

影响叶片形式的另外一个玉米突变体是 *liguleless-1*（*lg1*），该突变体叶耳和叶舌发育相互干扰。在野生型叶片中，叶舌是这样形成的：首先是表皮中的一系列特异性垂周分裂产生一条细胞带，然后这层细胞带平周分裂产生叶舌。表皮通常进行垂周分裂，叶舌是偏离正常生

长产生的。叶耳是靠近叶基部形成的楔形结构，起源于表皮和更内部的组织。

liguleless-1（*lg*1）突变体是隐性突变，它不能产生叶耳和叶舌，*lg*1 叶片和叶鞘没有分别，而且紧抱茎干。该突变体不能进行叶舌起源的垂周分裂。Becraft 等（1990）通过 X 射线辐射杂合体创造遗传嵌合体，发现在表皮产生叶舌及在亚表皮组织产生叶耳时，*lg*1 基因表达通常都具有细胞自主性。如果亚表皮扇形区中野生型基因表达，在其上的 *lg*1 表皮组织中通常不形成叶舌，但如果 *lg*1 表皮组织与野生型组织直接接触，就会形成初步发育的叶耳。最有趣的情形是，当突变体扇形区穿过其他野生型叶片的叶耳区时，扇形区边缘一侧的叶耳就移位到叶片基部（Becraft 和 Freeling，1991）。这表明从叶中脉区发出的某种信号参与了叶耳发育的协调。据认为，叶舌在扇形区叶边缘一侧发育的推迟，并不简单因为信号在跨越突变体扇形区时降低运动速度造成，而是突变体扇形区阻止信号运动，信号从扇形区边缘重新自发但推迟产生。证据是观察到叶耳移位范围与扇形区大小无相关性。

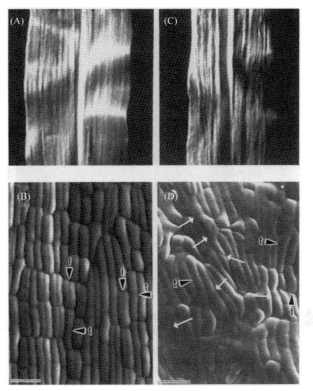

图4.8　玉米野生型和 *tangled*-1（*tan*-1）突变体叶片表面的比较（引自 Smith 等，1996）

（A）野生型叶片近轴面是光滑的且具有光泽　（C）*tan*-1 突变体叶片近轴表面粗糙。野生型（B）和 *tan*-1 突变体（D）叶原基表面细部。叶原基长约 0.5 ~ 1.5 cm，显微照片为按长轴竖直方向（纵向）排列的叶片。注意野生型叶片细胞整齐排列，而突变体中则排列紊乱。黑色箭头所指为最新横向（t）和纵向（l）细胞分裂　D 中白色箭头所指为最新细胞板错误取向的分裂。标尺 = 30 μm

4.4　复叶发育

目前为此讨论的大部分都是单叶（simple leaf）。复叶（compound leaf）有若干个分开的叶片（blade）或小叶（leaflet）组成，小叶可附着在叶轴（rachis）上（羽状排列，pinnate arrangement），也可着生在小叶柄（petiole）的远末端（掌状排列，palmate arrangement）。许多双子叶植物叶片为复叶（如番茄、豌豆等），但也有一些单子叶植物叶片是复叶的。复叶是如何形成的？叶片与小叶的区别在于，前者基部生有腋芽。单基因突变发现可影响叶片的复合。番茄复叶通常小叶沿中央叶轴附生在叶柄上，而显性 *Lanceolate*（*La*）突变的杂合状态会导致叶不再复合并呈锯齿状，叶片为单叶和完全叶（Mathan 和 Jenkins，1962）。极端形式的 *La* 基因在纯合状态几乎是致死性的，会引起植株缺乏子叶、营养叶和苗端。另一方面，*Petroselinum*（*Pet*）突变体的叶片则分枝细密，叶复合到第三等级。

　　复叶向不同小叶分裂发生在极早期，如番茄复叶向小叶分裂发生在第 3～4 个叶间期（plastochron），而继后的每个小叶的发育就与简单叶类似了。据认为，单叶和复叶的形态区别是由基因表达时间不同所致。在简单叶中，一组称为 *KNOX1*（包括 *shoot meristemless* 基因）在原基 P0 处表达下降，实际上这种基因下降正是下一个原基形成位置的精确指示。在番茄复叶中，不会在原基发育之前发生基因表达下降，而是基因表达持续并发育成多个亚原基。如果番茄植株携带有一个产生较少的 *KNOX1* 编码蛋白突变，那么叶片更具有单叶特征。玉米的 *knotted1*（*kn1*）基因（35S：Kn1）及番茄直向同源基因（番茄中与 *knotted1* 类似的基因）在转基因番茄中组成型表达会提高叶片的复合程度，过量表达该蛋白转基因植株则产生数千个微小小叶（Hareven 等，1996）[图 4-9（B）]。另外，*knotted1*（*kn1*）表达只能提高本来就是复叶的复合程度，而在 *La/* + 番茄中由于其叶已不是复叶，因此 *kn1* 基因表达并没有产生这种效果。作者认为是沿叶原基侧向小叶分生组织作用产生复叶叶片。较高程度的复合是由于在叶身扩展前小叶分生组织重新产生所致。他们还认为叶身扩展和小叶分生组织发育之间的竞争决定叶片是单叶还是复叶，以及复叶叶片的复合程度。在这个例子中，35S：Kn1 作用使竞争倾向于小叶分生组织发育和活动。因此 35S：Kn1 对复叶的作用可能与它在本章及前几章所述的叶裂片、节（瘤）及不定苗芽形成中的作用类似。*kn1* 基因异位表达可刺激分生组织活性，并且在前述例子中破坏空间调控。对 *kn1* 基因表达操作显然可产生有趣的发育后果。应该注意到，在单叶物种中过量表达 *KNOX1* 基因并不会导致复叶发育，这表明还有其他的信号参与。此外，Bharathan 等（2002）对不同的维管植物的 *KNOX1* 基因表达进行了调查，发现尽管 *KNOX1* 基因持续表达与复杂的叶原基形成相关，但这并非总能反映成熟叶片最后的形态。尽管如此，单个基因表达格式的改变可以对叶片发育产生深刻的影响。

图 4-9　*knotted1*（*kn1*）直向同源基因在番茄作用可产生更高复合程度的复叶（引自 Harven 等，1996）

（A）标准番茄品种的复叶，末端小叶（terminal leaflet，TL）和侧向小叶（lateral leaflet，LT）沿中央叶轴（R）排列　（B）表达 35S：Kn1 构件的转基因番茄中叶片复合程度提高。除有较高的复合程度及小叶较小外，转基因植株中的叶片解剖结构与标准番茄品种的相似

　　豌豆（*Pisum sativa*）中有若干有趣的突变体影响到复叶中的小叶鉴定。豌豆复叶由基部的两个大的叶状托叶、一对或多对小叶及尖部的叶卷须组成。托叶和叶卷须为小叶的变体。

Marx(1987)认为豌豆叶发育是格式形成(pattern formation)过程，一个小叶取代另一个小叶的突变体属同源异型突变体(homeotic mutant)。例如，*af*(*afila*)，该隐性突变体的叶卷须取代正常小叶。又如，隐性*tl*(*tendril-less*)突变体，其叶卷须则为小叶所取代。但是，最好将这些突变体划分为发育突变体，而不是同源异型突变体，因为豌豆在发育过程中小叶形成格式可以改变，如在较老的野生型植株中，叶片全由叶卷须组成。

4.5 毛状体发育

叶片发育也包括特化的表皮细胞如毛状体和气孔形成。拟南芥毛状体通常位于莲座叶的上表面或近轴面，而气孔位于下表面或远轴面。拟南芥叶片毛状体为单细胞，但可发育成分枝的叶毛(图4-10)。其他的物种毛状体有小而不分枝的叶毛，也有大而由多细胞形成的分枝。在拟南芥和烟草中，第一个叶毛状体在叶尖下面逐渐形成，叶原基开始伸长后很快就出现。

Hülskamp等(1994)收集和分析了一组拟南芥毛状体的发育缺陷突变体，有70个毛状体突变体涉及21个不同的基因。他们用突变体确定毛状体发能途径中的步骤(图4-11)。利用双突变体分析发现，绝大多数基因在独立的途径上起作用。突变体无论怎样都表明毛状体形成是包括一系列遗传控制的步骤，如基因组内复制或核增大、毛状体细胞向外生长、毛状体分级分枝、次级分枝及木质体形成硬化结构。

重度毛状体等位基因突变体，如*glabrous1*(*gl1*)或*transparent testa glabrous*(*ttg*)完全不产生毛状体(Marks，1997)。这两类突变体对其他所有毛状体突变体都呈现上位性，在毛状体产生的极早期步骤有缺陷。成熟的毛状体多倍体细胞，其核增大伴随的内复制是分化过程中最早可

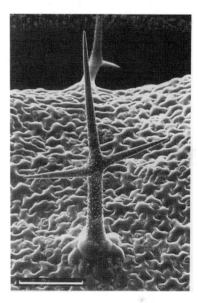

图4-10　拟南芥叶表面三叉分枝的毛状体(引自 Linstead 等，1994)

分枝过程包括两次连续分枝事件，初级分枝事件产生近端分枝(左边近基部分枝)，次级分枝事件产生远端分枝(右边较高位分枝)和主茎。扫描电镜观察，标尺=100 μm

确认的事件之一。*GL1*基因以细胞自主性方式作用，因为用 X 射线诱导的 *GL1/ gl1* 杂合体产生的扇形区中，可以观察到光滑的(无毛状体)扇形区。

GL1 基因已经克隆，其序列预测为螺旋—环—螺旋转录因子(Oppenheimer 等，1991)*GL1* 基因在毛状体产生中的作用，表明它是控制毛状体形成的主要基因。突变体 *gl1* 可被 CaMV 35S 启动子组成型表达 *GL1* (35S：*GL1*)所挽救(Larkin 等，1994)。这让人十分惊奇，因为 CaMV 35S 启动子和 *GL1* 自身启动子的表达格式并不相同。*GL1* 启动子在表皮细胞和茎中表达水平低，而在发育中的毛状体中表达水平则较高(Larkin 等，1993)。CaMV 35S 启动子是一个在所有细胞中都高水平表达的强的组成型启动子。该实验表明，*GL1* 的表达格式并不决定毛状体在叶表面的形成格式。尽管已知 35S：*GL1* 基因构件在所有表皮细胞中都表达，但被挽救的毛状体格式是正常的。有趣的是，将编码另外一个螺旋—环—螺旋转录因子

的类似基因构件导入植株可挽救 *ttg* 突变。例如，将玉米 *R* 基因在 CaMV 35S 启动子控制下（35S：*R*）表达，可挽救 *ttg* 突变体（Lloyd 等，1992）。玉米 *R* 基因表达为玉米一系列表皮细胞功能所必需，包括花色素苷的生物合成。CaMV 35S 启动子-*R* 基因构件（35S：*R*）可挽救 *ttg* 突变体，却不能挽救 *gl1* 突变。如前所述，同样的 CaMV 35S 启动子- *GL1* 基因构件（35S：*GL1*）可挽救 *gl1* 突变，却不能挽救 *ttg* 突变（Larkin 等，1994）。尽管挽救 *gl1* 突变和 *ttg* 突变要求螺旋—环—螺旋转录因子起作用，但很显然它们在毛状体形成途径的不同步骤上发挥作用。

　　毛状体在叶表面不均匀分布，这种格式说明可能是抑制性信号确立发育中毛状体的分布（或间隔），或者是细胞谱系格式将毛状体（着生细胞）分隔开来（Larkin 等，1997）。一般而言，用抑制性信号来解释毛状体分布要比细胞谱系模型更好。毛状体与相邻细胞并非无性系相关，因为 35S：*Ac*：GUS 表达产生的扇形区边界（已在第 2 章描述）随机穿过毛状体和相邻细胞（Larkin 等，1996）。

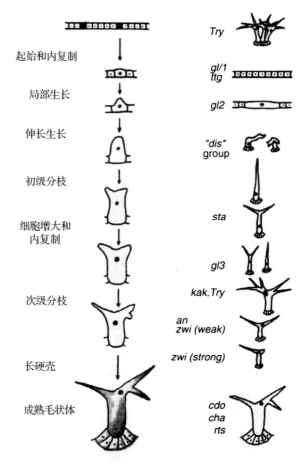

图 4-11　拟南芥毛状体发育（左）和不同的毛状体突变体（引自 Hülskamp 等，1994）

毛状体不同发育阶段被阻断的突变体表型表明，其正常基因何时在发育中起作用。*triptychon*（*try*）突变产生毛状体丛。*distorted*（*dis*）由 8 个相似表型的一组突变体组成，而 *zwichel*（*zwi*）突变体在等位基因强度上产生不同的表型

　　弱等位基因 *gl1* 和 *ttg* 并不完全抑制毛状体产生，但毛状体的分布（或间隔）格式受到破坏。在这些突变体中毛状体呈丛状着生，因而被认为这些毛状体发生所需的基因也参与毛状体分布（或间隔）格式的控制（Larkin 等，1997）。这种情形与果蝇 *achaete-scute* 复合体调控的感觉毛格式形成类似，与 *TTG* 和 *GL1* 一样，*achaete-scute* 也编码螺旋—环—螺旋转录因子。为感觉毛产生所需，但它可激活其他基因表达，使它们在邻近细胞表达失活（Ghysen 等，1993）。*TRYPTYCHON*（*TRY*）突变也可增加毛状体丛的数目（Hülskamp 等，1994）。发现该突变在下游作用，并可削弱 *TTG* 和 *GL1* 的抑制效果。当用 CaMV 35S 启动子- *GL1* 基因构件（35S：*GL1*）在 *ttg-1* 等位基因杂合体植株中表达时，可观察到不同的转基因和突变组合对毛状体格式形成的有趣效果（Larkin 等，1994）。在这些植株中毛状体丛状出现，但这种效果没有一个简单的解释。Larkin 等人认为在 *ttg-1* 杂合体植株中只有一份拷贝的 35S：*GL1*，*TTG* 的抑制效应水平降到某个关键阈限水平之下，因而出现丛状毛状体。毛状体发育与分布（或间隔）格式无论如何是相互关联的。

拟南芥叶毛状体通常为三叉分枝结构，由两次连续分枝事件形成，一次产生近端分枝，另一次产生远端分枝和主茎（图4-10）。Folkers等（1997）发现两个基因 STACHEL（STA）和 ANGUSTIFOLIA（AN）分别特化初级分枝和次级分枝事件（图4-11）。本章前面已讨论过 AN，该基因突变也影响叶片大小。an 突变体虽然经历初级分枝事件，但毛状体茎的远端不能分开，因此 an 突变体的毛状体有两个分枝，一个近端或基部分枝和远端的茎；而 sta 突变体不能进行初级分枝，因此只形成二分枝毛状体，一个远端分枝和茎。双突变体 an sta 只有一个主茎，根本没有分枝，这表明这些基因在两个独立的途径上控制分枝事件。

拟南芥的另外一个基因 STICHEL（STI）的强突变也会导致叶片毛状体没有分枝（Folkers等，1997）。在双突变体 an sti 中，sti 上位于 an，表明 STI 在 AN 的上游作用（还可能在 STA 的上游）。NOECK（NOK）突变则效果相反。隐性 nok 突变体的毛状体会形成多余的分枝，表明正常的 NOK 基因抑制多余分枝。sti 和 nok 弱等位基因之间的双突变体通常可降低两个突变的效果，表明这两个基因功能相反，一个促进分枝，另一个抑制分枝。曾构建双突变体 nok an 和 nok sta 来确定 NOK 是抑制初级分枝还是抑制次级分枝。双突变体 nok an 具有 an 的表型，绝大多数毛状体为两级分枝而不是多级分枝（Folkers等，1997）。因此，an 上位于 nok，很可能 NOK 通常在 AN 特化的次级分枝事件中抑制多级分枝。如果上游基因抑制或阻遏下游基因作用的话，下游基因隐性突变上位于上游基因隐性突变。双突变体 nok sta 与双突变体 nok an 表型相反，毛状体具有多个分枝，说明 NOK 并不在 STA 特化的初级分枝事件中起作用。

总之，拟南芥毛状体发育中的分枝受正负调控作用（Folkers等，1997）。STI 促进分别特化初级分枝和次级分枝事件的 STA 和 AN 作用，而作为负调控因子作用，防止 AN 特化的次级分枝事件重复发生。

4.6 气孔发育

气孔（stomata）是叶片下表面或远轴面最明显的特征，为气体交换提供通道。气孔是由保卫细胞（guard cell）组成的孔道，应答于不同的外界环境而打开或关闭。气孔为表皮细胞

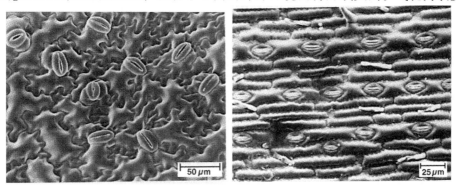

图4-12 马铃薯和玉米叶片远轴面的气孔（引自 Raven 等，1986）

以规则间隔定向排列是单子叶植物气孔分布的特征。玉米每对保卫细胞（水平实线箭头所指）旁侧为副卫细胞（竖直虚线箭头所指）。用扫描电镜观察

的衍生物，在某些物种中还与其他表皮附属细胞如副卫细胞(subsidiary cell)相联系。由于气孔参与气体交换，因此其分布(或间隔)对叶片功能运作十分关键。据 Bünning(1956)的理论，在许多单子叶植物中，十分规则的气孔分布(或间隔)是细胞谱系和细胞分裂的特征性格式的产物，而在双子叶植物中不规则的气孔分布(或间隔)则是受细胞位置的影响(图 4-12)。双子叶植物气孔原始体在叶片上随机分布，但相互之间受某个最小距离限制，这种分布格式表明气孔以某种短距离作用机制来抑制其他气孔的形成。

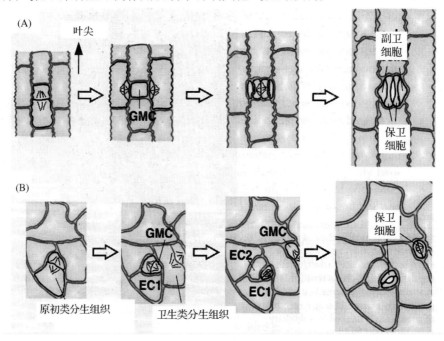

图 4-13　气孔的发育与格式形成(引自 Larkin 等，1997)

(A)在单子叶禾本科植物如玉米中表皮细胞不对称、横向分裂分别产生一个向叶基的较大细胞和一个向叶尖的较小的细胞，较小的原始细胞作为保卫母细胞(guard mother cell，GMC)发挥功能。在相邻细胞列的邻近细胞不对称纵裂产生副卫细胞。GMC 对称纵裂形成两个相同的保卫细胞。由于气孔是由定向的不对称细胞分裂产生，因此在一细胞列内气孔相互之间至少有一个单细胞相区隔离　(B)双子叶植物如拟南芥中，原初类(或拟)分生组织(primary meristemoid)的表皮细胞进行不定向的非对称分裂，分别产生一个大的表皮细胞(EC1)和一个小的类分生组织细胞。原初类(或拟)分生组织细胞经历一次或两次相继的不对称分裂，产生较小的子细胞作为类分生组织，产生 GMC。GMC 进行一次对称分裂形成两个大小相同的保卫细胞。在拟南芥中，保卫细胞也可从已有气孔相邻的卫星类分生组织产生，卫星类分生组织也进行不对称分裂，第一次为定向分裂，产生的较小子细胞离已有的气孔较远，作为类分生组织发挥功能。因此拟南芥气孔格式形成，是由原初类分生组织随机定位及卫星类分生组织定向分裂决定的

绝大多数表皮细胞同时停止分裂(拟南芥大约第 8 天)，但有少数细胞继续分裂，形成保卫细胞。这些细胞可持续分裂到第 20 天(Donnelly 等，1999)。大多数单子叶植物中气孔分布是由规则的细胞分裂格式形成的。单子叶植物表皮细胞典型地进行一种不对称和极性分裂，一个细胞分裂分别产生一个向叶基的较大细胞和一个向叶尖的较小的原始细胞(Larkin 等，1997)[图 4-13(A)]。较小的原始细胞转变为保卫母细胞(guard mother cell，GMC)，不对称分裂产生两个保卫细胞。许多单子叶植物在细胞列中产生气孔原始细胞和相邻细胞交替排列格式[图 4-13(B)]。双子叶植物在 GMC 形成中要发生若干次不对称细胞分裂。进行一

系列分裂的细胞又称原初类(或拟)分生组织(primary meristemoid)。原初类分生组织的位置随机分布,并且进行若干次不对称分裂,产生的较大子细胞转变为表皮细胞(图4-13)。在最后一次不对称分裂后,较小的类分生组织细胞转变为GMC,GMC通过一次对称分裂产生两个等体积的保卫细胞。某些双子叶植物如拟南芥还有另外一类类分生组织,称为卫星类分生组织(satellite meristemoid)。卫星类分生组织由邻近气孔的一个细胞不对称分裂产生,该邻近细胞的分裂是有极性的,产生的较小子细胞(卫星类分生组织)距离气孔较远。卫星类分生组织可转变为GMC或进行额外的不对称分裂,使额外的邻近细胞位于卫星类分生组织和气孔之间。拟南芥利用这种方式,使得气孔相互之间离得很开。

表皮细胞分裂形成保卫细胞既受环境信号控制,也受发育信号控制。例如,双子叶植物叶片远轴面(上面或正面)通常比近轴面(下面或背面)的气孔多,而且气孔之间总是至少有1个表皮细胞隔开通常为多个。另外,气孔间隔也是受控制的:气孔太少会导致进入叶片的二氧化碳太少不足以维持光合作用,气孔太多则会使水分过量散失。环境因素包括光照和空气中的二氧化碳浓度,它们强烈影响发育的气孔数目。

在拟南芥 too many mouths(tmm)突变体中,叶片气孔分布控制被破坏,某些气孔聚生成弓形。气孔丛在气孔形状、数目和发育状态上存在差异。正在发育的 tmm 突变体子叶中,发现类分生组织紧靠气孔或GMC。这种情形被认为是由于卫星类分生组织产生过多,而某些不对称分裂没有极性,以至于类分生组织与已有的气孔或类分生组织相互之间接触。tmm 突变的基因已经克隆,发现是编码与CLV1类似的LRR受体激酶。另一个拟南芥突变体为 four lips(flp),其典型特征是气孔一组一组丛生,其中绝大多数是两个相邻的气孔和一些不配对的保卫细胞组成。每组气孔之间的间隔与野生型中的单个气孔之间的间隔相同,因此 flp 似乎并非间隔格式突变体。同一组中的气孔通常方向相同,说明是GMC分裂存在缺陷。因此,flp 的缺陷似乎在 tmm 之后作用,影响气孔形成途径中一个或多个特征性分裂。在 tmm flp 双突变体中,还观察到额外的表型,这表明它们影响气孔发育的独立过程。另外一个突变体 stomatal density and patterning 1(sdd1)也显示异常的气孔格式形成。该突变是由于编码蛋白酶的一个基因损坏,猜测它类似于 CLV3,很可能负责裂解别的蛋白质以释放信号肽。

参考文献

Becraft P W, Bongard P D K, Sylvester A W, et al. 1990. The liguleless-1 gene acts tissue specifically in maize leaf development[J]. Dev. Biol. , 141: 220 – 232.

Becraft P W, Freeling M. 1991. Sectors of liguleless-1 tissue interrupt an inductive signal during maize leaf development[J]. Plant Cell, 3: 801 – 807.

Bharathan G, Goliber T E, Moore C, et al. 2002. Homologies in leaf form inferred from KNOX1 gene expression during development[J]. Science, 296: 1858 – 1860.

Biinning E H. 1956. General processes of differentiation[M]. In The Growth of Leaves. Milthorpe F. L. , ed. London: Butterworths.

Bird S M, Gray J E. 2003. Signals from the cuticle affect epidermal cell differentiation[J]. NewPhytologist, 157: 9 – 23.

Bowman J. 1994. Arabidopsis: An Atlas of Morphology and Development[M]. New York: Springer-Verlag.

Chuck G, Lincoln C, Hake S. 1996. *KNAT*1 induces lobed leaves with ectopic meristems when overexpressed in *Arabidopsis*[J]. Plant Cell, 8: 1277 – 1289.

Dale J E. 1988. The control of leaf expansion[J]. Ann. Rev. Plant Physiol. Plant Mol. Biol. , 39: 267 – 295.

Donnelly P M, Bonetta D, Tsukaya H, *et al.* 1999. Cell cycling and cell enlargement in developing leaves of Arabidopsis[J]. Developmental Biology, 215: 407 – 419.

Fleming A J, McQueen-Mason S, Mandel T, *et al.* 1997. Induction of leaf primordial by the cell wall protein expansin[J]. Science, 276: 1415 – 1418.

Freeling M. 1992. A conceptual framework for maize leaf development[J]. Dev. Biol. , 153: 44 – 58.

Folkers U, Berger J, Hiilskamp M. 1997. Cell morphogenesis of trichomes in *Arabidopsis*: Differential control of primary and secondary branching by branch initiation regulators and cell growth[J]. Development, 124: 3779 – 3786.

Geisler M, Nadeau J, Sack F D. 2000. Oriented asymmetric divisions that generate the stomatal spacing pattern in Arabidopsis are disrupted by the too many mouths mutation[J]. The Plant Cell, 12: 2075 – 2086.

Ghysen A, Dambly-Chaudiere C, Jan L Y, *et al.* 1993. Cell interactions and gene interactions in peripheral neurogenesis[J]. Genes Devel. , 7: 723 – 733.

Hareven D, Gutfinger T, Pamis A, *et al.* 1996. The making of a compound leaf: Genetic manipulation of leaf architecture in tomato[J]. Cell, 84: 735 – 744.

Hicks G S, Steeves T A. 1969. *In vitro* morphogenesis in *Osmunda dnnamomea*. The role of the shoot apex in early development[J]. Can. J. Botany, 47: 75 – 80.

Howell S H. 1998. Molecular genetics of plant development [M]. London: Cambridge University Press, 1 – 365.

Hulskamp M, Misera S, Jürgens G. 1994. Genetic dissection of trichrome cell development in *Arabidopsis*[J]. Cell, 76: 555 – 566.

Jesuthasan S, Green P B. 1989. On the mechanism of decussatte phyllotaxis: Biophysical studies on the tunica layer of *Vinca major*[J]. Am. J. Bot. , 76: 1152 – 1166.

Kerstetter R A, Poethig R S. 1998. The specification of leaf identity during shoot development[J]. Annual Review of Cell Development Biology, 14: 373 – 398.

Kim J Y, Yuan Z, Cilia M, *et al.* 2002. Intercellular trafficking of a *KNOTTED*1 green fluorescent protein fusion in the leaf and shoot meristem of Arabidopsis[J]. Proceedings of the National Academy of Sciences (USA), 99: 4103 – 4108.

Lake J A, Quick W P, Beerling D J, *et al.* 2001. Signals from mature to new leaves[J]. Nature, 411: 154.

Langdale J A, Nelson T. 1991. Spatial regulation of photosynthetic development in C4 plants[J]. Trends in Genetics, 7: 191 – 196.

Larkin J C, Marks M D, Nadeau J, *et al.* 1997. Epidermal cell fate and patterning in leaves[J]. Plant Cell, 9: 1109 – 1120.

Larkin J C, Oppenheimer D G, Lloyd A M, *et al.* 1994. Roles of the *GLABROUS*1 and *TRANSPARENT TESTA GLABRA* genes in *Arabidopsis* trichome development[J]. Plant Cell, 6: 1065 – 1076.

Larkin J C, Oppenheimer D G, Pollock S, *et al.* 1993. Arabidopsis *GLABROUS*1 gene requires downstream sequences for function[J]. Plant Cell, 5: 1739 – 1748.

Larkin J C, Young N, Prigge M, *et al.* 1996. The control of trichome spacing and number in *Arabidopsis*[J]. Development, 122: 997 – 1005.

Lincoln C, Long J, Yamaguchi J, *et al.* 1994. A *knotted*1-like homeobox gene in *Arabidopsis* is expressed in the vegetative meristem and dramatically alters leaf morphology when overexpressed in transgenic plants[J]. Plant Cell, 6: 1859 – 1876.

Lloyd A M, Walbot V, Davis R W. 1992. *Arabidopsis* and *Nicotiana* anthocyanin production activated by maize regulators *R* and *C*1[J]. Science, 258: 1773 – 1775.

Lyndon R F. 1983. The mechanism of leaf initiation[M]. In The Growth and Functioning of Leaves, ed. Dale J E, Milthorpe F L, 3 – 24. Cambridge: Cambridge University Press.

Marx G A. 1987. A suite of mutants that modify pattern formation in pea leaves[J]. Plant Mol. Biol. Rep. , 5: 311 – 335.

Mathan D S, Jenkins J A. 1962. A morphogenetic study of *lanceolate*, a leaf-shape mutant in the tomato[J]. Am. J. Bot. , 49: 504 – 514.

McHale N A. 1993. *LAM*-1 and *FAT* genes control development of the leaf blade in *Nicotiana sylvestris*[J]. Plant Cell, 5: 1029 – 1038.

Murfet I C, Reid J B. 1993. Developmental mutants[C]. In Peas: Genetics, Molecular Biology and Biotechnology, ed. Casey R, Davies D R, pp. 165 – 216. Wallingford, UK: CAB International.

Nadeau J, Sack F D. 2002. Control of stomatal distribution on the Arabidopsis leaf surface[J]. Science, 296: 1697 – 1700.

Nath U, Crawford B C W, Carpenter R, *et al.* 2003. Genetic control of surface curvature[J]. Science, 299: 1404 – 1407.

Öpik H, Rolfe S A. 2005. The Physiology of Flowering Plants[M]. 4th Edition. Cambridge: Cambridge University Press, pp. 1 – 287.

Oppenheimer D G, Herman P L, Sivakumaran S, *et al.* 1991. A *myb* gene required for leaf trichome differentiation in *Arabidopsis* is expressed in stipules[J]. Cell, 67: 483 – 493.

Palatnik J F, Allen E, Wu X, *et al.* 2003. Control of leaf morphogenesis by microRNAs[J]. Nature, 425: 257 – 263.

Pien S, Wyrzykowska J, McQueen-Mason S, *et al.* 2001. Local expression of expansis induces the entire process of leaf development and modifies leaf shape[J]. Proceedings of the National Academy of Sciences (USA), 98: 11812 – 11827.

Poethig R S. 1997. Leaf morphogenesis in flowering plants[J]. Plant Cell, 9: 1077 – 1087.

Poethig R S, Sussex I M. 1985a. The cellular parameters of leaf development in tobacco *Nicotiana tabacum*: A clonal analysis[J]. Planta, 165: 170 – 184.

Poethig R S, Sussex I M. 1985b. The developmental morphology and growth dynamics of the tobacco leaf *Nicotiana tabacum* cultivar xanthinc[J]. Planta, 165: 158 – 169.

Raven P H, Evert, R F, Eichhorn S E. 1986. Biology of Plants[M]. New York: Worth Publishers.

Redei G P. 1967. Genetic estimate of cellular autarky[J]. Experientia, 23: 584.

Sachs T. 1969. Regeneration experiments on the determination of the form of leaves[J]. Israel J. Bot. 18: 21 – 30.

Scanlon M J, Schneeberger R G, Freeling M. 1996. The maize mutant *narrow sheath* fails to establish leaf margin identity in a meristematic domain[J]. Develop, 122: 1683 – 1691.

Sharrnan B B. 1942. Developmental anatomy of the shoot of *Zea mays* L. [J]. Ann. Bot. , 6: 245 – 284.

Sieburth L E. 1999. Auxin is required for leaf vein pattern in Arabidopsis[J]. Plant Physiology, 121: 1179 – 1190.

Sinha N. 1999. Leaf development in angiosperms[J]. Annual Review of Plant Physiology and Plant Molecular Biology, 50: 419 – 446.

Smith L G, Hake S, Sylvester A W. 1996. The*tangled*-1 mutation alters cell division orientations throughout maize leaf development without altering leaf shape[J]. Develop. , 122: 481 – 489.

Steeves T A, Gabriel H P, Steeves M W. 1957. Growth in sterile culture of excised leaves of flowering plants. Science, 126: 350 – 351.

Steeves T A, Sussex I M. 1957. Studies on the development of excised leaves in sterile culture[J]. Am. J. Bot. 44: 665 – 673.

Sylvester A W, Cande W Z, Freeling M. 1990. Division and differentiation during normal and *liguleless*-1 maize leaf development[J]. Development, 110: 985 – 1000.

Telfer A, Poethig R S. 1994. Leaf development in *Arabidopsis*[M]. In *Arabidopsis*, ed. Meyerowitz E M, Somerville C R, NY: Cold Spring Harbor Press, 379 – 401.

Tsuge T, Tsukaya H, Uchimiya H. 1996. Two independent and polarized processes of cell elongation regulate leaf blade expansion in *Arabidopsis thaliana* (L.) Heynh[J]. Development, 122: 1589 – 1600.

Waites R, Hudson A. 1995. Phantastica: A gene required for dorsoventrality of leaves in *Antirrhinum majus* [J]. Development, 121: 2143 – 2154.

Yang M, Sack F D. 1995. The *too many mouths* and *four lips* mutations affect stomatal production in *Arabidopsis* [J]. Plant Cell, 7: 2227 – 2239.

第5章　根的发育

　　初生根是由胚胎发生过程中形成的根分生组织产生的，而侧根从初生根上进行发育。由于根：芽比例受到高度调控，因此根系发育与苗芽发育协调进行。根与茎一样，为顶端生长结构，通过顶端分生组织作用而往长生长。与茎尖分生组织不同，根端分生组织（root apical meristem，RAM）具有两面性——在其上端产生的细胞将形成根的主体部分，其下端产生的细胞形成根冠（root cap）。根的主体进行伸长生长，而根冠则保持恒定大小，根冠覆盖根尖，当根尖在土壤中向下推进时对根尖加以保护。组成根冠的细胞在根生长时不断脱落。此外，RAM并不产生侧生器官，且RAM在径向和纵向（沿根轴）两个方向组织排列。初生根（primary root）虽然产生侧生根（lateral root），但侧生根并不是从根尖产生的，而是在较成熟的根区上生长出来的。

　　在根冠后面，根尖沿其纵向分为连续的几个区域：细胞分裂区（zone of cell division）、细胞伸长区（zone of cell elongation）与细胞特化区或细胞分化区（zone of cell speciation或zone of cell differentiation）[图5-1（A）]。尽管这些区为细胞活性特化的局部区域，但这些区的确存在，因为细胞分裂、伸长与特化是根细胞生命中的连续事件。根通过根尖不同区域细胞的横分裂（transverse division）及伸长而向长生长。在细胞分裂区刚分裂的细胞不会马上伸长，当根尖向前生长一小段距离（拟南芥为数百微米）后才会伸长。组成细胞伸长区的细胞会扩大。而细胞伸长之后，进入特化区的细胞才开始分化。细胞特化区的表皮细胞产生根毛。

　　根的径向组织排列可从根的横切或纵切面加以观察[图5-1（B）（C）]。根由同心环层细胞组织构建而成。拟南芥近根尖处细胞层只有1个细胞的厚度。从纵向投影看，这些细胞层为由平行细胞列组成的同心环柱体，平行细胞列沿根轴方向排列。拟南芥根尖细胞的数目和排列也十分整齐一致，从排列有序的细胞列很容易追溯至原分生组织中的一群祖先细胞。拟南芥根由同心环细胞层组成，以固定的数目和格式围绕中央主维管柱（central vascular cylinder）排列[图5-1（A）（B）]。例如，内层的中柱鞘（pericycle）由一圈12个细胞构成，内皮层（endodermis）由8个细胞构成，紧接着是皮层（cortex），也由8个细胞组成，最外的表皮层（epidermal layer）约有16个细胞。中央维管柱或中柱（stele）有2个原生韧皮部成分（protophloem element），与原生木质部成分（protoxylem element）垂直分布。原生木质部与只面向唯一一个内皮层细胞的中柱鞘细胞邻接。从横截面看，根冠结构也很规则，根冠的根轴柱（columella）细胞与根尖最近，由4个内层细胞由8个细胞包围，后者由一圈约16或32个细胞组成的单层侧根冠细胞包围。离根尖远的部位侧根冠形成一层或两层额外细胞层。

　　水生蕨类满江红（Azolla）的RAM非常简单。在根尖中央的一单个、大的顶端细胞通过在其不同面分裂，产生组成根冠和根的细胞。具有较大的根的高等植物的RAM则较复杂。例如，萝卜RAM细胞以层状组织排列，这种格式称为"封闭"型分生组织（Clowes，1981），

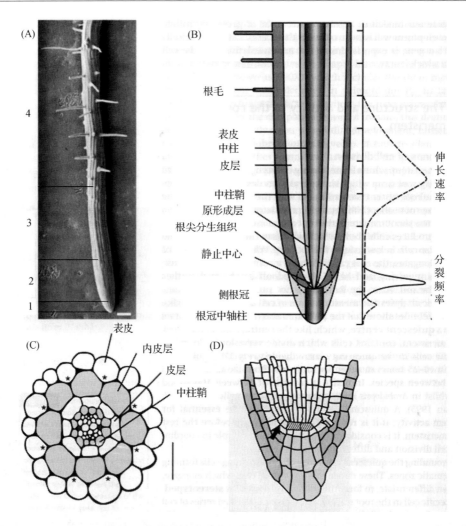

图 5-1 根的结构示意图(引自 Öpik 和 Rolfe，2005)

（A）拟南芥正在发育根的外观。图中标出了沿根纵长分布的各个活性特化区。1. 根冠；2. 细胞分裂区；3. 细胞伸长区；4. 细胞分化区。根毛在细胞分化区形成。根尖由根冠覆盖，但大部分侧根冠已脱落。用扫描电镜观察。标尺 = 100 μm （B）示意图显示正在发育根的典型结构，标出细胞分裂区、细胞伸展区和细胞分化区。轴上单位格相当于玉米的 1 mm，拟南芥的 50 μm （C）拟南芥根尖后 1 mm 的横切面。为清晰起见，细胞用阴影表示。原生木质部和原生韧皮部用深灰色阴影标出，相互之间的角度为 90°。覆盖在两个相邻皮层细胞之外的表皮细胞用＊标出，有发育成根毛的潜力。标尺 =25 μm （D）拟南芥根尖纵切面。根冠柱和侧根冠用灰色标出。静止中心的细胞用斜线标出。黑箭头指示为皮层原始细胞及其子细胞。白箭头指示为下一个发育步骤，侧向分裂产生皮层和内皮层

而豌豆的 RAM 没有明显的细胞层，这种 RAM 称为"开放"型分生组织。用放射性核酸对细胞分裂进行显微分析和测定表明，RAM 包含不同区域，在其心脏地带为静止中心（quiescent centre），如同茎尖分生组织的中央区域一样，包含的细胞分裂非常缓慢［图 5-1（D）］。玉米根的静止中心细胞每 170h 分裂 1 次，而邻近细胞分裂速度则为每 10~25h 分裂 1 次。静止中心的大小随物种不同而异。玉米根的静止中心包含 1 000~1 500 个细胞，而拟南芥只由 4 个细胞组成（Kerk 和 Feldman，1995）。据认为，静止中心是分生组织活性所必需的，如果将其去除，它会在分生组织其余部分之前重新发育。有人认为静止中心在协调细胞分裂和分化

之间发挥重要作用。静止中心周围细胞为活跃的分裂细胞，形成分生组织区。这些细胞分裂形成的细胞列伸长，然后分化，形成根。发育按固定的格式进行，即根分生组织中的特定细胞经历一系列确定的分裂，形成原始细胞（initial），然后原始细胞再进一步形成特定的细胞类型。这些细胞的发育取决于它们所处的位置。如果细胞被破坏，新的细胞分裂发生并取代它们。Clowes（1953，1954）在若干植物（蚕豆、玉米和黑麦）的根分生组织区进行不同的切割，普遍发现静止中心的任何部分都能再生形成正常的根端。

5.1 初生根的发育

Scheres 等（1994）为了确定初生根的原分生组织来源，检查了胚的解剖结构。在早期球形胚阶段，胚分为上层（upper tier，ut）与下层（lower tier，lt）两层细胞，上下两层最初是原始原胚细胞经第一次横分裂产生的[图 5-2（A）]。下层细胞又进一步横分裂形成上下层（upper lower tier，ult）和下下层（low lower tier，llt）。下下层产生胚轴（hypocotyl，hy）（即下胚轴和根）。在晚期心脏形胚阶段，下下层再进行分裂，最基部的表皮原细胞转变为 RAM 原始体，RAM 原始体可通过对产生侧根冠的平周分裂而加以识别。RAM 在胚中的活性标志是形成侧根冠层，侧根冠层可在这个阶段首次被观察到。早期侧根冠层由单层细胞组成，晚期阶段的平周分裂会产生额外的细胞层。

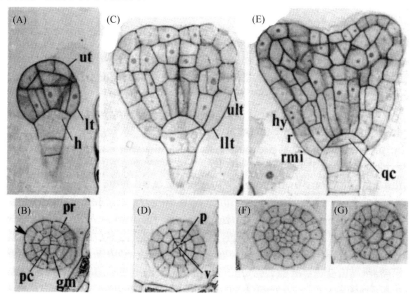

图 5-2　拟南芥胚根形成区域的径向组织结构（引自 Scheres 等，1995）

图显示拟南芥球形胚阶段（A）、早期心形胚阶段（C）和中早期心形胚阶段（E）胚的中纵切面，球形胚（B）和早期心形胚（D）下层（lt）横切面，及早中期心形胚的根（F）和根分生组织原始体（G）横切面。基础分生组织：gm；胚根原细胞：h；中柱鞘：p；原形成层：pc；表皮原：pr；静止中心：qc；根：r；根分生组织原始体：rmi；维管原基：v。用阿西挫蓝（Astra blue）染色，光学显微镜观察照相。标尺 = 50 μm

如前所述，拟南芥根组织结构十分有序，这种整齐有序性很大程度上可归因于原分生组织中规则的细胞分裂。在胚胎发育中形成的原分生组织，是由胚中的一系列规则的平周分裂和垂周分裂产生的(Scheres 等，1995)。原分生组织祖先细胞的平周分裂负责形成原分生组织中的原始体径环，而垂周分裂决定每一环中的细胞数。上述细胞分裂的方向与次数都是在严密调控下才产生恒定的细胞层数与及每一环中恒定的细胞数。在球形胚阶段，胚中的下层细胞横切面表明，3 个同心环层中的每个细胞都由 4 个原形成层细胞及周围 8 个基础分生组织细胞组成，而 8 个基础分生组织细胞又由 16 个表皮原细胞包围[图 5-2(B)]。在早期心形胚阶段，原形成层的平周分裂产生分离的未来中柱鞘和维管原基的原始体[图 5-2(D)]。基础分生组织中相似的细胞分裂产生皮层/表皮原始体环，而表皮原中的细胞分裂产生具有特征性细胞数目的侧根冠/表皮原始体[图 5-2(F)(G)]。

根原分生组织起源于胚体和胚柄细胞(图 5-3)。中间层和根轴柱原始体的中央细胞来源于胚柄上层的胚根原细胞。胚根原细胞分裂产生一个特征性的凹凸式或扁豆状细胞及一个下层细胞，凹凸式或扁豆状细胞产生静止中心(中央细胞)，而下层细胞分裂形成根轴柱原始体。产生胚根原区原始体的径向组织构造的细胞分裂方式与原胚中产生根原始体的细胞分裂很相似。到底它们是否为正常根形成必需原胚和胚柄两个来源的细胞？从某种意义上说似乎并非这样，因为从营养组织上可形成具有正常原分生组织的不定根，而侧向 RAM 是由中柱鞘组织形成的。因此，与形成根原分生组织的需求相比，原分生组织两个来源与胚的组织结构的关系更大。

根尖细胞列都是从一些确定的分生组织内的细胞分裂发育而来的，形成精确定位的原始

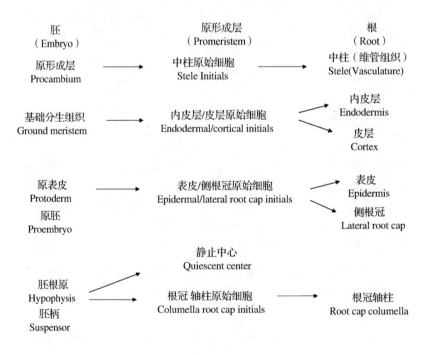

图 5-3　根的不同细胞层的细胞来源(引自 Howell，1998)

细胞系可通过原分生组织追溯到胚。根细胞来源于胚中的原胚和胚柄

细胞[图 5-1(D)]。四套原始细胞产生根冠轴柱、表皮/侧根冠、内皮层/皮层、中柱(原形成层)或根的中央柱。例如，1 个分生细胞分裂形成一个皮层—内皮层原始细胞[图 5-1(D)]。这个原始细胞分裂形成 2 个子细胞，其中一个子细胞的作用是取代这个原始细胞，第二个子细胞不对称分裂形成 1 个皮层细胞和 1 个内皮层细胞。与许多其他的植物发育过程相同的是，导致根发育的细胞分裂取向、对称性及位置是精确受控的。皮层/内皮层原始细胞具有决定性的平周分裂信息，来源于与原始体在相同径向层的皮层子细胞。此外，我们对这些过程的了解主要借助于对上述过程破坏后产生的突变体的识别和鉴定(Benfey 等，1993)。

5.2 根分生组织发育的控制

5.2.1 影响拟南芥根细胞层发育的突变体

拟南芥已有一些有趣的根突变体得到了描述。由于实生苗在琼脂培养基中生长，根是可看到的，因此根的表型很容易鉴定。RAM 突变体可通过寻找萌发后，根很少细胞分裂或不分裂的实生苗进行鉴定(Cheng 等，1995)。已发现的两个 RAM 突变体分别为 *root meristem-less1* 和 2(*rml1* 和 *rml2*)，它们的初生根很短，主要是由胚根细胞扩大形成的。这些突变体是由具有正常胚根的胚产生的，与 *monopteros* 等胚突变体不同，后者胚缺失基部与初生根。上述两个 RAM 突变体的根细胞层格式正常，*rml1* 可产生侧根，但产生的侧根不能伸长，与初生根十分相像(两个突变体在根上都产生不能解释原因的结节结构)。*rml1* 突变体的胚后根中的细胞分裂所需功能存在缺陷，但其他植株部分正常，因为胚、芽和愈伤组织在培养中生长正常。

影响根细胞层格式的其他有趣的突变体，可简单地根据根是否缓慢生长而筛选出来(Benfey 等，1993；Scheres 等，1995)。例如，*short root*(*shr*)突变体的根由于细胞分裂区退化或某种程度上的丧失而没有能力伸长。此外，它的内皮层细胞也完全缺失[图 5-4(B)]，凯氏带(Casparian strip)也如此。凯氏带为高等植物内皮层细胞径向壁和横向壁的木栓化和木质化的带状增厚部分，是将内皮层和内部的维管柱分开的界线，主要功能是阻止水分向组织渗透，控制着皮层和维管柱之间的物质运输。内皮层缺失的原因是由于皮层/内皮层原始体不进行产生两个细胞层的关键的平周细胞分裂(Scheres 等，1995)。因此，单层细胞分化为皮层，而不是内皮层。*shr* 的功能缺陷在某种意义上使 RAM 丧失增生能力。

到目前为止，已鉴定出影响根的不同细胞层突变体(包括 *shr*)可划分为 5 个互补组(complementation group)(Scheres 等，1995)。*scarecrow*(*scr*)和 *pinocchio*(*pic*)突变体与 *shr* 一样，根皮层/内皮层只有一单层细胞，突变体的皮层缺失。而 *gollum*(*glm*)和 *wooden leg*(*wol*)的维管组织受到影响[图 5-4(C)]。*fass*(*fs*)突变体的根增大，从横切面可看到额外的细胞数目[图 5-4(D)]。*fs* 突变体根中维管柱也增大，并有多个皮层细胞层。

由于 *shr*、*scr* 和 *pic* 缺失源自基础分生组织的径向细胞层(内皮层或皮层细胞层)，Scheres 等(1995)等推断这些突变体可能是与原分生组织形成有关的胚胎发育方面存在缺陷。与野生型不同，在早期心形胚阶段 *shr*、*scr* 和 *pic* 突变体并不会由平周分裂形成两个细胞层。

也观察到 *glm* 和 *wol* 突变体在胚胎发
育中原形成层形成存在缺陷。似乎这
些不同细胞层形成缺陷的根突变体与
胚发育中的问题有关。因此，Scheres
等（1995）发现突变体产生的侧根也
具有相同的缺陷，这让人感到意外。
因为侧根是从中柱鞘产生的，并非如
初生根一样是从胚胎组织上产生的。
但突变体的侧根确实具有同样的
缺陷。

　　一个有趣的问题是，这些突变
体是在细胞层（或细胞类型）产生上存
在缺陷，还是在缺失细胞层细胞确认
方面存在缺陷。该问题已通过将 *fs*
与 *scr* 或 *shr* 杂交创造双突变体得到
解决（Scheres 等，1995）。突变体 *fs*
［图 5-4（D）］产生额外的细胞和细胞
层，因此，如果是在细胞层形成，而
不是细胞层中细胞识别方面存在缺
陷，那么预期可能会使突变体 *fs* 表
型向正常恢复。双突变体 *scr fs* 中，*fs*
使突变体 *scr* 缺失的两层细胞得到恢

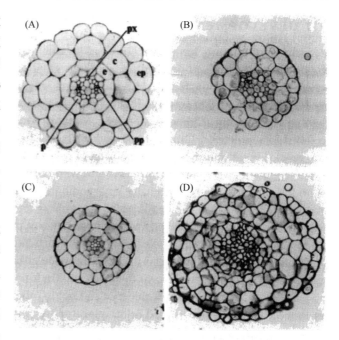

图 5-4　影响拟南芥根细胞层发育的突变体
（引自 Scheres 等，1995）

　　（A）野生型　（B）*short root*（*shr*）突变体根没有内皮层　（C）*wooden
leg*（*wol*）突变体根维管发育程度降低　（D）*fass*（*fs*）突变体根有额外的
细胞层。表皮：ep；皮层：c；内皮层：e；中柱鞘：p；原韧皮部：
pp；原木质部：px。根切面用甲苯胺蓝（toluidine blue）染色，光学显
微镜观察

复。由于细胞层已形成，因此 *scr* 是皮层细胞形成方面的缺陷，而不是皮层细胞发育方面的
缺陷。另一方面，双突变体 *shr fs* 由于 *fs* 作用而产生多个细胞层，但并未恢复内皮细胞层，
因为在双突变体中并无凯氏带存在。因此，*shr* 缺陷影响细胞层特化而不是细胞层的产生。

　　突变体 *scr* 在表皮和中柱鞘细胞层之间的单细胞层具有皮层/内皮层两个方面的特性，因
此不清楚突变体 *scr* 缺失的细胞层是哪一个细胞层。该单层细胞具有内皮层细胞特征性的凯
氏带，而且还能被皮层或内皮层标记的特异性单克隆抗体染色。Di Laurenzio 等（1996）克隆
了 *SCR* 基因，并用它作探针进行了原位杂交检测。*SCR* 基因发现不在皮层细胞列，而是在
内皮层细胞列的皮层/内皮层原始体中表达。因此，*SCR* 基因是平周分裂将皮层/内皮层原始
体分开成为两个细胞列所必需的关键基因，而其表达能力则将其归入到内皮层细胞列中。
SCR 基因编码转录因子，说明它可能具有有趣的调控功能。但有关 *SCR* 基因如何控制关键
的平周分裂，并将其自身表达能力归入内皮层细胞列的问题仍未解决。

　　另外一个有趣的根格式形成突变体是 *hobbit*（*hbt*），该突变体在根冠原始体特征决定方面
存在缺陷，根冠原始体细胞源自胚根原（Scheres 等，1996）。突变体 *hbt* 不能确立有活性的
RAM，这表明根冠和根冠原始体在 RAM 功能方面具有重要作用。由于根冠原始体细胞源自
功能方面有缺陷的胚根原，这是否意味着原胚中的原分生组织和胚根原细胞双重起源是初生
根形成所不可或缺的？也许并非如此，因为 *hbt* 突变体在次生根发育方面也有同样的问题，

而次生根并不来源于胚根原祖先细胞，因此凭 *hbt* 突变体并不能明确根冠原始体是否源自胚根原祖先细胞。

在已描述的拟南芥根生长突变体(非分生组织或格式突变体)中，*superroot*(*sur*1)产生过多的侧根和不定根(Boerjan 等，1995)。*sur*1 突变体产生过量自由或结合生长素，而突变体的效应可通过对野生型植株施用生长素来进行表型复制。

5.2.2 根分生组织发育的控制

根分生组织中，根干细胞围绕 QC 分布。QC 为一小群组织者细胞，干细胞由 QC 产生的信号所保持。干细胞进行不对称细胞分裂，形成全部根细胞类型。QC 位置为 *SCARECROW*(*SCR*)/*SHORT ROOT*(*SHR*)和 *PLETHORA*(*PLT*)基因表达重叠区(图 5-5)，其中 *SCR*/ *SHR* 在根的径向格式形成中发挥作用，而 *PLT* 可由局部生长素最大值所激活。*PLT* 不仅确立 QC，而且似乎在根特化中发挥着更普遍的作用。该基因功能丧失会使胚根丧失，而其异位表达则足以将茎芽转变为根。

GRAS 家族的转录因子 SCR 和 SHR 对根尖分生区的维持发挥关键作用。SCR 在 QC、内皮层/皮层初始区和已分化的内皮层表达，其功能缺失导致初始区及 QC 干细胞的连续性丧失。*SHR* 在根尖中柱组织表达，其蛋白质转运到邻近细胞层(包括 QC)。*SHR* 功能缺失导致 QC 的结构不规则，缺乏 QC 特异性标志分子和根部停止生长等表型。在内皮层/皮层初始区，SHR 激活 SCR，促进干细胞的不对称分裂。SHR 和 SCR 都是维持 QC 功能必需的，因为在 *shr* 突变体中，SCR 在 QC 区域表达并不能挽救 QC 缺失。最近研究发现，*PLETHORA* (*PLT1/2*)基因对胚胎发生中，干细胞群的形成和胚后发育中干细胞数量的维持同样至关重要。*PLT* 基因在 QC 和周围干细胞区域表达，与 SCR 分布区域重叠，说明它们共同为干细胞微环境提供

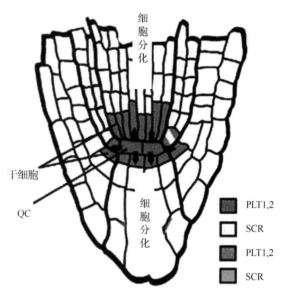

图5-5 根干细胞和 QC 在根尖分生组织中的位置
(引自 Scheres 等，2005)

根干细胞和 QC 为 *PLETHORA*(*PLT1* 和 *PLT2*)、*SCARECROW* (*SCR*)和 *SHORT ROOT*(*SHR*)转录因子组合所特化。黑色箭头表示由 QC 产生的、为干细胞维持所必需的未鉴定信号

信号。*PLT* 基因异位表达诱导茎尖分生区形成异位的根尖干细胞微环境，因为 *SHR* 和 *SCR* 基因在此茎尖组织表达。上述研究说明，根尖干细胞微环境的形成依靠 SHR 和 SCR 提供信号分子。

WOX5 是在 QC 特异性表达的一个基因，它参与根干细胞未分化状态的保持。突变体 *wox5-1* 表现较轻的根分生组织缺陷，包括根轴柱(columella)早熟分化。而 *WOX5* 普遍激化则推迟根轴柱的分化。尽管 RAM 在若干方面不同于 SAM，但 RAM 大小及其内细胞发育受基

因网络之间相互作用调控，猜测其调控方式与 SAM 的类似。*WOX5* 是 *WUS* 的同源基因，而 QC 在根中的功能与 OC 在茎中的功能类似，表明其在根和茎干细胞维持机制方面具有同源性。经实验证实，WOX5 可在茎中取代 WUS 功能，反之亦然。

近期研究发现，成视网膜细胞瘤蛋白质（retinoblastoma protein，RBR）在分生组织中控制细胞分化发挥关键作用。RBR 功能丧失会导致额外的细胞分裂并延迟分化，而提高 RBR 活性则会引起早熟分化。RBR 改变不会影响根分生组织格式的形成基因（*PLT*、*SCR*、*SHR*）。*RBR* 看起来是 *SCR* 下游的一个靶基因，因为 *RBR* 在 *scr* 突变体中表达增加，而 *RBR* 丧失可挽救 *scr* 突变体根中的细胞分裂（图 5-6）。

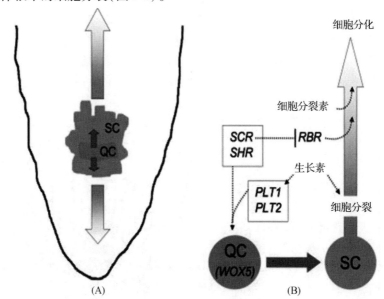

图 5-6　根尖分生组织结构（A）和根尖分生组织功能调控网络（B）（引自 Sablowski，2007）

QC：静止中心；SC：干细胞

生长素最大值是由连续定向流动的生长素所保持，这有助于稳定 QC 位置。这种稳态的生长素流也刺激细胞分裂。根分生组织在损伤后再生，是以生长素重新分布和新 QC 的特化开始的。在 QC 调控基因格式重新确立后，这些基因又会反过来改变生长素运输蛋白的表达和定位，以保持新的稳态生长素流。

1998 年，四个研究小组同时分离出编码推定的生长素运出载体（efflux carrier）或运出促进子（efflux facilitator）基因，其中 PIN1 是第一个鉴定出的 PIN（或 PIN-FORMED）蛋白家族的一个成员。生长素在植物组织中的极性运输，很大程度上应归功于高度调控的、极性定位的运出载体复合体——PIN 蛋白家族。PIN 是膜内在蛋白中的最主要的运出促进子家族成员，与其他生长素运输载体一起，在极性生长素运动中必不可少。在拟南芥中，PIN 家族的每一成员都表现独一无二的组织特异性表达模式，*pin* 突变通常表现出在相应组织中失去定向生长素运输的生长表型。

在说明 PIN 蛋白的定位之前、有必要说明根中的顶—基方向与地上部分的芽的顶—基方向正好相反，因此将生长素向根尖（或器官）方向运输称向顶性运输。PIN1 主要定位于木质部薄壁组织细胞中，对茎芽组织中向基性生长系运输，以及根组织中向顶性生长素运输是必不可少的。*pin1* 突变表现针状花序，降低花序轴中向基性生长素运输，并且维管组织发育缺陷。PIN2/AGRAVITROPIC1［AGR1］/ETHYLENE INSENTIVE ROOT1（EIR1）在根表皮组织的基部细胞的顶端定位，主要在根向地性中对生长素进行再分配。*pin2/agr1* 突变体表现出根向地性生长表型，并且降低根中的向基性生长素运输。PIN3 在茎芽内皮层细胞、重力响应的根轴柱（columella）及中柱鞘细胞中侧向定位，对向光性和向地性生长中的生长素再分配发挥功能（图5-7）。*pin3* 突变体生长降低，减小向光性和向地性反应，降低黄化实生苗顶端弯钩的形成。PIN4 在根顶端分生组织静止中心下方，PIN4 依赖性的生长素运输对维持根中的生长素浓度梯度及确立生长素库发挥作用。PIN7 在顶—基生长素梯度的形成和保持，以及根的向顶性生长素运输中发挥作用，而顶—基生长素梯度是确立胚胎极性所必不可少的。

在子叶和叶原基等地上组织中，器官的形成似乎取决于通过器官外层细胞的"反向喷泉"式的 PIN1 依赖性生长素流动。积累在原基尖部的生长素会通过新分化成的器官维管组织，以一种定向的 PIN1 依赖性运输流，重新取向或"排出"。在侧根的形成和保持中则以一种相似但方向相反的机制作用，生长素会通过中央维管组织，以一种 PIN1 依赖性生长素运输方式，在侧根分生组织中累积。对 *pin1*、*pin3*、*pin4* 和 *pin7* 单个或组合突变的分析表明，PIN1、PIN3、PIN4 和 PIN7 蛋白在确立胚胎极性中共同发挥作用，并且在胚胎组织中表现功能简并性。

由拟南芥根中的 PIN 功能分析表明，多种 PIN 蛋白在调控生长素运输、向性生长及根端分生组织的维持中共同发挥功能。PIN 蛋白介导根中的两条主要的定向生长素流。一条是通过中央维管组织朝向根尖的"向顶流"，一条是流到根尖后出来并反转向上的，通过表皮的"向基流"。生长素的"向基流"对调控伸长区中的细胞扩大有重要作用。对 *pin1*、*pin2*、*pin3*、*pin4* 和 *pin7* 单个或组合突变的分析表明，这些蛋白在根组织中生长素的流出或回流的定向中集体发挥作用。PIN1 是 IAA 通过维管向根尖运输的主要中介，并且与 PIN2、PIN3 和 PIN7 共同在下层根中的邻近组织 IAA 运输发挥作用。一旦到达根尖，生长素会通过皮层和表皮细胞，以 PIN2 依赖性运输流再分配。在根的伸长区，PIN2、PIN3 和 PIN7 介导向基运输的生长素的侧向再定向或"回流"到 PIN1 依赖性的中柱生长素运输流。重新定向后，生长素到达根尖，这个过程会重复下去，产生一种"回流环路"。这样，从根上方的向顶流入的生长素及持续回流的生长素都使得静止中心

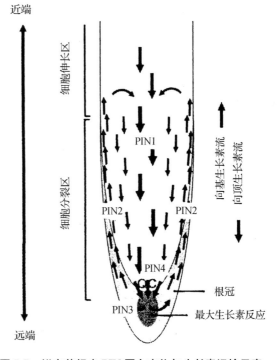

图5-7 拟南芥根尖 PIN 蛋白定位与生长素运输示意
（引自 Kepinski 和 Leyser，2005；Friml，2003）
QC：静止中心

的远端生长素达到最大值(图 5-7)。

此外，Ubeda-Tomás 等(2009)研究结果表明，GA 在植物根的生长中对细胞增殖和伸长同样起调控作用，GA 生物合成突变体在萌发后不能增加其细胞产率和分生组织大小。GA 信号能使 DELLA 生长抑制蛋白、GAI 和 RGA 降解，从而促进根细胞增加。将 gai(GA 信号不能降解 GAI 的突变体)在根分生组织中定向表达可破坏细胞增殖。此外，正在分裂的内皮层细胞表达 gai，足以阻止根分生组织增大。

5.2.3　生长素作为形态发生素

生长素虽然被称为一种植物激素，但激素是从动物学中引入的，因此植物激素的概念本身就存在争议。在哺乳动物中，激素被定义为一种胞外信号转导分子，其作用部位远离合成部位。另外，动物激素通过血液被动地分配到身体的特定部位。尽管最近的研究表明不同的拟南芥器官对于生长素都具有合成潜力，但以往多次证明生长素是从主要的生长素源——幼嫩的顶端分生组织向整个植株运动。此外，生长素可协调诸如侧根等器官的发育与茎芽的发育阶段之间的关系，这意味着生长素也具有长距离信号转导的功能。但研究最多的是生长素运动形式——细胞到细胞的极性运输，其与动物激素的被动分配正好相反。有若干证据表明，韧皮部的非极性运输对生长素从顶端组织向根的运输作出贡献。首先，已知的生长素活性运输速度(约 10 mm/h)远慢于其作为有效信号转导的速度，尤其是在较大的植物物种中。其次，在韧皮部流出物中检测到相对较高浓度的生长素(约 1 μM)。第三，明显在从叶向韧皮部装载与韧皮部向根卸载生长素方面功能损坏的 aux1 突变体，会表现出在茎端和根之间的生长素分配能力缺陷。因此，推定的生长素渗透酶 AUX1 看来在韧皮部生长素通路的两端发挥作用，韧皮部的非极性运输与木质部的极性生长素运输通过 AUX1 联结起来。

形态发生素是指在生物体中能形成一定的浓度梯度，并且参与发育的格式形成的一种物质。更严格的定义必须符合以下 3 个标准：①形态发生素形成稳定的浓度梯度；②直接指导应答细胞(不是通过其他信号转导途径或信号交换)；③细胞对形态发生素的应答依赖于其浓度。

在根尖分生组织中，生长素调控细胞分裂与分化。拟南芥植物根尖分生组织中央有 4 个静止中心(QC)细胞，被一小群干细胞包围。静止中心本身很少有有丝分裂活性，但却可起到保持邻近细胞的干细胞状态。根尖分生组织区的前面为根冠，起到保护静止中心和干细胞位点的作用。其后的细胞不再分裂而进行快速扩大，称为伸长区。伸长的细胞开始分化，最明显的就是出现根毛。新的分析手段表明，如在欧洲松和拟南芥中存在自由生长素梯级分布。尽管在根部和整个植物发育过程中都可发现稳定的生长素梯度，但越来越清楚的是，这种生长素梯度不是生长素从一个点源向外运动产生的，而是通过分布在这个区域的生长素运输子的一种复杂的、相互作用的网络，可确立、保持、修饰或完全逆转生长素梯度。至少有 5 个 PIN 蛋白以特异性的和空间重叠的方式在拟南芥根中表达。以生长素可诱导启动子 DR5 为基础构建的生长素报告基因也间接地表明，在根尖分生组织存在生长素梯度，最大值在轴柱初始区细胞。在根中，生长素运出蛋白(或调控子)PIN4 朝向增加 DR5 反应的细胞不对称分布，pin4 突变或对生长素运输进行化学抑制会破坏 DR5 活性的分布，表明依赖于 PIN4 运出生长素，驱动生长素运输来维持这种浓度梯度。此外，内源施用生长素或生长素运输抑制剂，及使用生长素反应或运输破坏的突变体，在生长素分布与格式形成之间建立了联系。细胞命运(从细胞特异性标记推定)的改变在空间上与生长素梯度变化相关。最近鉴定出的 *PLETHORA(PLT)* 基因为根尖生长素以 PIN 依赖性累积与生长素信号转导建立了联系。*PLT1* 和 *PLT2* 对静止中心和干细胞特化不可或缺，而 *PLT1/2* 的转录是生长素诱导型的，因此根尖处生长素反应最大值与干细胞定位和活性之间的相关就容易理解了。另外，在拟南芥胚胎发生的很早期阶段，顶端细胞命运的正确特化需要 PIN 依赖性的基端向顶端的生长素流。而在 32 细胞期当生长素运输突然翻转，建立新的生长素梯度，而这又同样为基端发育所必须。生长素流的突然翻转与 PIN7 蛋白定位相关。在 2 细胞胚中，PIN7 定位于基部细胞的顶端面，生长素在胚的顶端累积，为芽的一极的有效确立所必须；32 细胞阶段，PIN7 定位的突然翻转，与生长素在根极累积相关。这种特化显然同样依赖于生长素的局部累积。

另外一个例子是茎尖分生组织与 PIN 的动态分布。在茎尖分生组织周围区，叶片按照固定的叶序发生。而叶的特化似乎是由叶片特化位置的生长素局部累积引起的，而生长素的累积又是由包括 PIN 蛋白的生长素运出机制驱动的。用生长素运输抑制剂阻断生长素运出，或将 PIN1 突变可阻止顶端的器官发生，但不会阻止顶端分生组织活性和茎干的产生。从而产生针状茎干结构，这也是 PIN 家族名字的由来。当外源生长素在针状结构的周围区局部施用时，会在施用部位引发器官形成。免疫研究表明，PIN 在分生组织中的定位指导生长素向新生的和幼嫩器官原基流动。最近，利用 PIN1-GFP 融合蛋白进行延时拍摄表明，PIN 定位指向新生器官发生位置，然后又指向下一个原基。Heisler 等(2005)还表明生长素诱导 PIN1 的转录，因此 GFP(green fluorescent protein，绿色荧光蛋白)在分生组织中的累积很可能与生长素水平或(和)反应相关。摄像还清楚地表明 GFP 在器官发育位置的累积增加与运出载体定向驱动生长素局部累积的一致性，生长素累积又随之决定细胞的特化命运。另外一个实验也表明生长素的累积与减少，伴随着并可能指导原基发育的不同阶段。因而在植物的整个生命周期中，生长素运输路线提供了发育过程的位置信息。

此外，从以下几个方面特征也说明生长素是形态发生素类似物质。首先，生长素最显著的特征是其极性的细胞到细胞的运输。极性生长素运输的取向对空间调控的细胞扩大和分生组织细胞中分裂板的取向是必不可少的。在格式形成和整个植株塑形方面没有哪个分子像生长素一样重要。其次，极性生长素运输对一些物理刺激，尤其是重力和光的矢量特性敏感。环境诱导生长素再定位，使得沿细胞纵列(植物组织典型的建筑模块)方向细胞差别生长，相互紧密协调，使正在生长的植物器官快速向性弯曲。

5.3　侧根发育

植物可产生不同组根，这些根可通过其在植物中的起源位置及(或)在植物发育过程中产生时间来加以区别。初生根是在胚中的下胚轴基部形成的。侧根由初生根形成，但并不是在根尖，也不是由 RAM 形成的。侧根是后来才由距离根尖较远位置的中柱鞘上出现的[图 5-8(A)(B)]。侧根原基在某一预期圆周位置——通常与木质部极(xylem pole)邻近位置凸出。产生的根原基钻过内皮和皮层，然后突破表皮而出[图 5-8(C)]。

产生的侧根原基在向外长出的过程中，会组织形成 RAM。侧根的分生组织在形态与功

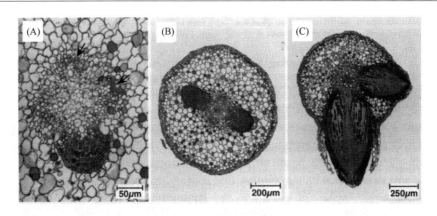

图 5-8　柳树(*Salix*)的侧根形成(引自 Raven 等, 1986)

(A)一个已形成良好的侧根原基和两个正从中柱鞘上发端的侧根原基(箭头所指)
(B)侧根原基穿过皮层生长　(C)一个侧根原基正突破表皮而出,另一个侧根原基将
很快出现。初生根横切面,用光学显微镜观察

能上与初生 RAM 无异,但侧根 RAM 并不像初生 RAM 一样是从胚中形成的。侧根自中柱鞘产生,一个侧根大约由 10 或 11 个中柱鞘细胞产生(Laskowski 等,1995)。侧根原基在向外生长过程中的某一特定时间点上,肯定会形成新的原分生组织。Malamy 和 Benfey(1997)为了追踪不同细胞层的改变过程,对侧根原基中形成原分生组织这一转变过程中的事件进行了记录。由于细胞层标记可用来追踪细胞层的发育,因此他们采用细胞层标记进行该实验,其中有若干个是"增强子陷阱"(一种基因陷阱类型)。

Malamy 和 Benfey(1997)对拟南芥侧根形成的各个阶段进行了描述,并得出结论说这一过程是高度有序的(图 5-9)。阶段 I 的特征是在中柱鞘壁上发生垂周分裂。在阶段 II,平周分裂产生两个细胞层:外层(outer layer, OL)和内层(inner layer, IL)。在后两个阶段中,OL 和 IL 中的细胞平周分裂,产生 4 个细胞层:OL1、OL2、IL1 和 IL2。之后进行一系列特征性的垂周和平周分裂,产生阶段 VIb 原基,其中 3 个外层细胞层可用标记加以识别,中柱(stele)和根冠的核心组织也可用标记识别。约在阶段 VII 的根出现,这主要是由于原基中细胞扩大的结果。此后,绝大多数细胞分裂发生在顶端,这表明根尖已获得分生组织功能。细胞层标记表明,在此过程中,表皮源自 OL2(如在阶段 III 或阶段 IV 中所看到的那样),皮层和内皮层源自 OL2(如在阶段 III 所看到的那样)。通过阶段 VIb 的平周分裂,皮层和内皮细胞层分离开来。

Laskowski 等(1995)鉴定出侧根原基发育中一个重要的过渡阶段。侧根可用生长素在培养中诱导发育,一旦被诱导,根原基就可在不填加激素的情况下生长。他们发现侧根原基发育的某个阶段之后就可不依赖于激素而在培养中独立发育。在侧根出现的早期阶段,当根原基只有两个细胞层厚时,原基外植后在无激素的组织培养中不能产生根。当根原基 3~5 个细胞层厚时,就能在无激素的培养中生长。Laskowski 等认为根据对激素的依赖性,侧根 RAM 形成过程可分为两步。原基形成需要激素,当分生组织形成后,根的生长就不再依赖激素了。

利用生长素诱导侧根发育并将根发育的时间过程同步化。一些研究者研究了分生组织早期组织形成中的细胞分裂活性,并鉴定了在旺盛分裂的组织中表达的基因。A 类细胞周期蛋

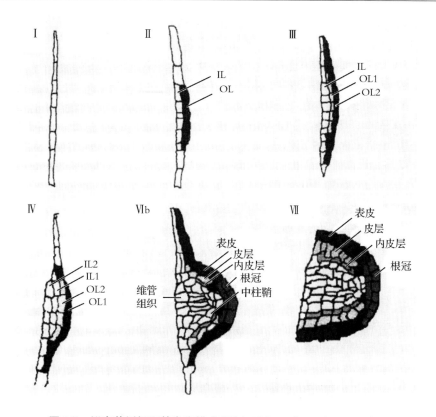

图 5-9　拟南芥侧根原基发育模式（引自 Malamy 和 Benfey，1997）

图片对实际根原基的细胞轮廓进行跟踪，阴影表示被细胞层标记确定的细胞层。到阶段 VIb 可在原基
中看到所有细胞层。阶段 VIb 和阶段 VII 向原基尖端的无阴影的细胞层不能被细胞层标记所识别。但这些细
胞的位置表明它们将发育为静止中心和原基。原基基部的无阴影的细胞也不能用细胞层标记识别

白（A-type cyclin）基因（*cyc1At*）就是这样一个基因，它在预期侧根形成的部位表达（Ferreira
等，1994）。利用带有与 *cyc1At* 启动子与 GUS 融合（*cyc1At*：GUS）的转基因拟南芥植株，组
织化学检测 GUS 在根中表达，对细胞周期蛋白基因进行了定位。如在第 5 章讨论的那样，
细胞周期蛋白是与细胞分裂蛋白激酶（cell division protein kinase，CDPK）结合形成复合体并
激活 CDPK 的蛋白质。A 类细胞周期蛋白是 S 期的标记，*cyc1At* 表达是侧根向外生长的特征
性平周细胞分裂之前的事件（Ferreira 等，1994）。*cyc1At* 表达发生在预期侧根形成的部位，
即使用有丝分裂毒素氨磺灵（oryzalin）阻断细胞分裂也会如此。

　　侧根的发育导致成熟植株形成精细而高度分枝的根系结构。侧根发育响应于一系列发育
和环境信号。与茎苗的分枝原基（芽）处于最顶端不同，侧根原基在根尖后的一段距离处发
端。且侧根原基在根的深处形成，而非在表层形成。中柱鞘中的细胞启动后重新开始分裂，
形成类似于初生根一样的分生组织，然后产生侧根。尽管侧根结构与初生根类似，但每层细
胞数并未严格受控。

　　侧根形成速率受营养（尤其是氮素营养）和水分可得性强烈影响，并响应于初生根的损
伤。植物生长激素也是非常重要的。生长素可促进侧根形成，而突变体 *rooty*（多根）和 *super-
root*（超级根）如其名字表明的那样，侧根数量很大，吲哚乙酸含量高（Boerjan 等，1995；

King 等，1995）。生长素抗性突变体表现减少侧根形成。Zhang 和 Forde（1998）描述了硝酸盐可诱导的拟南芥基因（*ANR1*），该基因可控制侧根伸长（非发生）。当硝酸盐饥饿的拟南芥突变体植株的根到达富硝酸盐区域时，*ANR1* 表达降低，并刺激侧根伸长。抑制 *ANR1* 表达的转基因植株仍能进行侧根发生，但硝酸盐诱导的伸长消失。*ANR1* 编码一个 DNA 结合蛋白，与控制许多不同的植物发育的蛋白质具有同源性。在这个例子中，环境信号 NO_3^- 控制转录因子表达，推测转录因子接着调控侧根伸长所需的很多基因的表达。

5.4　根毛发育

根毛从细胞分化区的表皮细胞上产生。拟南芥根毛在到达细胞分化区前不久的表皮细胞远端突起，当表皮细胞停止伸长时根毛往长生长。表皮细胞在根上以细胞列方式排列。拟南芥根毛出现的细胞所在的表皮细胞列与无根毛的细胞列交替排列（Dolan 等，1994）[图 5-10（A）]。形成根毛的细胞称为生毛细胞或根毛细胞（trichoblast），生毛细胞所在的细胞列被一列或两列不生根毛的细胞或无毛细胞（atrichoblast）所隔开。生毛细胞和无毛细胞甚至在根毛形成之前就可加以区分。与无毛细胞相比，生毛细胞细胞质更浓厚，并且不伸长。表皮细胞向生毛细胞的分化取决于生毛细胞与其他细胞的相对位置。生毛细胞所在的细胞列下面为皮层细胞列的垂周细胞壁[图 5-10（A）]。鉴于此，生毛细胞列交替排列的格式被认为是由位置信息决定的。Tanimoto 等（1995）提出，皮层细胞垂周细胞壁边界局部产生乙烯可能是这种格式形成的原因，其证据是对乙烯组成

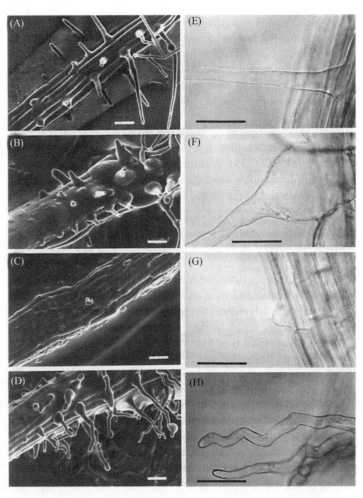

图 5-10　拟南芥根毛突变体（Schiefelbein 和 Sommerville 1990；Bowman 1994）

（A）（E）野生型　（B）（F）*root hair development*1（*rhd1*）突变体。根毛基部鼓胀，突变会影响根毛发端过程中表皮细胞伸展数量　（C）（G）*rhd2* 突变体。突变影响根毛伸长　（D）（I）*rhd3* 突变体。突变体的根毛波浪形卷曲，突变影响根毛尖端的对称性生长。用扫描电镜观察（A）～（D）或光学显微镜观察（E）～（H）。标尺 = 50 μm

型反应的拟南芥突变体 *ctr1* 在所有表皮细胞上都有产生根毛。在野生型植株的根中，乙烯抑制剂可阻止预期生毛细胞的正常根毛形成，这表明局部产生的乙烯可能是根毛形成所必需的位置信息。

已鉴定出生毛细胞和（或）根毛起始缺陷的拟南芥突变体。这些突变体的效应与乙烯突变体的效应已在根毛起始模式中加以描述（图 5-11）（Schneider 等，1997）。突变体如 *glabrous2*（*gl2*）和 *transparent testa glabra*（*ttg*）由于几乎所有根表皮细胞都产生根毛，因此具有特殊的多毛根表型（Galway 等，1994；Masucci 等，1996）。这两个丧失功能突变干扰了无根毛细胞的分化，表明正常的基因是抑制无毛细胞中根毛的起始（*gl2* 和 *ttg* 这两个突变体也影响叶片上毛状体的形成，但都是以排除或减少毛状体的形成）。这两个突变在无毛细胞发育的不同阶段作用（图 5-11）。*gl2* 不生根毛细胞保留有无毛细胞类型的绝大多数其他特征，而 *ttg* 突变体通常分化为无毛细胞的细胞列细胞则完全转变为生毛细胞。从这些突变体的特征来看，表明 *TTG* 可能是不生根毛细胞发育的一般调控因子，而 *GL2* 只调控根毛起始。

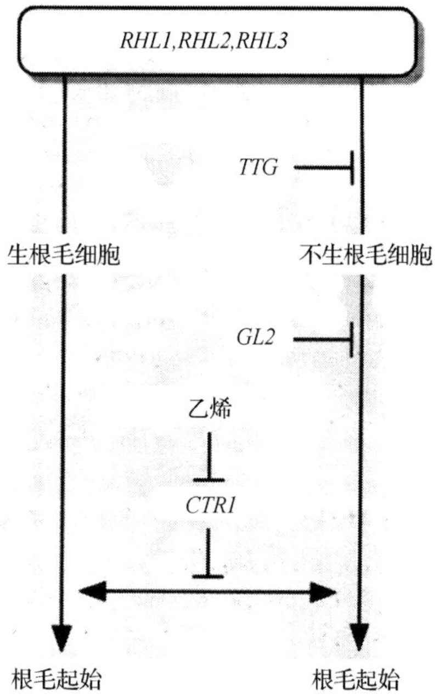

GL2 已被克隆，根据其序列预测为包含同源异型结构域的转录因子（Rerie 等，1994）。如同在原位杂交和 *GL2* 启动子与 GUS 报告基因连接的构件（*GL2*：GUS）转化表达所显示的那样，*GL2* 在野生型植株中在不生根毛细胞（所在细胞列根毛形成被阻遏）中优先表达。在细胞伸长区中的不生根毛细胞中发现 *GL2* 表达水平最高。*TTG* 虽然未被克隆，但拟南芥 *ttg* 突变与 CaMV 35S 驱动的玉米 *R* 基因（353：*R*）在功能上互补（Lloyd 等，1992），这表明 *TTG* 与 *R* 一样也编码转录因子。

阻断根毛发端的另一组突变体为无根毛突变体（*RHL1-RHL3*）（Schneider 等，1997）。这些突变体是根毛形成所需基因的缺失功能突变体（图 5-11）。据认为这些基因在生根毛和不生根毛细胞中都有作用，但它们在不生根毛细胞中的根毛促生作用通常被下游阻遏因子作用所抵消。乙烯可微弱挽救 *rhl* 突变体的缺陷，表明乙烯在 *RHL* 基因的下游作用。

Schiefelbein 和 Somerville（1990）已鉴定出主要影响根毛伸长或根毛结构的其他突变体。这些突变体属 12 个互补组，通过对双突变体中上位性关系分析，已用于构建出根毛伸长中的基因作用途径。

图 5-11　拟南芥根毛起始控制示意
（引自 Schneider 等，1997）

ROOT HAIRLESS（*RHL1-RHL3*）促进根中所有表皮细胞列的根毛起始，但其作用在不生根毛细胞中被 *TRANSPARENT TESTA GLABRA*（*TTG*）和 *GLABROUS*2（*GL2*）作用所抑制。*TTG* 抑制不生根毛细胞所有方面的发育，*GL2* 则只影响根毛起始。如在 *CONSTITUTIVE ETHYLENE RESPONSE*1（*CTR1*）突变中一样，乙烯刺激根毛起始。（激活用箭头↓表示，失活用⊥表示）

参考文献

刘进平. 2007. 生长素运输机制研究进展[J]. 中国农学通报, 155(5): 432 – 443.

Benfey P N, Linstead P J, Robens K, *et al.* 1993. Root development in Arabidopsis: Four mutants with dramatically altered root morphogenesis[J]. Development, 119: 57 – 70.

Boerjan W, Cervera M T, Delarue M, *et al.* 1995. *Superroot*, a recessive mutation in Arabidopsis, confers auxin overproduction[J]. Plant Cell, 7: 1405 – 1419.

Bowman J. 1994. Arabidopsis: An Atlas of Morphology and Development[J]. New York: Springer- Verlag.

Casamitjana-Martinez E, Hofhuis H F, Xu J, *et al.* 2003. Root-specific CLE19 overexpression and the sol1/2 suppressors implicate a CLV-like pathway in the control of Arabidopsis root meristem maintenance[J]. Current Biology, 13: 1435 – 1441.

Casson S A, Lindsey K. 2003. Genes and signaling in root development[J]. New Phytologist, 158: 11 – 38.

Cheng J C, Seeley K A, Sung Z R. 1995. *RML*1 and *RML2*, Arabidopsis genes required for cell proliferation at the root tip[J]. Plant Physiol, 107: 365 – 376.

Clowes F A L. 1953. Thecytogenerative centre in roots with broad columellas[J]. New Phytol. 52: 48 – 57.

Clowes F A L. 1954. The promeristem and the minimal constructional centre in grass root apices[J]. New Phytol. 53: 108 – 116.

Clowes F A L. 1981. The difference between open and closedmeristems[J]. Ann. Bot. , 48: 761 – 767.

Di Laurenzio L, Wysock-Diller J, Malamy J E, *et al.* 1996. The *SCARECROW* gene regulates an asymmetric cell division that is essential for generating the radial organization of the Arabidopsis root[J]. Cell, 86: 423 – 433.

Dolan L, Duckett C M, Grierson C, *et al.* 1994. Clonal relationships and cell patterning in the root epidermis of Arabidopsis[J]. Development, 120: 2465 – 2474.

Dolan L, Janmaat K, Willemsen V, *et al.* 1993. Cellular organisation of the *Arabidopsis thaliana* root[J]. Development, 119: 71 – 84.

Feldman L J, Torrey J G. 1976. The isolation and culture *in vitro* of the quiescent center of *Zea mays*[J]. Am J. Bot, 63: 345 – 355.

Ferreira P, Hemerly A S, de Almeida-Engler J, *et al.* 1994. Developmental expression of the Arabidopsis cyclin gene *cyclAt*[J]. Plant Cell, 6: 1763 – 1774.

Galway M E, Masucci J D, Uoyd A M, *et al.* 1994. The *TTG* gene is required to specify epidermal cell fate and cell patterning in the Arabidopsis root[J]. Devel. Biol. , 166: 740 – 754.

Gunning B E S, Hughes J E, Hardham A R. 1978. Formation and proliferative cell divisions, cell differentiation and developmental changes in the meristem of *Azolla* roots[J]. Planta, 143: 125 – 144.

Howell S H. 1998. Molecular genetics of plant development[M]. Cambridge: Cambridge University Press, 1 – 365.

Kamiya N, Nagasaki H, Morikami A, *et al.* 2003. Isolation and characterization of a rice WUSCHEL-type homeobox gene that is specifically expressed in the central cells of a quiescent center in the root apical meristem[J]. The Plant Journal, 35: 429 – 441.

Kerk N M, Feldman L J. 1995. A biochemical model for the initiation and maintenance of the quiescent center: implications for organization of root meristems[J]. Development, 121: 2825 – 2833.

Laskowski M J, Williams M E, Nusbaum H C, *et al.* 1995. Formation of lateral root meristems is a two-stage process[J]. Development, 121: 3303 – 3310.

Lloyd A M, Walbot V, Davis R W. 1992. Arabidopsis and Nicotiana anthocyanin production activated by maize regulators *R* and *C1*[J]. Science, 258: 1773 – 1775.

Malamy J E, Benfey P N. 1997. Organization and cell differentiation in lateral roots of *Arabidopsis thaliana*[J]. Development, 124: 33 – 44.

Masucci J D, Rerie W G, Foreman D R, *et al.* 1996. The homeobox gene *GLABRA*2 is required for position-dependent cell differentiation in the root epidermis of *Arabidopsis thaliana*[J]. Development, 122: 1253 – 1260.

Öpik H, Rolfe S A. 2005. The Physiology of Flowering Plants[M]. 4th Edition. Cambridge: Cambridge University Press, pp. 1 – 287.

Raven P H, Evert R F, Eichhom S E. 1986. Biology of plants[M]. New York: Worth Publishers.

Rerie W G, Feldmann K A, Marks M D. 1994. The *GLABRA*2 gene encodes a homeodomain protein required for normal trichome development in Arabidopsis[J]. Genes Develop. , 8: 1388 – 1399.

Sablowski R. 2007. The dynamic plant stem cell niches[J]. Current Opinion in Plant Biology, 10: 639 – 644.

Scheres B, Di Laurenzio L, Willemsen V, *et al.* 1995. Mutations affecting the radial organisation of the Arabidopsis root display specific defects throughout the embryonic axis[J]. Development, 121: 53 – 62.

Scheres B, McKhann H I, van den Berg C. 1996. Roots redefined: Anatomical and genetic analysis of root development[J]. Plant Physiol, 111: 959 – 964.

Scheres B. 2005. Stem cells: a plant biology perspective[J]. Cell, 122 (4): 499 – 504.

Scheres B, Wolkenfelt H, Willemsen V, *et al.* 1994. Embryonic origin of the Arabidopsis primary root and root meristem initials[J]. Development, 120: 2475 – 2487.

Schiefelbein J W, Sommerville C. 1990. Genetic control of root hair development in *Arabidopsis thaliana*[J]. Plant Cell, 2: 235 – 243.

Schneider K, Wells B, Dolan L, *et al.* 1997. Structural and genetic analysis of epidermal cell differentiation in Arabidopsis primary roots[J]. Development, 124: 1789 – 1798.

Tanimoto M, Roberts K, Dolan L. 1995. Ethylene is a positive regulator of root hair development in *Arabidopsis thaliana*[J]. Plant J. , 8: 943 – 948.

Ubeda-Tomás S, Federici F, Casimiro I, *et al.* 2009. Gibberellin signaling in the endodermis controls Arabidopsis root meristem size[J]. Current Biology, 19 (14): 1194 – 1199.

van den Berg C, Willemsen V, Rage W, *et al.* 1995. Cell fate in the Arabidopsis root meristem determined by directional signalling[J]. Nature, 378: 62 – 65.

van den Berg C, Willemsen V, Hendriks G, *et al.* 1997. Short-range control of cell differentiation in the *Arabidopsis* root meristem[J]. Nature, 390: 287 – 289.

Zhang H, Forde B G. 1998. An *Arabidopsis* MADS box gene that controls nutrient-induced changes in root architecture[J]. Science, 279: 407 – 409.

第6章 维管发育

维管组织是植株体内将水分、矿物质、光同化物质、激素、损伤信号等从一个部分向另一部分运输的脉管系统，将物质从其合成或吸收部分(源)向利用、贮藏或释放部位(池)运输。初生维管组织将根茎连接起来，作为植物体内物质向上和向下运输的主要通道，将植物体的所有器官或器官系统如叶、枝、花等连接起来。

维管系统主要由维管束组成，维管束包含韧皮部和木质部两类输导组织：韧皮部从源到池运输光同化物质(光合作用产生的营养)，而木质部从根向植物其他部分输送水分和矿物质。木质部的输导细胞为死细胞，称为导管成分(tracheary element 或 conducting element)，而韧皮部的输导成分为无核活细胞，称筛管成分(sieve element)(Esau, 1953)。另外，维管束还包含其他的非输导细胞，甚至在叶片中有不同细胞类型组成的复杂的细小脉管(图6-1)。并非所有的输导管道都位于维管束内，例如，在若干个植物科中，维管束旁的皮层内还有束外韧皮部(extrafasicular phloem)。

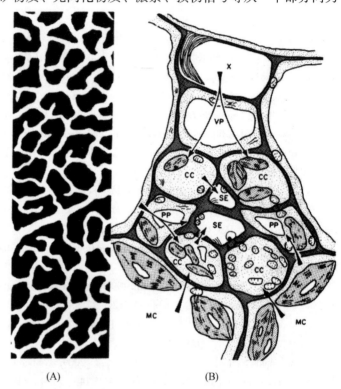

(A)　　　　　　　　　(B)

图6-1　叶片中的细小脉管(引自 Giaquinta, 1983)

(A)普通大豆放射自显影显示在细小脉管中累积(^{14}C)-蔗糖。放射自显影后反相打印，因此脉管为白色　(B)烟草叶片微小脉管横切面的电子显微照片。箭头表示光同化物(糖和光合作用产生的其他营养)进入筛管成分—伴胞复合体的可能途径。筛管成分：SE；伴胞：CC；韧皮部薄壁组织：PP；木质部：X；维管薄壁组织：VP；叶肉细胞：MC

6.1　木质部和韧皮部管道细胞的发育

木质部的导管成分为管胞(tracheid)和导管分子(vessel element 或 vessel member)[图6-2(A)](Esau, 1953)。管胞和导管分子不同，导管分子为有孔的细胞，这些细胞融合形成长而连续的管道。导管分子在其末端细胞壁有单个或多个开口，形成穿孔板（perforation plate）。管胞则通常在其末端细胞壁没有开口，但在与其他木质部成分的共同侧壁上有纹孔（pit），纹孔以纹孔对（pit-pair）出现。木质部其他细胞还包括纤维和薄壁组织细胞。

成熟时木质部的导管成分为大的死细胞［图6-2（A）］。导管成分的分化涉及次生细胞壁的形成，次生细胞壁具有螺旋状、环状、网状或纹孔状加厚。在发育过程中，导管成分经历自溶作用（autolysis），丧失细胞核和细胞质，只剩下细胞壁。死细胞充当水分和溶液无障碍运动的管道。它们还对茎干和其他结构提供机械支持。

韧皮部由许多不同的细胞类型组成，与木质部不同，韧皮部的管道细胞是活细胞。韧皮部的管道细胞为筛管成分，这些细胞在其末端壁通过筛区或筛板（sieve area 或 sieve plate）相互连接。筛区或筛板为胼胝质沿孔洞周围沉积形成的特化细胞壁，可容许物质在细胞之间流动。由于有功能的筛管成分为具有完整质膜的活细胞，细胞之间经穿过筛板的细胞质桥或束（cytoplasmic bridge 或 strand）相互连接。初生壁的厚度往往是不均匀的，初生

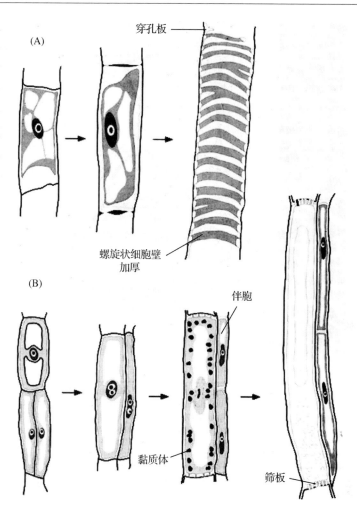

图6-2　木质部和韧皮部管道细胞的发育（引自 Esau，1953）

（A）芹菜（*Cicuta*）的木质部导管分子发育。从左到右为导管成分的发育，突出次生壁的形成与加厚。左：没有加厚的幼嫩导管成分或次生壁。中：细胞壁物质沉积使次生壁与末端壁加厚。细胞经自溶作用，细胞核和所有细胞质内容物退化。右：无细胞质内容物的功能性导管分子。细胞壁螺旋状加厚。末端细胞壁开口，留有穿孔板边缘，可容许水分和溶液无障碍运动　（B）笋瓜（*Curburbita maxima*）韧皮部筛管成分分化的不同阶段。左：平周分裂的韧皮部细胞。左二：筛管成分与伴胞前体细胞出现。右二：幼嫩筛管成分形成黏质体（slime body）。细胞核退化，细胞壁加厚。成熟筛管成分保有细胞质、大的液泡与分散的黏液物质。在筛管成分的末端完全形成筛板，作为物质在细胞与细胞之间通过连续的细胞质流动的通道

壁上若干凹陷的小区，内有成群的、由胞间连丝（plasmodesmata）通过的小孔，这个区域为初生纹孔场（primary pit field），初生纹孔场将筛管成分相互连接，之后发育为筛区或筛板。筛板上的孔洞比胞间连丝要大得多，直径通常有 1~3 μm，有的物种甚至达到 15 μm。筛管成分为异质细胞集合体，筛管细胞有的发育程度很低，有的则已特化为长形的筛管。

由于筛管成分为活细胞，韧皮部实际上是在植株体内循环流动和连续细胞质流。尽管筛

管成分在成熟时仍保留细胞质，但它们的细胞核和包括核糖体在内的其他成分在发育过程中会退化[图 6-2(B)]。筛管成分与有细胞核的伴胞(companion cell)相联系，但在筛管成分发育过程中被围住。筛管成分与伴胞的联系看起来很重要，因为在筛管成分中发现的蛋白质被认为在伴胞中产生。例如，筛管成分中最主要的蛋白质为丝状 P 蛋白，它是韧皮部，尤其是双子叶植物韧皮部发现的黏液物质(slime)的组成成分。黏液物质成分未知，它可能在这些管道中具有阻止其他物质流动的作用或作为维管系统在受损后的凝固剂。利用原位杂交与免疫定位技术对笋瓜(*Cucurbita maxima*)进行研究，Bostwick 等(1992)发现虽然在筛管成分与伴胞中 P 蛋白都有定位，但只在伴胞中发现 P 蛋白的 mRNA。他们据此推测 P 蛋白在伴胞中转录和翻译，然后 P 蛋白运输入筛管成分中。已有研究者针对 *Streptanthus tortuosus* 的 P 蛋白开发出单克隆抗体，这些抗体在研究细胞培养中韧皮部的出现是一种很有用的试剂(Toth 等，1994)。

韧皮部发育中筛管成分与伴胞的个体发生上紧密相关[图 6-2(B)]。产生筛管成分的细胞经一次或多次纵向分裂，分裂产生的较大的细胞通常成为筛管成分，而其他则为伴胞。伴胞数量随物种不同而异(Esau，1953)。

6.2 茎维管组织的发育

小的植物主要或全部是由初生组织(primary tissue)构成。初生组织定义为由顶端分生组织或其邻近组织中的细胞分裂形成的组织。典型的双子叶植物初生茎如图 6-3(A)横截面图所示，初生韧皮部与初生木质部作为维管束，在茎中环状分布。与此相反，单子叶植物的维管束则散布于茎中[图 6-3(B)]。初生组织一旦成熟，则不能对植株体积增大。而在形成木本茎干的双子叶植物，次生生长(secondary growth)可使茎干粗度与强度进一步增加。

次生生长源于侧生分生组织中的细胞分裂。在木质部和韧皮部之间未分化的一层原形成层细胞，开始分裂并转变为束中或束内形成层(fascicular cambium)，而在维管束之间的皮层细胞或束间薄壁组织恢复分裂，形成束间形成层(interfascicular cambium)。两者结合成一起形成分裂的分生组织细胞柱，称为维管形成层(vascular cambium，VC)。VC 内的绝大多数细胞分裂平行于器官轴。当 VC 内的一个细胞分裂后，其中一个子细胞保持分生状态，而另一个则会分化。向 VC 外侧的细胞分化形成次生韧皮部，而向 VC 里侧的细胞分化形成次生木质部。为了协调茎干粗度的增加，形成层细胞有时也会径向分裂，使形成层柱自身扩大。某些细胞也会垂直于器官轴进行分裂，形成穿越韧皮

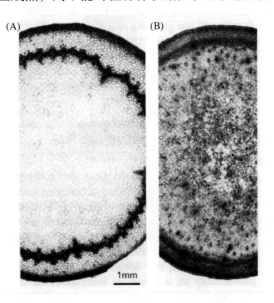

图 6-3 双子叶植物与单子叶植物茎横截面图
(引自 Öpik 和 Rolfe，2005)
双子叶植物海棠(*Begonia*)茎中维管束环状排列(A)，而单子叶植物菊竹属(*Bambusa* spp.)植物则散布于茎中(B)

部和木质部的薄壁组织横向射线，负责向 VC 转运营养和水分。在温带生长的植物 VC 只有春季和初夏的一段有限的时间才有活性，每年的生长情况可通过茎干横截面的年轮来确认。

初生皮层和表皮不能适应不断扩大的次生组织，因此存在次生分生组织——皮层形成层（cork cambium），皮层形成层在接近茎干表面发育，分裂形成树皮或周皮（periderm）。周皮密集充满皮层细胞，并在皮层细胞内充满木栓质（suberin），这种物质不透水、不透气，有效地对茎干封闭，而原始的表皮和皮层会遭隔离、拉伸、扯裂，最后死亡。但氧气可通过表皮中原始气孔下面发育的皮孔（lenticel）而进入茎干。皮孔下面的皮层有较大的胞间空间，可进行气体交换。

环境条件与发育调控形成层活性。在细胞分裂活跃期间，形成层区域的生长素和 GA 含量较高，并在 VC 周围形成浓度梯度。维持 VC 的分生状态需要从正在发育的叶片中转运来的生长素，生长素也是激发木质部发育的信号。其他的植物生长激素和位置信号也对细胞分化有调控作用。VC 活性可为机械协迫所刺激，并导致抗张材（tension wood）形成。抗张材用于支撑枝条和斜生茎干。生长季节的长短由一系列因素如水分、光合产物及光周期等控制，这些因素反过来影响生长素向 VC 的提供。当生长停止时，VC 进入静止状态，在此状态下不再响应于生长素；经过一段时间的低温可消除这种效应。

高等植物中，初生茎维管组织通常形成分离的维管束或环绕中央髓而形成的维管柱。营养枝中的维管系统是以叶片为中心的（维管束在每一节处向外伸出作为叶片或腋芽的维管组织）（图6-4）。维管束从叶片基部到与茎干维管组织接合处称为叶迹（leaf trace）。茎干中持续向下一个节间延伸的其他维管束称为合轴维管束（sympodial bundle）。在许多双子叶植物中，叶片通过三个或多个叶迹与茎干维管束相连，如一个中央叶迹与两个侧叶迹与合轴维管束连接。由于叶迹向外延伸作为叶片维管组织，所以茎干中在叶迹插入点上方的区域没有维管组织，称为叶隙（leaf gap）。

茎中的维管组织根据其发育来源，或者是初生维管组织（primary vasculature），或者是次生维管组织（secondary vasculature）。初生维管组织起源于胚或茎尖分生组织中的原形成层。根的初生维管组织起源于位于原分生组织的中柱原始体。在木本双子叶植物或具有次生生长的草本双子叶植物中广泛存在的次生维管组织则起源于维管形成层，维管形成层通常为夹在木质部和韧皮部之间的侧

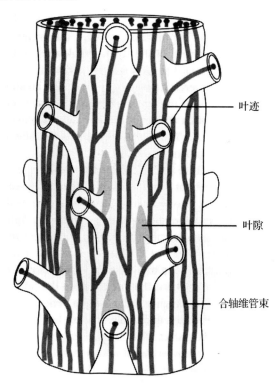

叶迹

叶隙

合轴维管束

图6-4　双子叶植物茎干维管束示意（引自 Steeves 和 Sussex，1989）

图中显示茎干中维管束如何与，叶片连接叶迹将叶片基部维管组织与在叶片插入点下茎干维管组织连接起来。叶隙为叶片插入点上方的薄壁组织区域

分生组织。

　　据认为，根内细胞分化也是位置依赖性的。原生木质部和原生韧皮部的发育也与相邻中柱鞘细胞及覆盖其上的内皮细胞之间的取向相关。这种位置依赖性或取向依赖性的细胞发育受控的精确方式还未研究清楚，但局部信号可能参与其中。

　　随着根的生长，其直径扩大。外面的三层丢失，由中柱内细胞分裂而导致次生加厚。初生木质部和初生韧皮部之间的薄壁细胞分裂形成维管形成层，如同茎干中那样，维管形成层外面形成韧皮部，内面形成木质部。在许多植物中，韧皮部外面是一层源自中柱鞘的加厚纤维细胞，而纤维细胞外面是木栓形成层，它通过垂周分裂形成周皮。

　　由于茎和叶维管组织连续相通，因此关于双子叶植物茎中的初生维管组织的起源存在若干争论。叶原基维管化的第一个事件是中脉的发育(在羽状脉的叶片中)。在中脉发育过程中，原形成层细胞(即产生初生维管组织的细胞)沿中脉向叶原基由基向顶分化。问题在于初生维管组织是起源于叶原基，还是起源于茎端(Steeves 和 Sussex，1989)。这种区别是很重要的，到底是叶原基或茎端启动了维管组织发育仍在争论中。由于原形成层细胞难以鉴别，没有合适的标记跟踪其发育，因此在形态学基础上不易决定这个问题。一般而言，原形成层细胞较长，染色较深，但在早期阶段并不是这样。Warlaw(1946)在解决这个问题时，他将鳞毛蕨(*Dryopteris*)和其他蕨类茎端中连续出现叶原基时刺穿，发现在新产生的完整茎维管组织环不会被叶隙打断。该发现支持茎端而不是叶原基启动茎维管组织发育的观点。也可提出这样的观点，早期叶原基在它们出现之前启动了维管发育，但这个观点也有些问题，由于叶迹是从较低的节间茎维管组织分叉出来的，叶迹发育需在叶原基出现之前进行。另外还有一种观点是，叶迹是由叶中脉维管向基部发育产生的，然后与节下面的茎维管组织相接。没有早期维管发育的更好标记，可能难以说明这些观点哪个是正确的。

6.3　叶维管组织的发育

　　双子叶的叶片中叶脉序(leaf venation)发育是研究格式形成的一个有趣的问题。叶片中的维管组织也是顺序发育的。在单子叶植物叶片中，有一条位于中央的中脉及一系列平行的纵脉，这些纵脉之间通过短而细的横脉相连。双子叶植物叶脉为网状格式，即先形成中央脉管，然后形成二级、三级和四级脉管(图 6-5 和图 6-6)。

　　双子叶植物叶片中的网状叶脉序格式由不同大小等级的脉管分枝形成的网络(图 6-5)。双子叶植物叶片的羽状脉序由与茎连续相通的中脉管及从中脉管分枝出来的次级脉管组成。三级脉管和更高级别的脉管形成网络，其中一些最高级的细叶脉自由终止。在双子叶叶片发育中，维管组织化按三个阶段发生(图 6-5)。在第一个阶段，如前所述，原维管束向顶延伸，由茎进入到叶原基中(图 6-5)。叶中脉管原维管组织向叶原基尖端延伸，然后在叶原基增大时通过居间生长方式持续生长。在叶片的进一步发育中，叶片的中央轴加厚，使叶中脉管埋入主脉和叶柄中。在维管组织化的第二个阶段，次级脉管形成。在羽状脉序叶片，次级维管组织的原维管束在叶片伸展过程中向叶片边缘延伸。在第三个阶段，更高级的脉管出现，产生脉管网络。维管组织化过程的一个有趣的特征是，每级脉管都按次序出现，这表明整个叶片过程控制各级叶脉的发端。

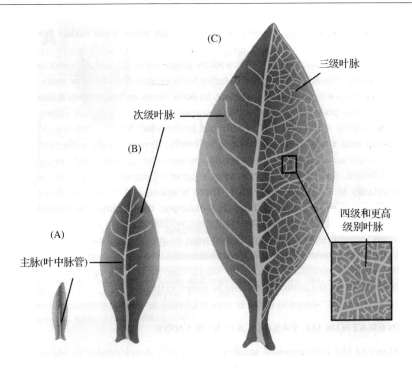

图 6-5　烟草叶片维管组织的发育（引自 Nelson 和 Dengler，1997）

在叶片发育过程中，较高一级的分枝叶脉按次序形成。（A）叶中脉管（主脉）在叶原基中向顶（向叶尖端）发育 （B）次级叶脉出现（开始在尖端发育脉管，然后向基端方向发育）并向叶缘延伸　（C）右图三级脉管产生脉管相互连接的网络。（插图）小脉管（四级和更高级别的脉管）的空间分布，一些细叶脉自由终止

　　单子叶植物的有叶脉格式与双子叶不同，通常描述为平行或条形格式（Nelson 和 Dengler，1997）。禾谷类植物的叶片格式由不同级别的纵脉组成，包括包埋在加厚的中脉中的大的中间脉管。在绝大多数叶片中纵脉全程平行，但较小的脉管在向叶尖和叶基时常常汇合。此外，横的脉管和合缝处脉管将邻近贯穿叶片的纵脉相互连接起来，产生一个类似于双子叶植物叶脉的小网络。与双子叶植物一样，在单子叶植物的维管化过程中不同级别的脉管也是按次序产生（Nelson 和 Dengler，1997）。先中脉然后主要的侧脉原维管束在叶原基中向顶延伸。之后，预期的中间脉管的原维管束从叶原基基部向上延伸。接着，将纵脉相互连接起来的小的纵脉和横脉的原维管束开始发育，由叶原基的尖端开始，向叶片基部方向延伸。在禾谷类植物中，叶片维管组织开始发育被认为是茎维管组织分离的。中脉和大的纵脉的原维管束在初始的向顶发育到叶原基后，开始由顶向基发育。与双子叶植物一样，仍不确定维管束与茎维管组织的连接是否在较早前就已存在，只是不能加以识别。

　　叶片中的叶序格式经常具有物种特异性，并被用作分类学性状。关于叶序格式是如何产生的并无清晰的理论，但不论是单子叶植物还是双子叶植物，从不同级别的脉管顺序出现可加以推断，已存在的脉管可作为后来产生脉管分化的"位置地标"（Nelson 和 Dengler，1997）。为了收集与分配物质，维管组织需要分布细密而均匀。在禾谷类植物中空间调控最明显，因为禾谷类植物叶脉管间隔规则一致。甚至在双子叶植物中，网状叶脉序格式也存在空间顺序。例如，在精细的分枝网络中，无论分枝发生的脉管大小级序，分枝点的测量长度是相当

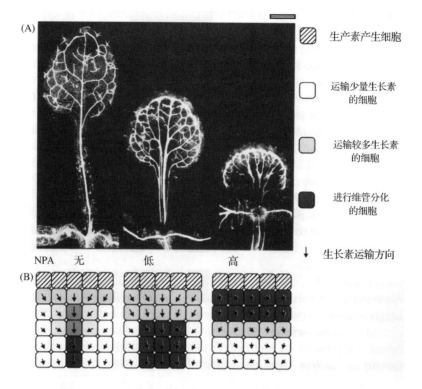

图例：
- 生产素产生细胞
- 运输少量生长素的细胞
- 运输较多生长素的细胞
- 进行维管分化的细胞
- ↓ 生长素运输方向

NPA　无　　低　　高

图 6-6　拟南芥发育叶片中的网状叶脉(引自 Berleth 等，2000；Mattsson 等，1999)

(A)在无生长素抑制剂 NPA、低浓度生长素抑制剂 NPA 或高浓度生长素抑制剂 NPA 存在情况下生长的拟南芥叶片维管格式形成　(B)叶片内生长素运输模型表明通道是如何被 NPA 所阻断的。当生长素运输未被抑制时，正在发育中的叶缘产生的生长素被邻接的细胞运输到远处。这些细胞响应于高浓度生长素而提高其运输能力。超过一定的阈限浓度后，生长素引起维管分化。弱的抑制作用会损坏这一过程，叶片内形成多条维管束。在高浓度 NPA 条件下生长的植株内，维管发育大大受限，主要局限于紧邻叶缘处的细胞。标尺 = 0.5 mm

固定的(Russin 和 Evert，1984)。显然要在网络叶脉序中实现空间调控，需要类似分形那样的格式发生过程(fractal-like patterning process)，对脉管之间最小间隔施加限制。

据认为，叶中维管系统发育位置是受控的，至少部分由生长素调控。已有研究者提出一个模型，即生长素流动通道假说(canalization of auxin flow hypothesis)来解释维管发育的顺序格式是如何受控的(Sachs，1981，1991)。已知幼叶尖端是丰富的生长素源。细胞在高浓度生长素环境下，会在其基部通过伸展与表达特化的膜结合生长素运输蛋白来做出反应。这使得生长素向邻接的细胞运输，邻接细胞又以类似的方式做出反应，导致生长素局部增加。按照这种方式，产生了一列或一队生长素浓度较高的生长素运输细胞，而生长素则从附近细胞中被移出。超过一定的阈限后，局部高浓度的生长素则会作为信号而引发维管发育，促使细胞分裂和分化，细胞列产生筛管和导管成分。该过程在叶片伸展时不断重复，导致维管网络的顺序形成。附加生长素运输抑制剂可使该过程紊乱，同时包括一些生长素运输或感知缺陷在内的维管格式形成突变体也得到了鉴定。该机制在成熟叶片中同样起作用，从而使维管系统响应于损伤而再生。由于生长素流动指导维管系统的发育，从而保证了与植株其余维管系统的连通(图6-6)。

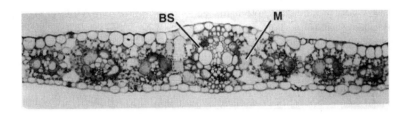

图6-7 C₄植物玉米幼叶横切面（引自 Öpik 和 Rolfe，2005）

横切面显示中央脉管和若干侧脉管。维管束为内层的维管束鞘细胞（BS）和外层的叶肉细胞（M）围绕。光学显微镜观察

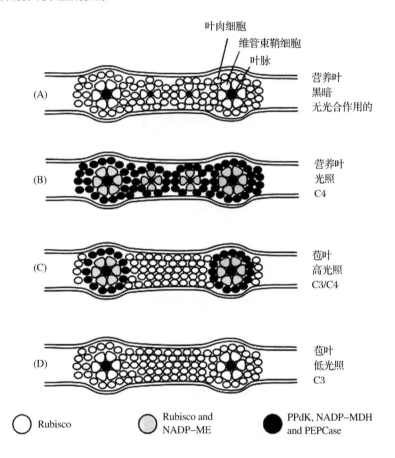

图6-8 玉米叶片光合代谢的空间调控受发育和环境控制（引自 Langdale 和 Nelson，1991）

（A）生长在黑暗条件下的叶片，表达 Rubisco，但是非光合的 （B）如果处于光照条件下，会发育出克兰茨解剖结构及 C₄ 光合作用。Rubisco 表达局限于叶脉周围的维管束鞘细胞，而 CO₂ 浓度所需要的酶则在叶肉细胞中累积。苞叶中的叶脉较为分散 （C）在高光条件下，叶脉附近的细胞发育出 C₄ 代谢，而叶脉远端的细胞则发育为 C₃ 代谢 （D）低光照条件下，苞叶中的所有光合细胞都表现 C₃ 代谢。NADP-ME：NADP 苹果酸酶；PPdk：丙酮酸无机磷酸二激酶；NADP-MDH：NADP-苹果酸脱氢酶；PEPCase：酸烯醇式丙酮酸羧化酶

　　玉米叶片具有 Kranz 解剖（Kranz anatomy）或者花环结构（wreath structure）。玉米进行 C₄ 光合作用，这种形式的光合作用需要代谢物紧密交换，为了做到这一点，需要维管束鞘

(bundle sheath，BS)和叶肉(mesophyll，M)细胞进行特殊排列。BS 和 M 细胞围绕维管组织的这种特殊排列称为 Kranz 解剖或者花环结构，其中 BS 细胞在维管组织的内环，M 细胞在外环(图 6-7)。在 C_4 光合作用中，M 细胞中的磷酸烯醇式丙酮酸羧化酶(phosphoenol pyruvate carboxylase，PEPCase)固定 CO_2，固定后的 CO_2 转化为苹果酸盐或丙酮酸盐，然后转运到邻近的 BS 细胞中。在 BS 细胞中，苹果酸盐脱羧基后释放出 CO_2，CO_2 以较高水平存在于 BS 细胞中，然后被标准和低亲合力的 CO_2 固定酶——核酮糖二磷酸羧化酶(ribulose bisphosphate carboxylase，RuBPCase)再次固定。这种特殊的排列使 RuBPCase 作为光呼吸酶作用减小，但不会降低光合作用酶作用，从而提高 RuBPCase 固定 CO_2 的能力(即降低用氧燃烧碳化合物但不会降低固定 CO_2)。

Langdale 等(1989)对玉米叶片 BS 和 M 细胞的谱系进行跟踪研究，发现单个脉管横切面上的 BS 细胞并非源自同一细胞谱系，而是半个脉管各有不同的来源。这些细胞是通过两条途径分化成相互不同的细胞，位置位息尤其是脉管腔细胞附近的位置信息在可能决定这两种细胞类型方面发挥重要作用。

在玉米叶片的克兰茨解剖结构或花环解剖构造中，核酮糖-1，5-二磷酸羧化酶/加氧酶(Ribulose bisphosphate carboxylase oxygenase，Rubisco)在成熟叶片中的表达局限于叶脉附近的维管束鞘细胞，而较远的叶肉细胞则累积 C_4 酶。发育(空间)信号与环境(光)信号都被认为参与这种格式形成。黑暗条件下，Rubisco 在所有叶肉细胞(尽管并非光合作用细胞)中表达。在高光条件下，认为有一种物质从从维管组织中释放出来，抑制附近叶肉细胞的 Rubisco 表达(但不影响维管束鞘细胞内的 Rubisco 表达)。苞叶中的叶脉较为分散，因此距离叶脉较远的叶肉细胞接收不到此信号，表达 Rubisco 并保持 C_3 反应(图 6-8)。

6.4　维管束的再生

对植物维管发育的许多试验研究集中在维管再生，而不是初生维管组织的发育上。由于茎端很小，因此更多地集中在茎较大部分的维管再生过程来研究维管束的分化与结合。维管系统具有非凡的再分化能力，当茎受伤或嫁接形成时可发生再维管化(revacularization)。当维管束受伤后，新的维管系统再生并绕过伤口(Jacobs，1979)。成熟组织中的维管再生模式可用于解释正发育组织中的维管分化，因为维管发育，尤其是微细脉管的发育通常在器官发育晚期才发生。

在维管再生实验中，维管发育取决于附近是否存在芽或叶。为了表明芽或叶作为促进维管发育因子的来源，Wetmore 和 Rier(1963)将一个丁香花的芽嫁接到培养中未分化的愈伤组织块上(图 6-9)。他们观察到芽的下面发育出愈伤组织，芽释放出的关键因子是生长素。当连续提供生长素(或蔗糖)时，可取代芽的作用，会在施用部位下面新形成维管组织环。

茎维管组织从顶向基部分化，维管再生研究也表明茎对于维管组织发育而言已被极化(Sachs，1981)。极性方向并非由重力所决定，因为利用实验操作将局部茎干部分倒置后，维管分化可向上进行。维管束分化方向是由生长素向基部运输而产生的。Sachs 提出维管组织形成是一种通道化(canalization)过程，信号流动和运输能力存在正向反馈[图 6-9(B)](Sachs，1991)。他认为局部维管组织发育为生长素运输形成一条特化途径，并在生长素流

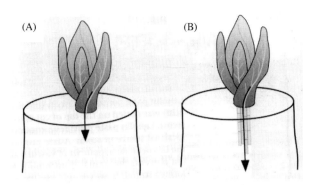

图6-9 芽诱导丁香花(*Syringa*)愈伤组织块中维管组织发育

(引自 Wetmore 和 Rier, 1963)

(A)芽中的生长素向基部运动诱导维管发育，可能其他营养也参与诱
导维管发育 (B)维管组织的形成为生长素和营素向愈伤组织的进一步运
动提供了管道

运部位前面产生更多的维管组织。其结果是形成连续的维管细胞列。理解通道化概念十分重
要，因为它解释了通道细胞组成的连续管道在已存在组织中可以发育多长。

关于维管组织束最常见的误解是，它们像花粉管或轴突一样生长。维管束实际并不生
长，它们是招募前面已存在的细胞并分化为维管成
分。维管分化涉及细胞分裂和形状改变，但生长的
维管束并非是一个移运的尖端。因此，维管发育的
一个重要的问题是，正在伸长的维管束是如何在其
生长前端诱导出细胞分化呢?

维管束结合在联系叶迹与茎维管组织过程中十
分重要，也可在再生系统中加以研究。Sachs
(1981)将豌豆实生苗去顶后，用包含生长素的羊毛
脂小圆片贴到上胚轴茎段切口(图6-10)，当用等量
生长素加到两个贴点上时，可形成两条平行而不相
互连接的维管束。当生长素只加到一个贴点上时，
新形成的维管束会与已存在并且没有生长素源的维
管束连接。维管束的连接取决于主维管束的生长素
浓度与向主维管束连接的新维管束的生长素浓度。
当向主维管束连接的新维管束的生长素浓度远远大
于主维管束的生长素浓度时，就会发生维管束连
接。因此，从这些观察可得出如下结论，提供给生
长素的新维管束会向生长素池方向分化，从而避开
另一个生长素源。

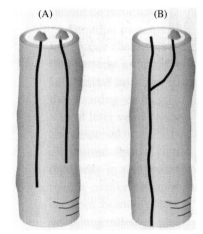

**图6-10 豌豆上胚轴组织中维管束联结
的实验图示**(引自 Sachs, 1981)

包含生长素(IAA)的羊毛脂小圆片贴到上胚轴
茎段切口。羊毛脂小圆片可提供持续而固定的生
长素来源。生长素促进维管组织向基部发育，但
阻止维管束连接。新形成的维管束则与没有生长
素来源的维管束连接

6.5　木质部和韧皮部分化及程序性细胞死亡

木质部和韧皮部在维管束发育的晚期阶段分化。一般而言，韧皮部分化早于木质部。此外，在没有木质部的地方可发现韧皮部，但通常在韧皮部不存在的部位是看不到木质部的（除非在一些有趣的突变体中，后面将加以论述）。这是否意味着木质部分化需要韧皮部？实际并非如此，因为在组织培养中可在没有韧皮部的情况下诱导出木质部分化。功能性韧皮部有糖分、其他营养物质及生长调节剂流动，很可能植物体内木质部分化需要有功能的韧皮部。木质部和韧皮部分化都有响应于类似的植物激素，它们的区别只是数量上的差别。组织培养中，木质部分化需要高水平的植物激素。例如，大豆组织培养在低水平的生长素时形成韧皮部，而在高水平的生长素时形成木质部（Aloni，1980）。

维管组织发育与木质部和韧皮部分化与细胞程序性死亡（programmed cell death）问题有关（Pennel 和 Lamb，1997）。木质部的导管成分为死细胞，这些细胞死亡是它们发育的正常组成部分。这些细胞死亡的某些方面与动物系统中的细胞凋亡（apoptosis）（一种程序性细胞死亡）类似，另一些方面则不同。与动物细胞不同，百日草（Zinnia elegans）导管细胞成熟过程在形态学水平上是由液泡膜的破裂启动的（Fukuda，1977）。液泡膜的破裂后，其他细胞器跟着破裂，单层膜细胞器如内质网和高尔基体溶解，接着包括细胞核在内的双层膜细胞器也破裂溶解。与动物细胞一样，蚕豆根尖正在发育的导管成分中细胞核在破裂之前观察到有核 DNA 碎裂［用原位缺口末端标记技术（TUNEL），由末端脱氧核苷酸转移酶介导的 dUTP-生物素缺刻末端标记检测］（Mittler 和 Lam，1995）。筛管成分为韧皮部的管道细胞，是活细胞，但这些细胞同样在发育过程中丢失细胞核与绝大多数细胞器。因此，这些细胞在许多重要的功能上都依赖伴胞来进行。

具有导管成分的整个维管束在植物生长过程中会定期全部被破坏。在新成生的器官如叶片中发育的维管组织形成的第一个韧皮部称为原生韧皮部（protophloem）（Esau，1953）（图 6-11）。原生韧皮部是一个过渡形式，通常在当器官完成其伸长之前发育。器官伸长后形成的韧皮部为后生韧皮部（metaphloem）。在草本双子叶植物中，后生韧皮部可能成为成熟植株的韧皮部维管组织成分。而在具有次生生长的木本或草本双子叶植物中，后生韧皮部通常会被次生生长所破坏。与后生韧皮部相比，原生韧皮部是由特化程度不高的维管成分组成，原生韧皮部的筛管成分更窄，细胞壁更薄，筛板不发达。双子叶植物后生韧皮部存在的伴胞和薄壁细胞在原生韧皮部更少见到。原生韧皮部中所见到的韧皮部纤维在后生韧皮部缺失。

新形成器官的维管组织中产生的最初木质部称为原生木质部（protoxylem）（图 6-11）。原生木质部中导管成分较少而木质部薄壁组织较多。导管成分的细胞壁较薄，只有环状或螺旋状加厚。在器官伸长过程中，原生木质部被拉展、扭曲，并且通常被破坏。当器官完全伸展时，产生后生木质部（metaxylem）。在后生木质部中导管成分更丰富，细胞壁也通过螺旋状、阶梯状或网状加厚。

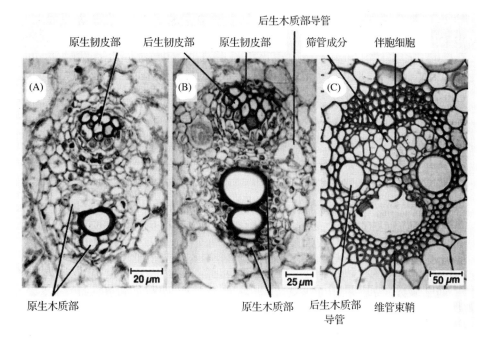

图 6-11 玉米维管束的分化（引自 Raven 等，1986）

（A）茎的纵切面显示成熟的原生韧皮部和原生木质部 （B）原生韧皮部被压碎，同时形成成熟的后生韧皮部。3个原生木质部成分已成熟，2 个后生木质部成分也几乎完全伸展 （C）成熟维管束为厚壁的维管束鞘细胞（slerenchyma cell）所包裹。后生韧皮部全部由成熟的筛管成分和伴胞组成。后生木质部成熟并扩展。部分原生木质部已被扩展的空气隙或气室所破坏

6.6 维管分化过程中的突变体和基因表达

在维管缺陷基础上选择出来的突变体报道很少。Turner 和 Somerville（1997）对拟南芥诱变群体进行针对花序茎维管形态改变筛选突变体，筛选出来的突变体 *irregular xylem*（*irx*）显示木质部崩溃。运输性的木质部细胞处在负压下，而崩溃的木质部表明木质部细胞壁发育存在缺陷。突变体为三个不同位点的突变体（*irx1 ~ irx3*），它们花序茎中的纤维素含量都比野生型的低。与野生型相比，突变体的细胞壁普遍较薄，或加厚不均匀。一般而言，突变体的茎不够坚硬，*irx3* 具有斜生习性。虽然木质部崩溃也是木质素生物合成阻断的一个特征，但这些突变体茎中的木质素含量几乎是正常的。

Turner 和 Somerville（1995）鉴定了影响维管发育的两组拟南芥突变体，一组作用于维管束格式形成，另一组影响维管细胞分化。影响维管束格式形成的突变体称为 *continuous vascular ring*（*cov*），它不像野生型一样形成一根一根的维管束，而是形成一个连续的维管环。影响维管发育的其他突变体是在别的表型的基础上鉴定出来的，例如，拟南芥突变体 *wooden leg*（*wol*）因根生长缓慢而被发现的一个突变体。这些突变体的维管柱中细胞较少，而且全部分化为木质部，没有分化为韧皮部（Scheres 等，1995）。

由于生长素在维管发育中的重要性，生长素突变体应该在维管组织发育方面有深刻的影响。实际上，生长素抗性突变体如 *axr1* 的维管组织就不很发达（Hobbie 和 Estelle，1994）。

这种效果在生长素水平改变后的转基因植株上观察到更显著。Romano 等（1991）报道，在 *iaaL* 转基因烟草植株中自由生长素水平降低，维管组织发育也因此受到抑制（*iaaL* 基因编码吲哚乙酸-赖氨酸合成酶，它在将生长素 IAA 向无活性的结合物转化方面有活性）。在 *iaaL* 转基因植株中，木质部成分形成很少，但较大。这种表型与先前描述的组织培养实验结果一致，即木质部形成需要较高阈限水平的生长素。而 *iaaM* 基因的作用则会提高 *iaaM* 转基因植株中的生长素水平，并观察到相反的结果（即促进维管化作用）（Hobbie 和 Estelle，1994）。

生长素向基部运输缺陷的拟南芥突变体也会影响到维管组织的发育。*lopped*（*lop*）突变体是在畸形叶的基础上筛选出来的，它的叶片变形，且很小；叶片中脉经常取向紊乱，并且裂成两个脉管。突变体还表现侧根发育异常，根伸长区中表皮细胞的扩展格式紊乱。*lop* 突变体虽然生长素水平正常，但吲哚乙酸向基部运输的能力大大降低（Carland，1996）。不清楚这种情况是由于生长素运输机制本身存在缺陷，还是因某些细胞排列紊乱而间接地对极性生长素运输造成干扰。定向生长素运输是维管发能中通道化的基本需求。尽管 *lop* 突变体表现出许多异常，维管成分尽管失去方向，但仍然相互连接。实际上，降低生长素反应或降低生长素运输能力的突变体仍能产生功能性维管组织，说明这些突变体的"泄漏"（leaky）突变体，或在维管发育上存在冗余性。

在维管分化过程中，参与维管组织分化的基因，如管道成分细胞壁形成与木质化所需的基因会表达。利用组织印迹法技术对编码细胞壁蛋白的基因表达进行了定位（Ye 和 Varner，1991）。细胞壁中发现的两组最主要的结构蛋白为富含羟脯氨酸的糖蛋白（hydroxyproline-rich glycoprotein，HRGP）（或 extensin，伸展蛋白或伸展素）和富含甘氨酸蛋白（glycine-rich glyco-protein，GRP）。他们发现 HRGP 基因在新的茎干中的形成层、原生韧皮部周围的皮层细胞、原生木质部附近的薄壁细胞中高度表达。在较老的茎干中，HRGP 基因只在形成层中表达。GRP 基因在新的茎干中的原生韧皮部和原生木质部表达，并在原生木质部的管胞中高度表达。在较老的茎干中，GRP 基因在次生木质部表达。

Fukuda 及其合作者（1992）在细胞培养系统中也鉴定出在木质部发育过程中表达的基因。他们发现百日草单个叶肉原生质体可在培养中分化形成木质部导管成分，当在培养物中加入细胞分裂素和生长素后，30% ～60% 的原生质体可在不经分裂的情况下同步分化形成导管成分。导管成分形成的标记是次生细胞壁加厚，产生螺旋状或环状加厚格式。Fukuda（1997）将导管成分的分化分为三个阶段。在阶段 I 中，叶肉细胞脱分化并失去进行光合作用的能力。阶段 II 发生在细胞壁加厚之前，该阶段激活与细胞壁生物合成有关基因的表达。阶段 II 向阶段 III 的过渡受到调控，油菜类固醇或油菜素内酯合成抑制剂（烯效唑）和钙调蛋白或钙调素颉颃剂可阻断阶段 II 向阶段 III 的过渡。阶段 III 次生细胞壁形成，细胞内容物进行自溶作用。该阶段次生细胞壁成分如纤维素和其他多糖、细胞蛋白和木质素化合物等生物合成剧烈进行。目前为止仍未发现将次生细胞壁形成与细胞死亡过程分离开来的方法，这表明这些过程具有共同的机制，或者相互之间互为因果。

百日草系统的一个特殊优势是，可从正在分化的细胞培养中分离 cDNA 作为探针，对其实生苗发育中的维管组织进行原位杂交来定位基因表达（Demura 和 Fukuda，1994）。根中维管系统由根尖向根与上胚轴结合处递进成熟。通过沿根由下向上不同位点的横切面进行原位杂交，可观察到与根维管组织发育相应的基因表达的时机。一个称为 TED3 探针的 cDNA，

它在阶段 Ⅱ 表达，编码 GRP，可与最初原生木质部成分将要分化的区域(根尖以上约 1 mm 距离)的横切面杂交。因此，该基因可作为导管成分前体细胞的有用标记。

由于维管细胞很大程度上是来自非维管细胞的征募和分化，因此寻找其他基因表达标记对早期维管发育进行检测。Baima 等(1995)发现编码含同源异型结构域的转录因子的拟南芥基因(Athb-8)是早期维管发育的一个良好标记。通过原位杂交，发现 Athb-8 在发育中胚的原形成层细胞及正在发育的植株活跃维管化区域表达，但在成熟维管细胞中不表达。

将 Athb-8 启动子与 GUS 报告基因相连，对烟草重新维管化过程中转基因的表达情况进行了检测(Baima 等，1995)。当茎被切后，维管组织在随后会重新形成。在这些实验中，使茎被切后的维管化重新取向(图 6-12)，发现切割后基因会在伤口位置很快表达，数天后则沿重新维管化的路径上表达。在重新维管化的早期阶段，在沿新维管化路径髓中的薄壁细胞中观察到 Athb-8 构件表达。作者认为表达 Athb-8 构件的细胞最有可能是征募来用于维管分化的细胞。发现生长素可激活 Athb-8 表达，这表明生长素可能是重新维管化试验中 Athb-8 表达的刺激因素。

植物维管组织的两种组织类型木质部和韧皮部都起源于维管分生组织——原形成层。原形成层中的细胞可以分化为木质部，也可以分化为韧皮部。这种向木质部或韧皮部分化决定与不同植物器官的发育紧密相关，还需要加以协调，以保证与所有植物体部分联系起来。

维管组织发育的第一次事件是确立原形成层组织为胚最内部的径向区域。原形成层格式形成除与若干基因位点有关外，还受生长素极性运输作为自组织系统所驱动。此外，独立于生长素极性运输的机制如生长素信号转导、甾醇合成及(或)信号转导等也参与这一事件。细胞分裂素信号转导也在原形成层内原初细胞增生中发挥作用。因此，维管束形成是一个依赖于细胞对细胞及长距离信号转导的复杂过程。

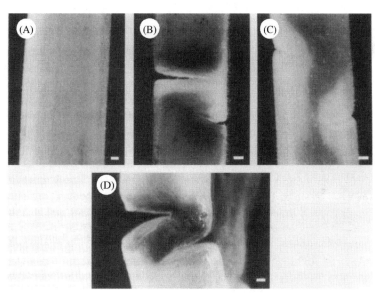

图 6-12　烟草转基因植株中 Athb-8 启动子与 GUS 报告基因连接构件(Athb-8：GUS)的表达格式(引自 Baima 等，1995)

对烟草茎进行切割以刺激维管组织再生。对 GUS 活性进行染色，以定位报告基因的表达。(A)未切割的对照茎干　(B)切割后 1h 的茎干　(C)切割后 8h 的茎干　(D)切割后 1 周的茎干。注意 GUS 染色沿维管再生路径。标尺 = 500 μm。

6.6.1 KANADI 和 HD-ZIP 控制维管束的径向格式形成

在维管束内，木质部和韧皮部不对称分于原形成层。维管束在茎芽内的格式形成与侧向器官的近轴/远轴格式形成及茎芽内中央/外周属性的确立紧密相关。维管束在茎芽内的正确的格式形成及侧向器官中近轴细胞命运正确的决定需要类型Ⅲ同源异型域——亮氨酸拉链蛋白(homeodomain-leucine zipper protein, HD-ZIP Ⅲ)转录因子。拟南芥 *HD-ZIP Ⅲ* 基因 *REVOLUTA/INTERFASCICULAR FIBERLESS(REV)*、*PHABULOSA/ATHB14(PHB)* 及 *PHAVOLUTA/ATHB9(PHV)* 的三重突变体发育产生径向对称的子叶和远轴化的维管组织(韧皮部在远轴端发育而木质部在近轴端发育)，而正常的为两侧(对称)格式，韧皮部在远轴端发育而木质部在近轴端发育。5 个拟南芥 *HD-ZIP Ⅲ* 基因 *REV*、*PHB*、*PHV*、*CORONA/ATHB15[CAN]* 及 *ATHB8* 的五重突变体的表型与 *phb*、*phv*、*rev* 突变体相似，只发育一个完全远轴化的子叶且无顶端分生组织。

而显性 *rev-d*、*phb-d* 和 *phv-d* 获得功能突变体则产生近轴化侧向器官，维管束中木质部包围韧皮部。McHale 和 Koning(2004)指出，在烟草中径向对称的维管束是由于原形成层内的木质部和韧皮部原始细胞不等细胞增生形成的。所有的描述过的 *HD-ZIP Ⅲ* 基因获得功能突变都位于一个 microRNA165(miR165)或 miR166 靶序列(推测为固醇/脂结合 START 结构域序列)内。产生的类似获得功能突变是由于破坏 miRNA 靶序列但却不会改变氨基酸序列，表明 *HD-ZIP Ⅲ* 基因受 miRNA 调控。miR165 和 miR166 在韧皮部累积表明 miRNA 可以作为一种可移动信号来特化远轴/韧皮部的命运。

miR165/166 在韧皮部和远轴叶区域表达与 *KANADI(KAN)* 表达类似。因此，Bowman(2004)认为 KANADI GARP 类型的转录因子可能通过 miR165/166 对 *HD-ZIP Ⅲ* 基因表达进行负调控。突变体 *kan1*、*kan2*、*kan3* 与 *rev-d*、*phb-d* 或 *phv-d* 获得功能突变体表型相同，并且有远轴 *HD-ZIP Ⅲ* 基因表达。*KAN* 异位表达会导致子叶远轴化，并且完全抑制维管束的形成。

影响近轴/远轴属性确立及维管格式形成的其他因子还包括 ASYMMETRIC LEAVES1(AS1)和 AS2。金鱼草中 *PHANTASTICA(PHAN)* 为拟南芥 *AS1* 的直向同源基因。但目前不了解 HD-ZIP Ⅲ 和 KAN 介导的对近轴/远轴属性的调控与 *AS1/AS2* 途径如何相互作用。

6.6.2 油菜素内酯和 HD-ZIPⅢ对木质部和韧皮部细胞增生的调控

油菜素内酯不仅在细胞伸长和分化中发挥必不可少的作用，而且在维管发育方面也可能发挥重要作用。因为在 BR 缺失突变体中可观察到维管组织分化缺陷，韧皮部数量增加而木质部数量减少。最近在拟南芥鉴定出两个新的 BR 受体 BRI1-LIKE1(BRL1)和 BRL3，它们对维管组织分化有特异性功能。BRL1 和 BRL3 是在与先前鉴定的 BRASSINOSTEROID INSENSITIVE1(BRI1)在序列一致性的基础上加以鉴定的。BRI1 是一种富亮氨酸重复受体激酶，最近研究表明可与油菜素类酯直接结合。*BRL1* 和 *BRL3* 在 *BRI1* 启动子驱动下表达，可挽救 *bri1* 突变体，这表明 BRL1 和 BRL3 可作为 BR 受体发挥功能。*BRI1* 在分裂和伸长细胞中普遍表达，而 *BRL1* 和 *BRL3* 主要在维管组织中表达，而 *BRL3* 则特异性地在韧皮部中表达。这三个突变体分析表明，它们冗余地调控维管组织分化。很可能是通过 BR 受体在原形成层中的信号转导诱导木质部增生而同时阻遏韧皮部增生。

什么样的基因在 BR 信号转导的下游作用？百日菊或百日草(*Zinnia*)木质素细胞培养表明，百日菊或百日草 *HD-ZIP*Ⅲ同源基因 *ATHB8*、*ATHB15/CNA* 和 *REV* 表达与细胞向导管成分(TE)转分化同进发生。BR 生物合成抑制剂可阻遏同源基因 *ATHB8* 和 *REV* 表达，施用 BR 则可恢复；对于同源基因 *ATHB15/CAN*，施用 BR 可诱导其表达。这表明 *HD-ZIP*Ⅲ基因响应于 BR 信号转导而在维管组织分化中发挥功能。

遗传学资料支持拟南芥 *HD-ZIP*Ⅲ 基因在维管组织特异性细胞增生过程中的作用。*ATHB8* 基因开始表达与原形成层以生长素依赖性方式形成的第一步同时发生，*ATHB8* 过量表达促进维管细胞增生和木质部分化。这与 *ATHB8* 是维管增生和分化的正向调控因子结论一致，但 *athb8* 突变体与野生型相比并无变化，因此，关于 ATHB8 的功能难以下确定性的结论。

最近被描述的一个获得功能 miR166 突变体中，五个拟南芥 *HD-ZIP*Ⅲ基因中的四个(尤其占主导地位的是 *ATHB15/CAN*)转录本水平降低。与之伴随的是茎中木质部组织与束间纤维的过度增生。在突变体 *cna* 中，维管束在茎中的分布不如野生型的整齐。同时，*ATHB15/CAN* 在原形成层中特异性表达，这与 *ATHB15/CAN* 在维管细胞增生和分化方面发挥负向调控功能一致。这样，同种异型基因 *ATHB8* 和 *ATHB15/CNA* 颉颃作用，控制与木质部发育相关的维管组织增生。

REV/IFL1 突变的特征是束间纤维少，在茎的下部木质部发育程度降低，极性生长素运输也减少，这说明 REV 也促进木质部增生。令人不解的是，*ATHB8* 和 *ATHB15/CAN* 都突变后的表型与 *rev* 相反，这再次说明了 *HD-ZIP*Ⅲ基因在调控维管格式形成和增生方面相互之间存在复杂的相互作用。

6.6.3 MYB 转录因子促进韧皮部分化而阻遏木质部分化

在实生苗致死的 *altered phloem development*(*apl*)突变体中，韧皮部特异性细胞分裂缺陷，韧皮部细胞特异性标记基因不表达，在整株中韧皮部分化严重受损。在 *apl* 突变体中原本是韧皮部占有的位置存在具有 TE 特征细胞，这些细胞会分化成 TE。

APL 编码一个 MYB 卷曲螺旋转录因子，与其突变体表型一致的是，它特异性地在韧皮部中表达。其表达与根中观察到的筛管分子(SE)和伴细胞(CC)的动态发育类似。根中维管组织分化可很容易沿伸长区和分化区追溯到根分生组织。*APL* 在维管中柱异位表达可以阻止或推迟 TE 分化，但却不足以诱导异位韧皮部分化。这些结果表明，*APL* 为韧皮部分化的必需条件但却不是充分条件，*APL* 也为韧皮部位置抑制木质部分化所必需。

6.6.4 木质素影响维管束的连通性和木质部的分化

木质素(xylogen)最初被鉴定为一种局部活性因子，是由百日菊或百日草(*Zinnia*)木质素细胞培养未成熟 TE 分泌出来的，它可使邻近细胞转分化成为 TE。它被鉴定为一种小蛋白质，具有阿拉伯半乳糖蛋白和一种非特异性脂转移蛋白(nsLTP, non-specific lipid-transfer protein)的特性。与在木质部分化过程中起诱导性信号转导一致，木质素还在未成熟 TE 细胞壁顶端极性亚细胞定位。在两个拟南芥木质素基因双重剔除功能突变体中，叶中维管束不连续，TE 连接也不正常。这些结果表明，木质素在诱导性细胞通信中发挥功能，木质素从正在分化的 TE 中分泌出来，诱导邻近细胞向木质部进入分化途径。

木质素双突变体表型与 *continuous vascular pattern1*（*cvp1*）突变体类似，而突变体 *cvp*1 由于在固醇生物合成方面存在缺陷从而导致固醇组成改变。木质素很可能通过 nsLTP 结构域而与固醇相互作用。若干证明表明，木质素可能与固醇一起介导维管发育和分化过程中的细胞与细胞的相互作用。

总之，木质部和韧皮部的分化控制是高度整合的，这从 HD-ZIPⅢ 和 KAN 转录因子在控制维管束径向格式形成上的颉颃性作用、在韧皮部位置发育木质部的 *apl* 突变体，以及 BR 信号转导同时促进木质部但阻遏韧皮部就可以看出来。此外，极性生长素运输和别的激素调控也是原形成层格式形成和连续性所必需的。

参考文献

Aloni R. 1980. Role of auxin and sucrose in the differentiation of sieve and tracheary elements in plant tissue cultures[J]. Planta, 150: 255 – 263.

Baima S, Nobili F, Sessa G, et al. 1995. The expression of the *Athb*-8 homeobox gene is restricted to provascular cells in *Arabidopsis thaliana*[J]. Development, 121: 4171 – 4182.

Berleth T, Mattsson J, Hardtke C S. 2000. Vascular continuity, cell axialisation and auxin[J]. Plant Growth Regulation, 32: 173 – 185.

Bostwick D E, Dannenhoffer J M, Skaggs M I, et al. 1992. Pumpkin phloem lectin genes are specifically expressed in companion cells[J]. Plant Cell, 4: 1539 – 1548.

Carland F C. 1996. *LOP*1: A gene involved in auxin transport and vascular patterning in Arabidopsis[J]. Development, 122: 1811 – 1819.

Carlsbecker A, Helariutta Y. 2005. Phloem and xylem specification: pieces of the puzzle emerge[J]. Curr Opin Plant Biol, 8: 512 – 517.

Demura T, Fukuda H. 1994. Novel vascular cell-specific genes whose expression is regulated temporally and spatially during vascular system development[J]. Plant Cell, 6: 967 – 981.

Esau K. 1953. Plant anatomy[M]. New York: John Wiley & Sons, Inc.

Fukuda H. 1997. Tracheary element differentiation[J]. Plant Cell, 9: 1147 – 1156.

Fukuda H. 1992. Tracheary element formation as a model system of cell differentiation[J]. Int. Rev. Cytol. 136: 289 – 332.

Giaquinta R T. 1983. Phloem loading of sucrose[J]. Ann. Rev. Plant Physiol, 34: 347 – 387.

Hobbie L, Estelle M. 1994. Genetic approaches to auxin action[J]. Plant Cell Environ, 17: 525 – 540.

Howell S H. 1998. Molecular genetics of plant development[M]. Cambridge: Cambridge University Press, 1 – 365.

Jacobs W P. 1979. Plant hormones and development. Cambridge: Cambridge University Press.

King J J, Stimart D P, Fisher R H, et al. 1995. A mutation altering auxin homeostasis and plant morphology in Arabidopsis[J]. The Plant Cell, 7: 2023 – 2037.

Langdale J A, Lane B, Freeling M, *et al.* 1989. Cell lineage analysis of maize bundle sheath and mesophyll cells[J]. Devel. Biol. , 133: 128 – 139.

Langdale J A, Nelson T. 1991. Spatial regulation of photosynthetic development in C4 plants[J]. Trends Genet, 7: 191 – 196.

Mattsson J, Sung R Z, Berleth T. 1999. Responses of plant vascular systems to auxin transport inhibition[J]. Development, 126: 2979 – 2991.

Mittler R, Lam E. 1995. *In situ* detection of nDNA fragmentation during the differentiation of tracheary elements in higher plants[J]. Plant Physiol. , 108: 489 – 493.

Myerowitz E M. 1997. Genetic control of cell division patterns in developing plants[J]. Cell, 88: 299 – 308.

Moyle R, Schrader J, Strenberg A, *et al.* 2002. Environmental and auxin regulation of wood formation involves members of the Aux/IAA gene family in hybrid aspen[J]. The Plant Journal, 31: 675 – 685.

Nelson T, Dengler N. 1997. Leaf vascular pattern formation[J]. Plant Cell, 9: 1121 – 1135.

Öpik H, Rolfe S A. 2005. The Physiology of Flowering Plants[M]. 4th Edition. Cambridge: Cambridge University Press, pp. 1 – 287.

Penne L R, Lamb C. 1997. Programmed cell death in plants[J]. Plant Cell, 9: 1157 – 1168.

Raven P H, Evert R F, Eichhorn S E. 1986. Biology of Plants[J]. New York: Worth Publishers.

Romano C P, Hein M B, Klee H J. 1991. Inactivation of auxin in tobacco transformed with the indoleacetic acid-lysine synthetase gene of *Pseudomonas savastanoi*[J]. Gene Develop, 5: 438 – 446.

Roth R, Hall L N, Brutnell T P, *et al.* 1996. *Bundle sheath defective*2, a mutation that disrupts the coordinated development of bundle sheath and mesophyll cells in the maize leaf[J]. Plant Cell, 8: 915 – 927.

Russin W A, Evert R F. 1984. Studies on the leaf of *Populus deltoides* (Saliceae): Morphology and anatomy [J]. Am. J. Bot. , 71: 1398 – 1415.

Sachs T. 1981. The control of patterned differentiation of vascular tissue[J]. Adv. Bot. Res. , 9: 151 – 262.

Sachs T. 1991. Pattern formation and plant tissues[M]. London: Cambridge University Press.

Scheres B, Di Laurenzio L, Willemsen V, *et al.* 1995. Mutations affecting the radial organisation of the Arabidopsis root display specific defects throughout the embryonic axis[J]. Development, 121: 53 – 62.

Steeves T A, Sussex I M. 1989. Patterns in plant development[M]. London: Cambridge University Press.

Toth K F, Wang Q, Sjolund R D. 1994. Monoclonal antibodies against phloem P-protein from plant tissue cultures: I. Microscopy and biochemical analysis[J]. Am. J. Bot. , 81: 1370 – 1377.

Turner S, Somerville C. 1995. Analysis of vascular tissue differentiation[C]. 6th International Conference on Arabidopsis Research. 93.

Turner S R, Somerville C R. 1997. Collapsed xylem phenotype of Arabidopsis identified mutants deficient in cellulose deposition in the secondary cell wall[J]. Plant Cell, 9: 689 – 701.

Wardlaw C W. 1946. Experimental and analytical studies of pteridophytes. VII. Stelar morphology: The effect of defoliation on the stele of *Osmunda* and *Todea*[J]. Ann. Bot. , 10: 97 – 107.

Wetmore R H, Rier J P. 1963. Experimental induction of vascular tissues in callus of angiosperms[J]. Am. J. Bot. , 50: 418 – 430.

Ye Z-H, Varner J E. 1991. Tissue-spedfic expression of cell wall proteins in developing soybean tissues[J]. Plant Cell, 3: 23 – 37.

第7章　光形态建成和向性生长

　　光对于植物是十分重要的。绝大多数植物可进行光合作用，光提供植物生长所必需的能源来源。作为一种信息介质(information medium)，光对植物的正常发育也同样重要。对于某些植物种类(如拟南芥和大豆)，光是重要的萌发信号。种子在地表下萌发要经历一段黑暗条件下的发育，这一过程也称为暗形态建成或暗发育(skotomorphogenesis 或 dark development)。在黑暗条件下生长的植株则表现黄化(etiolated)：无色，植株高、细、弱，并且叶片幼嫩或卷曲。拟南芥黄化实生苗下胚轴伸长，将折叠的子叶推出土壤。当实生苗露出地面，暴露在光照下时，实生苗开始去黄化，从暗形态建成程序转向光形态建成，即变绿，并如正常光照下的实生苗那样生长(图7-1)。植物在黑暗条件下生长一段时间后转移至光照下由黄化生长向去黄化生长转变，这种光对发育的控制被称为光形态建成(photomorphogenesis)。光调控植物发育的多个方面，可抑制节间伸长，促进叶片伸展(双子叶植物)或叶片铺开(单子叶植物)，促进叶绿素合成和叶绿体发育，刺激诸如花色素苷等次生代谢物的合成。这些过程可以在光能量远低于光合作用所必需的水平下启动，在许多情况下只需要短暂曝光即可，并且在光合器官尚未发育的植株上发生。

　　在自然环境中，光是一种十分复杂的动态的信号。从数秒到数月的时间量程内，光在数量、质量(颜色)和方向上都在变化。这些变量的不同表明季节的变迁、新生长环境的获得或与邻近植被间可能存在的竞争。因此，植物生长和发育受光的影响比较强烈。植物本身是一个复杂而不断变化的系统，植物对一组特定的环境条件作出反应取决于其自身的发育状态。植物要从幼态阶段向成熟阶段过渡，幼态阶段对环境信号的反应不同于成熟阶段。同样地，刺激成熟植物开花的信号可能引起同一物种的种子萌发，两者是完全不同的发育途径。植物的反应同样是具有物种特异性的。如同样的速生草藜或灰菜(*Chenopodium album*)在遮阴条件(即低光照条

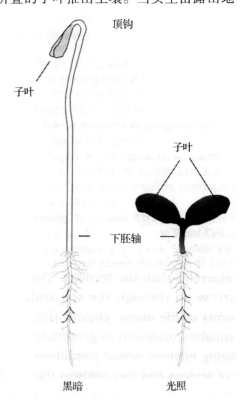

图7-1　在黑暗和光照条件下生长的拟南芥实生苗比较(引自 Öpik 和 Rolfe, 2005)

　　示意图表明黑暗中生长的实生苗无色、细长。黄化实生苗下胚轴较长，且顶钩明显(在早期阶段)，子叶没有伸展及打开。光下生长的实生苗下胚轴较短，没有顶钩，子叶绿色，并且充分伸展及打开

件)下会迅速伸长生长，而雨林树种的实生苗可以在浓密的植被树冠下存在数年，只有当森林树冠打开空隙时它才会开始快速生长。

光除了对植物发育有重要影响外，对植物的生长也是一种重要的刺激信号，植物可以感知光信号，并向光生长，这种向性生长称为向光性(phototropism)。实际上，植物对许多环境因子刺激都表现向性反应，除向光性外，对重力的向性称为向重力性(gravitropism)或向地性(geotropism)，对温度的向温性(thermotropism)，对触碰的向触性(thigmotropism)，对化学试剂的向化性(chemotropism)，对水的向水性(hydrotropism)，对流动水的向流性(rheotropism)，对氧气的向氧性(aerotropism)，甚至对电场的向电性(galvanotropism)。在每一种情况下，无论是光照梯度、重力场，还是温度梯度，定向刺激都能引发定向反应(directional response)。植物还表现一种向自性(autotropism)现象，就是其器官与其他器官相对取向。所有这些取向定位都是差异生长的结果，也就是由反应器官相对两侧的生长速率差异引起的，主要由细胞伸展引起的，细胞分裂只在少数例子中发挥作用。这种响应于环境刺激(尤其是光和重力)的运动方式也称为生长运动(growth movement)。

7.1 光敏色素与光敏色素反应

光可被一系列的光受体所感知，研究最清楚的是植物光敏色素(phytochrome)，主要吸收波长范围600~750 nm的红光和远红光。但植物除光敏色素外，还包含若干不同家族的光受体——包括感受波长范围320~500 nm的蓝光/UV-A光受体或隐花色素(cryptochrome)，尚未确定的感受波长范围282~320 nm的UV-B光受体，以及向光素或向光蛋白(phototropin)(参与向光性反应)。近些年来，人们通过分子遗传学技术与生化和生理测定相结合，对植物光受体有了革命性的理解。通过分离和鉴定编码不同光受体的基因，以及产生光感知缺陷突变体及转基因植株，从而使植物对光反应机制模型的建立成为可能。

光敏色素的存在是在研究需要光照才能萌发的某种莴苣(*Lactuca sativa*)品种种子时首次推测到的。这些种子可通过短暂(数分钟)的低辐射照度的红光照射才萌发，而类似的远红光照射则对种子萌发有抑制作用。对许多不同的波长进行详细测量，确立了两种反应的作用光谱(action spectra)。刺激萌发的最大值发现位于波长为660 nm的红光处，而抑制萌发的最大值位于波长为730 nm的远红光处。关键性的突破是发现用红光和远红光多次交替照射时，种子萌发反应取决于最后一次所用光线的波长。这些观察使得20世纪50年代的Hendricks和Borthwick提出存在一种称之为光敏

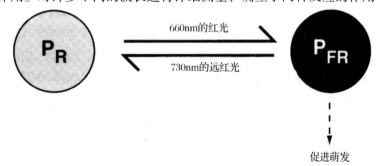

图7-2 光敏色素以两种光可逆转的形式存在(引自Öpik和Rolfe, 2005)

光敏色素在黑暗条件下以P_R形式合成，它主要吸收红光。红光照射下它转变为P_{FR}形式，而P_{FR}形式启动许多光敏色素调控的反应。P_{FR}在远红光照射下可转变为P_R

色素的光受体，这种光受体以两种可逆转的形式存在。一种形式为 P_R，它吸收红光并转变为另一种形式 P_{FR}。P_{FR} 的光谱特性是在远红光处有一个吸收峰，并且在远红光照射下又转变为 P_R（图 7-2）。当植物置于完全黑暗条件下，P_{FR} 也可缓慢地转变为 P_R。根据光敏色素作用的许多模型，P_{FR} 是其活性形式，而 P_R 是无活性的。但这种简单的解释并非总是很精确的。

7.1.1　光敏色素的生化与分子特性

光敏色素是一种低丰度的蓝绿色素蛋白，在溶液中在 P_R 和 P_{FR} 之间表现光逆转性，并且生理反应所需要的最大吸收在相同的峰上。在光敏色素的中央是一个生色团，生色团由一个线性四吡咯分子组成。如果光敏色素是单个实体的话，那就很难解释这么多的光敏色素反应。越来越多的研究结果显示，植物包含多个光敏色素。对燕麦实生苗的研究表明，光敏色素由多基因家族编码，存在光易变型（类型 I）和光稳定型（类型 II）类型。Sharrock 和 Quail（1989）研究表明拟南芥包含 5 个光敏色素基因，它们被命名为 *PHYA*、*PHYB*、*PHYC*、*PHYD* 和 *PHYE*。phyA 在光照后吸收红光转化成有活性的 Pfr 形式后会迅速降解，所以也称为光不稳定光敏色素（light-labile phytochrome）。光线照射包含 phyA、B 和 C 的黄化拟南芥实生苗后，phyA 就迅速减少，这表明 phyA 为光易变型，对应于燕麦中描述的类型 I，而 phyB 和 C 为光稳定型（类型 II）。在继后的研究中，phyD 和 E 也表明属于后一种类型。尽管实生苗中 phyA 含量在光照后迅速减少，但成熟植株表现的反应可归之于 phyA 作用，因此一定有少量 phyA 仍然存在于光照条件下生长的植株中。

光通过转录过程和转录后过程对 phyA 的表达进行调控。光照后 *PHYA* 基因的转录显著降低，但并未完全停止。在转录后水平上，phyA 蛋白在光照下经光转换至 $phyA_{FR}$ 形式后，很容易降解。

绝大多数植物包含多种光敏色素，这似乎是基因重复的产物。例如，番茄包含 5 个（很可能是 6 个）光敏色素基因。对光敏色素氨基酸序列的比较表明，在草本双子叶植物中鉴定出有 4 种主要的亚型，每种亚型又有一个或几个成员。根据与拟南芥基因的比较，这些亚型被命名为 *PHYA*、*PHYB*、*PHYC* 和 *PHYD*。*PHYD* 和 *PHYB* 紧密相关，被划入同一亚型。有一些物种，例如，毛果杨（*Populus trichocarpa*）并不能鉴定出所有亚型（Howe 等，1998）。单子叶植物也包含多种光敏色素，但 Mathews 和 Sharrock（1996）通过对草类进行广泛调查，只发现有 *PHYA*、*PHYB* 和 *PHYC* 亚型。

光敏色素对光感知的第一个步骤是生色团吸收光子，那么这一步是如何启动下一步反应的呢？生色团是一个线性四吡咯分子，与光敏色素脱辅基蛋白共价相连，它吸收光后经历可逆性构型变化。P_R 形式中联系吡咯基团的每一个化学键都是顺式构象，而当转变为 P_{FR} 后，其中一个键转变为反式构象，也就是说部分生色团发生移动。已经鉴定出一些与光敏色素互作的蛋白质，包括 PIF3（光敏色素互作因子 3）。编码 PIF3 的基因也已找到，在一系列独立的试验中，使植物内的 PIF3 基因突变，表明损害植物对红光和远红光的反应。因此，PIF3 可能是光敏色素信号转导链中的一个重要组分。

传统的生化手段首次用来分离光敏色素蛋白。由于光敏色素独特的光谱特性，因此即使被认为丰度极低的蛋白，也能成功地从亚细胞组分中鉴定出来。如同细胞内的其他许多蛋白质一样,该方法未能成功地分离到 UV-A/蓝光光受体,因为它在光感知中没有作用,吸收蓝光是因为它结合有辅助因子。对蓝光反应有损害的 *hy4* 突变体的鉴定,使得编码 UV-A/蓝光光受体的基因得到鉴定。由于该组光受体又名隐花色素(cryptochrome),所以该突变体被重新命名为 *cry1*。

拟南芥 *CRY1* 基因已被测序,该基因编码与一组微生物 DNA 修复酶(称为 DNA 光解酶)具有相似性的蛋白质。对该植物蛋白的生化测定表明,它并无 DNA 修复酶活性。已知这些酶与一个黄素辅助因子(黄素腺嘌呤二核苷酸)结合,能吸收蓝光,这与它被认为是蓝光受体功能一致。也据认为,cry1 与第二个生色团——蝶呤(5,10-亚甲基四氢叶酸)结合。拟南芥中 *CRY1* 基因被鉴定很快导致第二个相关基因 *CRY2* 也得到鉴定,这表明隐花色素由一个小的多基因家族编码。类似地,最近在番茄中也鉴定出这两个相关的隐花色素基因。

除隐花色素外,植物也包含其他不相关的蓝光受体。蓝光向光性弯曲、叶绿素和气孔运动是部分由向光素及单独但尚未鉴定的光受体(最有可能介导对 UV-B 的反应)所刺激。

7.1.2 光敏色素反应

光敏色素调控莴苣(*Lactuca sativa*)种子萌发被称为低功率反应(low-fluence response,LFR),因为它受低功率的红光或远红光照射控制。植物发育的许多方面都表现低功率光敏色素反应,包括种子萌发、实生苗发育、节间伸长及短日照植物的开花。低功率反应的其他特性可用如下实验方法加以确定。如前所述,低功率光敏色素反应表现光可逆性(photoreversibility)。但远红光逆转红光效应只发生在特定的时间范围,称之为逃脱时间(escape time)(即逃脱光敏素的控制)。同样地,还存在延迟时间(lag time),即光照之后到观察到反应的时间间隔。延迟时间可能是数秒或数小时,如在黄化/去黄化反应例子中,也可能是数天或数周,如在开花诱导或种子萌发例子中。此外,是样本接受的总光子数,而不是接受光子的速率决定 LFR 是否发生。短暂而相对强烈的红光照射与较长而相对微暗的红光照射的效应相同。这个特征称为互换性或对等性(reciprocity),而低功率光敏色素反应常用 μmol 光子/m^2 来记录,也就说没有时间成分。

极低功率反应(very-low-fluence response,VLFR)只有在黑暗条件下生长的实生苗或吸胀种子上才能观察得到。顾名思义,就是它们可为极低功率的短暂光照启动,并且表现互换性或对等性。但是 VLFR 与 LFR 的不同之处在于,不论红光,还是远红光都可启动相同的反应。例如,红光可以启动休眠的拟南芥种子萌发,但远红光侧抑制萌发,这是经典的 LFR。经过 48h 吸水后,同样的种子则表现 VLFR。此时不论是红光还是远红光,当功率低于 LFR 的 100~1 000 倍时,都会启动种子萌发。按照光敏色素作为光可逆性开关而言,我们该如何理解极低功率反应呢?尽管光敏色素的不同形式在红光和远红光处有最大吸收值,但波峰很宽,并且重叠。因此,尽管红光照射 P_R 优先转变为 P_{FR},但也会有少量 P_R 被远红光所转化。在黑暗条件下生长的植株,合成的光敏色素为 P_R 形式,即使用微弱的远红光短暂照射,也会将少量 P_R 转变为 P_{FR}。甚至一些 P_{FR} 会很快重新转变为 P_R 形式,仍有足够的 P_{FR} 启动极低功率反应。在这种情况下,光敏色素作为落在样品上不同颜色光之间不加区别的光量的检测器发挥作用。这种反应在植物对光极早期反应是十分重要的。

光敏色素在不同形式之间转换的概念不仅适用于低或极低功率反应。在任何光照条件下，光敏色素都以两种形式存在，尽管精确的比例取决于光线的精确光谱特性。到达平衡状态时称为光稳态（photostationary state）。用波长为 660 nm 和 730 nm 的单色光照射，光平衡时 P_R 和 P_{FR} 的比例见表 7-1。

表 7-1　不同照射条件下光敏色素 P_R 和 P_{FR} 的形式比例（Φ）

波长（nm）	P_R（%）	P_{FR}（%）	Φ
660	20	80	0.8
730	97	3	0.03

注：引自 Öpik 和 Rolfe，2005。

光敏色素以形式存在的比例用 Φ 表示。尽管这些比例是稳定的，但对于单个光敏色素则会在两种形式之间不断地转换。转换不是瞬间发生的，很大一部分光敏色素分子是以一种中间状态存在的。而且越来越多的证据表明，这种中间形式在光敏色素反应中发挥重要作用。

高照度反应（high-irradiance response，HIR）是另外一组光敏色素介导的反应，可通过连续光照而最大化，尽管多次光脉冲也可启动这类反应，如果足够频繁的话。H. Mohr 利用白芥（*Sinapis alba*）实生苗进行研究，发现短暂红光照射可引发子叶伸展，而短暂远红光照射则不可以（经典的低功率反应）。但是如果用远红光持续照射 2～3h，子叶伸展得比红光照射条件下的程度还要大。这是一种远红光高照度反应（far-red high-irradiance response，FR-HIR）。

如果将绝大多数双子叶植物在黑暗条件下生长的实生苗用连续的远红光照射，就会强烈抑制实生苗的伸长生长。典型的最大的抑制作用发生在远红光波长处（FR-HIR），但这种抑制作用具有物种依赖性，其中有些植物在红光处产生最大抑制作用（R-HIR）。当实生苗变绿后，上述最大值经常发生改变。这表明存在不止一个抑制机制。目前的理论倾向于认为 P_R 和 P_{FR} 之间的交替循环是 HIR 作用的中心，但其背后的机理仍然不明。

7.1.3　避阴反应

全日光包含大约等量的所有可见光波，包括红光和远红光成分。但是，植物叶片中叶绿素丰富，叶绿素强烈吸收红光和蓝光，而绿光次之，远红光相对而言几乎不吸收。树冠对光的吸收显著降低光的辐射照度，相对于远红光而言，也同时大大降低了红光数量。红光与远红光的比例由全日光时接近 1 的水平降低到 0.1，是植被遮阴的强烈信号。这种信号不仅局限于直接从上方落下的光，邻近植被反射而来的光，也会增加远红光的比例，并且具备潜力作为未来对资源竞争的信号。

植物对红光与远红光比例的反应既是物种特异性的，又高度依赖于植物发育状态。如小种子植物拟南芥，种子营养贮藏有限，只够数天生长。当这些营养贮藏用完时，实生苗如果要继续生长就必须进行光合作用。当日光透过植被树冠，并且增加了远红光的比率时，低功率反应就刺激在土壤表面或近土壤表面的种子萌发。如果种子确实萌发了，黄化作用就必须被看作是一种"最后机会的"反应，因为下胚轴迅速伸长，直到子叶到达地面之上。如果实生苗被遮阴，此时就会激发 HIR。因此远红光照射引起的去黄化作用就是一种耐阴性

（shade-tolerance）反应。

　　一些植物如多年生山靛（*Mercurialis perennis*）终生耐阴，并且对红光与远红光比例变化反应不大。但是许多物种的成熟植株如果用高比例的远红光照射就会表现避阴性（shade-avoidance）反应。典型地，避阴性反应可增加顶端优势，因加速节间伸长而提高茎干生长，增加叶柄伸长及加速开花。这些形态变化可使植物生长避开其他植物的遮阴。从上方落下的低比例的红光与远红光光线可引发上述变化，而周围植被反射的远红光也可引发上述变化。在光周期末尾用一次短暂的远红光照射也可引发避阴反应，即末日远红光效应（end-of-day far-red effect，DOD-FR）。拟南芥成熟植株明显表现避阴反应，叶柄伸长增加，加速开花，但当植物生长呈莲座状时，节间不再伸长。显然，实生苗的耐阴反应与成熟植株的避阴反应是相互颉颃的，因此两者之间的转换一定随植物发育而发生。光敏色素在这些反应中的作用越来越清楚，操纵这些反应也可在自然环境中用来控制植物发育。

7.2　光形态建成机理

7.2.1　光敏色素 A 和 B 调控拟南芥种子发育

　　如前所述，刚刚浸泡的拟南芥种子萌发受低功率光敏色素反应（LFR）调控，其吸胀 48h 后则导致向极低功率反应（VLFR）转变。在 phyB 缺失突变体中，最初的光可逆 LFR 完全消失。这不仅说明 phyB 负责 LFR，也说明其他的光敏色素（phyA，phyC～E）不能取代它。而 phyA 缺失突变体时情况正好相反。VLFR 丧失说明该反应需要 phyA。因此，我们有了只表现一种或另一种反应的种子，从而可以独立测定低功率反应和极低功率反应的特性。VLFR 在 1～1 000 nmol/m^2（660 nm 处）条件下引发，并且非光可逆的。其作用光谱与 $phyA_R$ 的吸收光谱极其相似，这与 $phyA_R$ 吸收光后导致 $phyA_{FR}$ 形成并引发反应的观点一致。与此相反，LFR 需要更多的光（10～1 000 nmol/m），由红光（550～690 nm）激发，并可为远红光（700～800 nm）所逆转。

　　在上述例子中，不同的反应都可很容易地归因于 phyA 或 phyB 的作用，似乎这两者之间及与隐花色素之间很少互作。相反，在许多例子叶，同一类光敏色素内部及不同类光敏色素之间的互作是十分正常的。实生苗对光的反应是十分复杂的，我们对去黄化作用的理解远未完全清楚。

7.2.2　隐花色素与光敏色素互作调控去黄化作用

　　当拟南芥实生苗在持续远红光下生长时，高辐射照度反应会使它们去黄化。但 phyA 缺失植株则在上述条件下的所有方面都为黄化状态，这很清楚地表明 phyA 是 HIR 信号转导途径中的一个必不可少的组分。

　　对于持续红光照射下的实生苗而言，情况更为复杂。红光诱导去黄化的某些方面，如下胚轴伸长的抑制，可归因于 phyB。而其他去黄化反应，如顶钩打开则由 phyA 或 phyB 介导。在一系列不同的光照条件下的试验表明，顶钩打开及其他去黄化反应是受多个冗余途径控制

表 7-2　**phyA、phyB 和 cry1 之间的冗余互作**(引自 Öpik 和 Rolfe，2005)

光照	远红光	红光	蓝光
光受体	phyA(phyB*)	phyA，phyB	phyA，phyB，cry1

注：* 只有部分反应。在不同的光照下，由不同的光受体及途径介导，可实现顶钩张开。

的(multiple redundant pathway)(表 7-2)。

　　为了试图了解在控制去黄化反应中不同光受体的功能，Neff 和 Chory(1998)研究了在 phyA、phyB 和 cry1 上具有缺陷的实生苗发育。为了研究双重突变和三重突变，他们将单个突变体杂交在一起。为了研究种子萌发，他们测定了"全有或全无"反应(即种子是否萌发)，同时去黄化反应更为复杂，它包含多个反应，对其每一个反应都进行精确测定。

　　在白光下生长 5 d 的野生型植株，下胚轴短，顶钩张开，子叶伸展并累积叶绿素和花色素苷。与此相反，黑暗条件下生长的植株则下胚轴很长，顶钩发育良好及弯曲，子叶不伸展，也无叶绿素和花色素苷。缺乏 phyA、phyB 和 cry1 的三重突变体在白光下生长时，某些去黄化反应完全消失，例如，顶钩、子叶伸展与花色素苷含量同野生型植株在黑暗条件下生长时完全一致。这表明这 3 个光受体控制这些发育特征。但是子叶轻微张开，仍有少量叶绿素产生，表明其他的光受体(phyD)在去黄化作用中也起微小的作用。三重突变体的下胚轴也比野生型的去黄化植株的长，很可能因为有限的光合作用发生，为生长提供了额外的营养。

　　这种手段可以对单个光受体的潜在作用进行研究，但对结果的解释要十分谨慎。当诱变使一个光受体失活后，另一个光受体可能接替它的功能。但是不能因为一个光受体可取代另一个光受体，就能说明它在正常植株中履行同样的功能。其他的研究表明光受体之间的互作是复杂的，例如，一个光受体的作用可被另一个的活性大大提高，这完全出乎预想的简单加性效果之外。

7.2.3　贯穿生活周期的光敏色素反应

　　拟南芥野生型实生苗表现耐阴性(在远红光照射下开始去黄化)，而成熟植株则表现避阴性(远红光照射下叶柄伸长，开花加速)。因此，植物的反应显然依赖于其发育状态。研究光受体突变体有助于理解在植物生活周期的不同阶段，这些反应是如何受控的。

　　当实生苗刚开始发育时，它只包含相对大量的 phyA 和 phyB。实生苗在红光照射下(phyB 介导 LFR)和远红光照射下(phyA 介导 HIR)将会去黄化，因此为耐阴性。而持续光照会导致 phyA 含量下降。实生苗在红光照射下，由于 phyB 的持续作用保持去共黄化(de-etiolation)状态，但在远红光照射下会黄化，即表现避阴性。

　　phyB 缺失植株不论是实生苗还是成熟状态都将表现组成型避阴性反应。在白光照射条件下，phyB 突变体叶柄伸长，如果在每天末尾时给予 10min 的远红光脉冲，则会引发更极端的避阴性反应，表明别的光受体也具有反应性。如果 phyD 也被诱变，则叶柄在白光照射下会进一步伸长，而 phyE 突变会失去叶丛生(产生莲座状叶)习性。正常情况下这些小的光敏色素的作用会被 phyB 所隐蔽。

7.2.4　光形态建成突变体和分子机理

已分离出光形态建成突变体，这些突变体在光感知或光信号转导方面存在缺陷，大体可分为光不敏感突变体和在暗中进行光形态建成的突变体。后一种类型突变体的发现极大地改变了人们对光形态建成及光在植物发育中的作用的看法。

Koornneef 等(1980)在拟南芥中分离出一类光不敏感形态建成突变体，称为 long hypocotyl 或 hy 突变体。在黑暗条件下，野生型实生苗下胚轴迅速伸长，而光照条件下则缓慢伸长。hy 突变体感知不到光，在光照条件下其下胚轴也像在黑暗条件下一样迅速伸长(图7-3)。由于 hy 突变体实生苗比其他实生苗要高得多，所以诱变后的实生苗在群体中十分明显。绝大多数 hy 突变体属光受体缺陷，但光信号转导的其他步骤正常，因此在光形态建成中 hy 突变体对光受体鉴定十分关键。突变体 hy3 的突变基因已克隆，发现编码 PHYB 脱辅蛋白质(Reed 等，1993)，其 PHYB 有缺陷，光形态建成对红光不敏感(Nagatani 等，1991；Somers 等，1991)，该突变体基因已重新命名为 PHYB，以反映其功能。另外一个 hy 突变体(原来称为 hy8)，光形态建成对远红光不敏感。该基因也已克隆，发现编码光敏色素 A(PHYA)的脱辅蛋白质。通过对 phyA 和 phyB 突变体光反应的分析表明，两种光敏色素虽然功能不同，但相互重叠(Reed 等，1993)。其他的 hy 突变体如 hy1、hy2 和 hy6，编码的蛋白功能与光敏色素生色团的产生有关(Chory，1992)。如果突变影响到所有的光敏色素和光形态建成，那么这样的突变体的红光和远红光信号传导就会被全部阻断。另外一个 hy 突变体(原来称为 hy4)，对蓝光不敏感(Ahmad 和 Cashmore，1993)。HY4 已被克隆，编码推测中的蓝光受体的脱辅蛋白质。只有一个 hy 突变体(hy5)，不编码光敏色素成分，但参与光形态建成的下游步骤。

在高等植物中，不同光受体感知不同光谱区域的光。在拟南芥中，远红光、红光、蓝光、UV-A 和 UV-B 光可激活光形态建成。拟南芥实生苗中，光敏色素(phytochrome)感知红光和远红光。由于不同光谱区的光都可激活光形态建成，所以认为不同的光受体将其信号转导到实生苗的同一光形态建成途径中。由于这个原因，影响不同光受体的突变体在实生苗阶段都具有同样的表型：在光下生长，下胚轴却较长。当某一特定光受体缺陷，利用该种光受体的特征性作用光谱的光照射，实生苗表现 hy 表型。但这些突变体在全光谱的白光照射下生长正常，这是因为其他特异性光谱的光受体对该 hy 突变体缺陷具有补偿作用。在光形态建成反应途径共同的"下

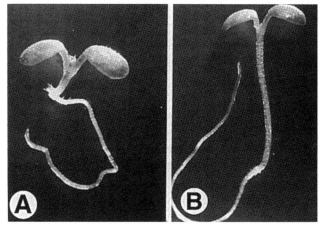

图 7-3　拟南芥野生型和 hy 突变体实生苗生长的比较

(引自 Ang 和 Deng，1994)

(A)光照条件下生长的野生型实生苗下胚轴较短，子叶张开、伸展　(B)在光照条件下生长的 hy 突变体下胚轴较长，而这是野生型在黑暗条件下的生长特点。6d 龄实生苗

游"缺陷突变体，或多种不同光受体的多重缺陷突变体，可以在全光谱的白光下通过其 *hy* 表型加以识别。

另外一类突变体为组成型光反应突变体。Chory 等（1989）发现一组奇异的突变体，它在暗中就可进行光形态建成。这组突变体称为去黄化或 *det* 突变体（*de-etiolated*），它们在黑暗条件下也表现下胚轴短且子叶张开（图7-4），这些是野生型实生苗在光照条件下才有的特征。由于叶绿素生物合成的某些步骤需要光，因此 *det* 突变体并非绿色。Deng 和 Quail 也分离到类似的突变体，称之为 *constitutive photomorphogenic*（*cop*）突变体（Deng 和 Quail，1992；Hou 等，1993）。*cop* 突变体与 *det* 突变体类似，在黑暗条件下下胚轴短，子叶张开、伸展，子叶质体中有类叶绿体的分化（Deng 和 Quail，1992；Hou 等，1993）。*cop* 突变体与 *det* 突变体都是多表型（pleiotropic）突变体，但它们的表型相似。第二组 *cop* 突变体，*cop2-cop4* 突变体少有多重性表型，特异性地影响子叶的张开与伸展。第三组突变体 *fus*（*fusca*）在黑暗条件下生长时也遵循去黄化方式发育，但该组突变体最初是从光下生长的植株中提高花色素苷累积的基础上分离出来的。

det 与 *cop* 突变体是根据它们的组成型光形态建成表型筛选而得到的，奇怪的是，发现几乎所有的多表型突变体都与 *fusca*（*fus*）呈等位关系。*fus* 突变体是在胚胎发育过程中累积花色素苷的一组实生苗致死性突变体（Castle 和 Meinke，1994）。例如，*fus1* 与 *cop1* 等位，*fus2* 与 *det1* 等位等。拟南芥中 *det*、*cop* 和 *fus* 突变体之间的等位关系恰好说明在实生苗发育过程的复杂性和基因的重叠作用。*fus* 突变体最初描述为胚胎致死性突变体，但实际上绝大多数 *fus* 突变体是在实生苗发育中受阻（图7-5）。*fus* 突变体在正发育的实生苗子叶中累积花色素苷。植物中花色素苷生物合成严格受光和其他环境及激素作用调控。花色素苷累积并非发育受阻所致，可能是 *fus* 突变独立作用所致。因为在 *fus6* 和花色素苷生物合成突变体（*transparent testa*，*tt3* 或 *ttg*）的双突变体并不能累积花色素苷，但仍存在发育缺陷（Castle 和 Meinke，1994）。*fus* 突变体的多表型特征表明，它在影响若干调控过程的某些基本的机制方面存在缺陷。*Det/cop/fus* 突变体之间的等位性表明，抑制光形态建成的部分装置可能在实生苗发育中具有更一般的功能。

这类突变体（涉及至少 11 个不同基因缺陷）在完全黑暗条件下表现几乎纯粹的光形态建成发育。它们下胚轴短，子叶张开，真叶形成，叶绿体发育及许多光调控基因表达。十分显著的是，这些植株在黑暗条件下如果提供适合的营养条件的话（如葡萄糖等），可以完成从萌发到开花和种子形成全过程。由于叶绿素生物合成包含一个光依赖步骤，所以这些植株在上述条件下不是绿色的。*det*、*cop* 和 *fus* 基因显然在实生苗维持去分化状态方面发挥基本作用。其他的突变则只能在黑暗条件下维持部分光形态建成。*det1* 突变除影响实生苗光形态建成外，还可减少特定光调控基因对光的需求（Chory 等，1989）。在 *det1* 突变体中，编码核酮

图7-4 在暗中生长的拟南芥野生型和 *de-etiolated*1-1（*det*1-1）实生苗（引自 Pepper 等，1994）

（左）野生型实生苗表现出典型的黄化株型，下胚轴细长，在实生苗生长后期并没有顶钩 （右）在暗中生长的 *det* 突变体具有野生型实生苗在光照条件下的特征，下胚轴短且子叶张开。图示为在暗中生长 7 天的实生苗

糖二磷酸羧化酶（ribulose
bisphosphate decarboxylase）小亚基
（*RBCS*）和大亚基（*rbcL*）的光调控
基因在暗中就可表达（*RBCS* 和
rbcL 分别位于核内和叶绿体基因
组）。*DET1* 已经克隆，编码一个
位于细胞核的新蛋白（Pepper 等，
1994）。*DET1* 被认为控制光调控
启动子的细胞类型特异性表达，
但它本身并不是 DNA 结合蛋白，
其功能目前还不清楚。突变体
det2 包含细胞色素 P450 编码基因
缺陷。这类酶在次生代谢方面发
挥中心作用，而且植物包含许多

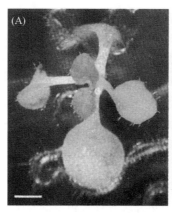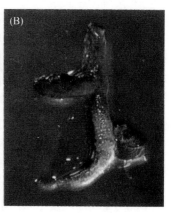

图7-5　拟南芥野生型和 *fusca*6-1（*fus*6-1）突变体比较

（引自 Castle 和 Meinke，1994）

在光下生长两周后的（A）实生苗和（B）*fus*6-1 突变体。*fus*6-1 突变体在
实生苗阶段发育受阻，并在其子叶中累积深色的花色素苷

不同的细胞色素 P450（拟南芥中至少有 30 种）。特定的 P450 为油菜素内酯（brassinosteroid，
BR）生物合成所必需。如果给突变体提供适当的油菜素内酯前体的话，突变体的表型可恢复
至野生型。突变体 *det2* 在光下生长严重矮化，说明这些化合物不论在黑暗还是光照调控发
育途径中都很重要的。有几个 *COP* 基因已被克隆，*COP1* 编码一个新的蛋白，它具有与其他
信号转导蛋白和转录因子类似的结构域（Deng 等，1992）。*COP1* 具有一个锌指结合基序，
一个潜在的螺旋化螺旋区域和多个重复的结构域（与三聚体 G-蛋白的 β 亚基中发现的类似）。
三聚体 G-蛋白的 β 亚基（G~β~）区与果蝇 TFIID 转录因子复合体亚基中的结构域类似。*COP9*
编码小蛋白（Wei 等，1994）。当光照射后，包含 COP9 的超级复合体会解体，分解成较小
的、更同质的、约 560 kD 大小的复合体（Chamovitz 等，1996）。该复合体是由 12 个亚基组
成的 12 nm 颗粒，其中一个亚基已被鉴定为 COP11。由于 COP9 只在该复体中发现，所以采
用 COP9 和 GUS 翻译融合（COP9-GUS）来确定复合体的亚细胞定位。结果发现，含 COP9-
GUS 的复合体定位于实生苗根细胞的细胞核中。利用类似的方法已对 COP1 的亚细胞定位进
行确定（von Armin 和 Deng，1994）。在下胚轴细胞中，COP1 的定位依赖于光照条件。在黑
暗条件下 COP1-GUS 融合蛋白主要定位于细胞核中，但在光照条件下则主要定位于细胞质
中。在根细胞中，复合体即使在光照条件下也定位于细胞核。下胚轴细胞中 COP1-GUS 的核
内定位似乎依赖于含 COP9 复合体的存在与完整性。因为在黑暗条件下生长的 *cop9* 突变体
内，COP1-GUS 未能在核中累积。但 COP1 并非是含 COP9 复合体的组分之一（Chamovitz 等，
1996）。据认为，在黑暗条件下，定位于核中的 COP1 与由含 COP9 复合体形成的超分子复
合体联合，阻遏光形态建成基因表达。而在光照条件下，COP1 定位于细胞核外，抵消这种
阻遏作用。其他的 *det*/*cop*/*fus* 基因突变被认为发生在参与暗形态建成和光形态建成的信号转
导途径的组分上。

　　cop 突变与 *det* 突变都是组成型地激活光形态建成，它们都是隐性的或丧失功能突变。
正常情况下 *DET* 和 *COP* 基因在暗中抑制光形态建成，而这些基因丧失功能突变则解除抑
制，*cop* 突变体与 *det* 突变体的特点与上述观点一致。光形态建成受 *DET* 和 *COP* 基因负调控

表明，光形态建成在实生苗发育中是一个"别无选择的"途径，在没有光的情况下，必须加以阻遏，从而进行暗形态建成。与该观点一致的是，认为暗形态建成是一种被子植物的进化适应现象，使植物可在低光照或黑暗条件下进行竞争（McNellis 和 Deng，1995）。

利用双重突变体和上位性分析方法，发现组成型 det 与 cop 突变体上位于 hy 突变体，因此，det 与 cop 突变体在光形态建成反应途径的下游作用（McNellis 和 Deng，1995）。根据同样的推理，hy 突变体在所有已测试过的 det 与 cop 突变体上游作用，同时在其他 hy 突变体的下游作用。Hy5 突变体对宽谱光照不敏感，表明它阻断了所有受体的光信号，据证明，来自不同光受体的信号汇集，并负调控阻遏光形态建成发育的装置（中央开关）（McNellis 和 Deng，1995）。目前已经发现有十多种不同的 det 与 cop 突变体基因作用于 hy5 的下游（Wei 和 Deng，1996）。由于 det 与 cop 突变体具有相似的表型，因此难于将它们区分开来，也难于确定它们是否作用于同一调控途径。对于 det1 与 cop1 突变体而言，因为弱等位基因之间存在合成致死性（synthetic lethality），因此提供了它们作用于同一途径的证据（Ang 和 Deng，1995）。当基因产物来自两个弱等位基因的相互作用时，合成致死性就是一种严重缺陷。det1 与 cop1 强等位基因可单独使植株在实生苗阶段后死亡，而 cop1-6 与 det1-1 两个弱等位基因构建的双重突变体表现出合成致死性，双突变体在成龄苗阶段就死亡。由于突变倾向于相互作用，已证明所有组成型光形态建成突变体都在同一途径的同一点作用。为什么会这样呢？其中一种可能是所有的基因产物相互结合形成复合体。

光受体感知光敏色素信号后，需经一定的信号转导途径，通过基因转录网络，来改变基因的表达，从而影响植物的生长发育，如光形成建成等。利用大多数类型的光受体，植物可检测到光照方向、光照时间、光质和波长。光敏色素 phyA ~ phyE 是目前研究最清楚的一类光受体，这些光受体在光形态建成反应中的作用独特，有时部分重叠或冗余，甚至颉颃。其中 phyA 和 phyB 作用显著，而 phyD、phyE 和 phyC 与 phyB 在功能上有重叠。各类光受体和光信号转导途径如图 7-6 所示。phyB ~ phyE 主要在连续红光和白光下调控光反应，在光转换后并不迅速降解，但会经历迅速的暗转换，成为 Pr 形式。这些光敏色素调控的红光—远红光光转换光敏色素反应，也称为低功率反应。这类反应具有光可逆性（photoreversibility），但最终结果取决于最后一次光处理，另外一个突出特征是遵循互易律或倒易律（reciprocity law），即无论光照时间多长，光化学反应取决于接受到的总的光子数，或反应量（光的照度和照射时间之积）。

高等植物中的光敏色素依赖的光信号转导途径和控制的基因表达过程如何？以 phy 为例，phyA 响应于远红光信号而导致光形态建成发育主要是通过对远红光反应核基因表达控制来实现的。传统的研究手段揭示数十个基因表达受光调控，最近采用 DNA 微阵列技术研究受 phyA 调控基因表达谱，证明 phyA 负责调控远红光诱导的基因组表达。此外，许多细胞代谢和调控途径受光的协同调控。一些基因（包括所有光合作用基因、糖酵解基因和三羧酸循环基因）表达受光活化，而另外一些基因（如细胞壁软化酶和水通道蛋白基因等）表达则受光阻遏。

通过测量依赖时间的全局基因表达谱，发现大比例的早期 phyA 调控基因已知或推测为转录调控因子，而绝大多数结构和代谢基因属于晚期反应类型。数据显示 phyA 活化诱导的大量基因表达变化的可能是转录级联事件（图 7-7）。也就是说，phyA 介导的光信号诱导的

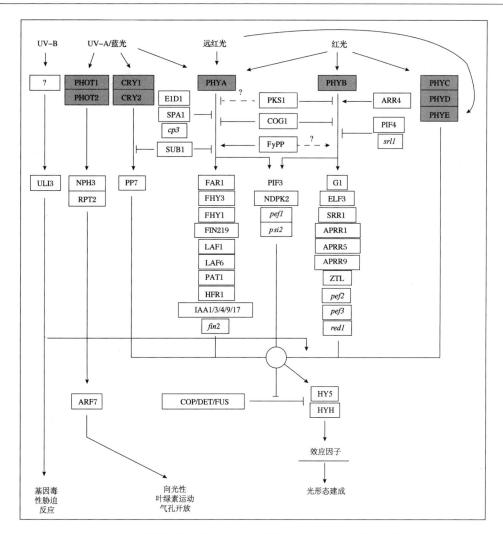

图7-6 光受体和光信号转导中间因子(引自 Gyula 等，2003)

UV-B 为未鉴定的受体吸收。高功率 UV-B 会损害 DNA，并激发一系列保护反应。低功率 UV-B 可通过提高 PHYB 特异性反应来影响光形态建成。UVB LIGHT INSENSITIVE 3（ULI3）是介导这些反应的信号转导组分之一。向光素或趋光素（PHOT）、隐花色素（CRY）和 PHYA 可感知 UV-A/蓝光的光谱。向光素控制绝大多数向光反应和细胞内叶绿素运动。隐花色素为绝大多数蓝光诱导的光形态建成提供信号。CRY-诱导的信号转导途径可能很短，到目前为止，只鉴定出一个正向作用的中间物。光敏色素是研究最充分的光受体。PHYB 是感知连续红光的光受体，而 PHYA 及较小范围内的 PHYE 对连续远红光和极低功率红光及蓝光做出反应。来自不同光敏色素的信号会整合成一个复杂的调控网络。这个网络抑制 COP/DET/FUS 类型蛋白质（作为光形态建成的负调控因子），并诱导下游诸如 HY5 和 HY5 HOMOLOGUE（HYH）等转录因子表达。生物钟也会在不同水平影响该调控网络。虚线框内为光输途径和生物钟的共同组分。已克隆的组分大写，未遗传鉴定的组分小写并用斜体表示。APRR1/5/9：ARABIDOPSIS PSEUDO-RESPONSE REGULATIOR1/5/9；ARF7：AUXIN RESPONSE FACTOR7；COG1：COGWHEEL1；*cp3*：*copacta3*；EID1：EMPFINDLICHER IM DUNKELRO-TEN LIGHT1；ELF3：EARLY FLOWERING3；FAR1：FAR-RED IMPAIRED RESPONSE；FHY1/2：LONG HYPOCOTYL IN FAR-RED LIGHT1/2；FIN219：FAR-RED INSENSITIVE219；GI：GIGANTEA；HFR1：LONG HYPOCOTYL IN FAR-RED LIGHT1；IAA1/3/4/9/17：INDOLE-3-ACETIC ACID REPONSE FACTOR1/3/4/9/17；LAF1/6：LONG AFTER FAR-RED LIGHT1/6；NDPK2：NUCLEOSIDE DIPHOSPHATE KINASE2；PAT1：PHYA SIGNAL TRANSDUCTION1；PSI2：PHYTO-CHROME SIGNALLING2；*red1*：*red light elongated*；*srl1*：*short hypocotyls in red light*；SRR1：SENSITIVITY TO RED LIGHT REDUCED1；SUB1：SHORT UNDER BLUE LIGHT1

早期表达的大部分基因编码转录调控因子，它们影响着众多的有关发育过程的下游效应基因的表达。

由于光敏色素在内细胞质中合成，那么光活化的光敏色素是如何控制细胞核中的光反应基因表达？早期免疫组织学和细胞分步分离法的研究结果表明，光敏色素主要位于细胞核外。最近的研究表明，在由 Pr 向 Pfr 形式光转化后，所有被绿色荧光蛋白（GFP）标记的光敏色素都由细胞质转运到细胞核，形成细胞核内的亮斑。对于 phyA 而言，用红光或远红光短暂照射，可诱导其向核内的快速运输（数秒），用红光（非远红光）照射后，先快速形成细胞质斑点，然后形成 phyA-GFP 核内亮斑，这种现象与形成光敏色素隔绝区（sequestered area of phytochrome，SAP）类似。此外，

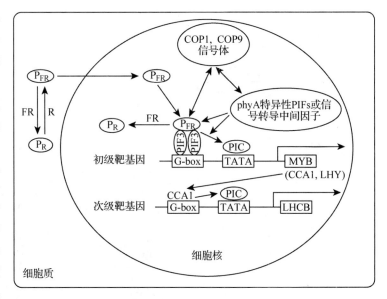

图 7-7　光敏色素对基因表达调控的分子模型（引自 Wang 和 Deng，2003）

光敏色素分子 phyA 光转化为活形式 Pfr，并转到核内，与跟 G 盒结合的 PIF3 互作，激活初级靶基因表达（如 Myb 类转录因子的 CCA1 和 LHY）。编码初级靶基因产物（许多为转录调控因子）依次控制二级靶基因表达（如 CCA1 诱导 *LHCB* 基因表达），形成一个控制 phyA 不同生理方面的转录网络。与 phyA 互作的其他因子（PIF3；如 PKS1、NDPK2、隐花色素、生长素/IAA）及其信号转导中间物，可能作为修饰因子参与这种直接光信号转导途径。此外，COP1 和 COP9 信号体也会直接或间接地与转录机器、PIF 或其他信号中间物互相作用，通过光控制的蛋白水解过程来调控它们的丰度。吸收远红光的 Pfr 形式可以是生理活性形式（极低功率反应），也可以在是在 Pr 向 Pfr 光转化过程中产生的短命的中间物（远红光依赖性的高照度反应），并可活化基因表达。PIC：复合体（pre-initiation complex）

连续远红光（非连续红光）照射也可诱导 phyA 向核内转运。因此，VLFR 和红光的 HIR 都可介导 phyA 向核内转运，表明 phyA 调控自身的核内转运。尽管不清楚核内亮斑的物理性质，但最近的研究表明，它们为 phyA 的功能所必需。目前不了解光敏色素的核质区隔的分子机制和调节因素，但推测 phyA 的 Pr 形式在细胞质中锚定保留，而 Pfr 形式不与锚定蛋白（anchoring protein）相互作用，因此被核内转运。

有较多证据表明光敏色素作为光调控激酶发挥作用，如重组 DNA 技术研究结果和细菌光敏色素可通过组氨酸激酶信号转导级联反应传递信息。高等植物光敏色素与细菌光敏色素不同，为丝氨酸/苏氨酸激酶。此外，光敏色素互作因子 3（phytochrome-interacting factor 3，PIF3）、核苷二磷酸激酶 2（nucleoside diphosphate kinase 2，NDPK2）、隐花色素（CRY1 和 CRY2）及 AUX/IAA 蛋白可与 phyA 相互作用。在某些情况下，Pr 向活性 Pfr 形式光转化可提高其磷酸化作用。例如，phyA 有 3 个亚结构域：N 末端的 52 个氨基酸负责调控 phyA 对连续远红光的专一性反应；53～616 位氨基酸构成的亚结构域连接发色团，负责调控对白光、连续红光和连续远红光反应；C 末端的 681～840 位氨基酸构成的亚结构域接受 N 末端感知的光信号，并将这一信号传递给光受体下游的信号转导组分。燕麦中 phyA 位于 N 端 Ser7 的

磷酸化在 Pr 和 Pfr 两种形式中是相似的,而位于关键位点的 Ser598 只在 Pfr 形式中磷酸化。因此,Ser598 在 Pfr 形式中的磷酸化和去磷酸化很可能是光敏色素信号转导的开关。Ser598 在 Pfr 形式中的磷酸化是作为负调控因子抑制光敏色素及其信号转导因子,如 NDPK2 和 PIF3 之间的相互作用,但尚无证据将其激酶活性和光敏色素信号转导直接地联系起来。

核内与光敏色素的相互作用因子 PIF3 是一个由碱性氨基酸组成的螺旋-环-螺旋(bHLH)转录因子超基因家族成员,可以与 phyA 和 phyB 直接相互作用,表明光敏色素调控核基因表达是通过与转录因子直接相互作用而实现的。PIF3 与相应的 DNA 结合位置(光反应 G 盒 DNA 序列 CACGTG)结合的情况下,phyB 可特异性地与光可逆地与 PIF3 相结合。此外,CCA1(circadian clock-associated protein 1)和 LHY(late elongated hypocoty 1)在它们的启动子上有 G 盒基序,并且它们编码 Myb 类转录因子,参与光相关反应和生物钟相关反应的调控。在 FIF3 水平降低的转基因拟南芥实生苗中,CCA1 和 LHY 的表达水平也降低。PIF3 和其他未鉴定的光敏色素作用因子是信号转录的调节因子,控制着光敏色素介导中主要转录因子基因的表达,它们依次调节下游的许多发育过程。这些数据及其他数据与下述模型一致:光诱导光敏色素分子转运到核内,其活性 Pfr 形式与已同启动子结合的 PIF3 结合,促进特异性的靶基因激活(图 7-7)。

HFR1(long hypocotyls in far-red 1)鉴定为 phyA 信号转导的正调控因子,它编码与 PIF3 紧密相关的 bHLH 蛋白,它自身形成同二聚体,也可与 PIF3 相成异二聚体。这表明 phyA 信号转导通过一系列 bHLH 蛋白相互作用控制着整合、转录网络,对一系列不同基因进行直接调控。拟南芥有约 135 个 bHLH 蛋白,它们都可以形成同二聚体和(或)异二聚体。

phyA 自身在向 Pfr 形式光转化后迅速降解,这种降解与泛素—蛋白质酶体途径有关。远红光对 phyA 活化也调控下游转录因子,如促进光形态建成的 bZIP 转录因子 HY5 和 HYH。光照条件下生长的实生苗内 HY5 水平大约是黑暗条件下实生苗的 20 倍,HY5 水平在数量水平上影响光形态建成的程度。HY5 在黑暗条件下的降解与 COP1 光形态建成的负调控蛋白有关。COP1 在细胞核内作用,来抑制黑暗条件下的光形态建成发育。光对 COP1 的失活伴随着细胞核内 COP1 丰度的降低。黑暗条件 COP1 与靶蛋白 HY5 直接相互作用降解是通过 26S 蛋白质酶体介导的。因此,推测 COP1 具有 E3 泛素连接酶活性。除 COP1 外,其他 9 个多效性 COP/DET/FUS 基因位点的蛋白质产物也作为光形态建成的负调控因子,并且对包括 phyA 在内的下游多个光受体作用。

7.3 向光性

不同器官对光照表现呈不同的反应:胚芽鞘向光生长——正向光性(positive phototropism),而根则离光生长——负向光性(negative phototropism),此外,叶片为有效地收集阳光,必须对太阳和重力保持一个角度。植物器官可分为 3 种生长习性:横生(diageotropic)、斜生(plagiogravitropic)和直生(orthotropic)(图 7-8)。以叶片为例,叶片对重力以 90°生长为横生,直接向着刺激或远离刺激的角度生长为直生,以其他角度生长为斜生。目前认为植物器官通过保持固定的角度来对重力做出反应,这个角度称为向重力性定点角(gravitropic set-point angle,GSA)。利用这个术语就可描述不同器官对重力的反应。玉米的胚芽鞘的 GSA

为 180°，根的 GSA 为 0°，而叶片的 GSA 在二者之间。植物器官对重力做出反应的方式是植物生长习性的重要决定因素。由于向性是由差异生长速率引起的，因此只有正在生长的器官才表现向性生长反应。在发育过程中，器官对某一特殊刺激的敏感性逐渐增大到最大值，然后慢慢降低，最后当器官达到成熟和停止生长时消失。

向性之间的相互作用在维持植物器官最有效的取向方面非常重要。例如，叶片取向受光和重力的向性（或感性）反应组合及与叶片上下面不均等生长的自主性趋势所共同控制。光修饰植物向重力的反应性。鸭跖草（Tradescantia）成熟节在黑暗条件下时向上生长（GSA = 180°），但在适度光照下则向下生长（GSA 范围在 0 ~ 90°）。光对重力向性反应的修饰依赖于光合作用，利用光合抑制剂处理植株基本上会取消这种修饰作用。其他的物种如番茄，光合作用和光敏色素都与 GSA 相互作用（Digby 和 Firn，2002）。许多植物产生的长匍茎（runner）与土壤表面平行（具有斜生性和 GSA 为 90°），或者在土壤表面生长，或者刚好在土壤之下生长。露珠草属（Circaea）的葡匐茎（stolon）和草莓属（Fragaria）的长匍茎在正常情况下贴近地面生长，当植物置于黑暗条件下时表现反向重力性，转向上生长。许多植物的根状茎在地表以下的大致固定深度水平生长，如深度水平被扰乱后，会以某一角度向上或向下生长，直到达到正常深度时才恢复水平生长。水平生长通常被看作是一种向重力性反应，但并不清楚如何保持稳定的深度。羊角芹（Aegopodium podagraria）的根状茎通过正向重力性对光做出反应，如果太靠近地表，就会使根状茎向下生长。现在还不了解是什么使得根状茎不会钻得太深，但在较深水平的 CO_2 浓度提高可以解释这种现象；因为羊角芹在 CO_2 浓度增加时会转向向上生长。对于多花黄精或葳蕤（Polygonatum multiflorum）的根状茎而言，据认为在负向重力性和光上偏生长（photoepinasty）之间存在一种平衡，这种平衡对根状茎的深度加以控制，当根状茎恰好在地表之下时，光照足以诱发感性反应来平衡内在的负向重力性。

器官向性反应的（正向或反向）姿势在其生长过程中发生变化。在生殖器官上经常会发生这种情况，花芽、开放的花及果实由于它们的梗具有不同的向重力性反应而各具特征性取向。花生（Arachis hypogaea）的花梗[雌蕊柄子房柄（gynophore）]最初是负向重力性的，受精后就转变为正向重力性，并将果实埋入土壤。常春藤叶

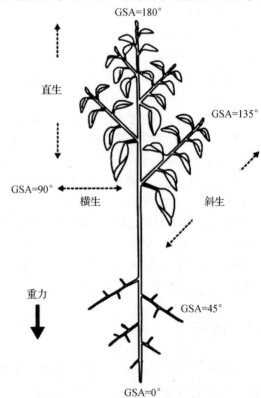

图 7-8　植物器官对重力所持的不同角度
（引自 Öpik 和 Rolfe，2005）

用横生、斜生和直生等术语来描述植物器官相对于定向刺激（重力）的取向。最近引入术语向重力性定点角（GSA）可更精确地描述器官相对于重力的取向

型铙钹花(*Cymbalaria muralis*)的花梗向光性反应由受精前的正向转变为受精后的负向，因此会将果实推入植株生长的岩石或墙壁的缝隙中。

7.3.1　向光性与生长素的不均匀分布

早期对植物对光和重力反应的研究导致植物激素的发现。查尔斯·达尔文报道了禾谷类植物(金丝藟草)胚芽鞘和双子叶植物实生苗下胚轴的正向光性弯曲，发现当器官的最尖端如果用金属箔"帽"遮住后不能弯曲，从而得出结论一定是某种刺激物从器官尖端向弯曲区域转运。Rothert(1894)对更广范围的植物材料进行了观察，之后 Fitting(1907)、Boysen Jensen(1910—1911)和 Páal(1914—1919)的研究证明，当胚芽鞘尖端切下，用湿润的切割面或明胶层置于胚芽鞘断面和尖端之间，刺激物向下转递时不会被阻隔。但用薄层云母片、铂箔片或可可油置于尖端和反应器官之间时，刺激物就不能传递。这些观察表明，刺激物最有可能是某种化学物质(现在已知是生长素)。

如果将胚芽鞘尖端切下，然后不对称地置于断面上，不经单侧光照就可发生弯曲(Páal，1918)。燕麦属植物(*Avena*)去顶后，胚芽鞘的直立生长降低或停止，但将切下的尖端置于原先位置，即可恢复生长(Söding，1925；Went，1928)。Went 于 1928 年清楚地展现了具有控制生长的一种化学物质是从尖端向下运输。他还表明可从胚芽鞘尖端切面扩散至琼脂块中的化学试剂进行该物质的收集。将这些琼脂块不对称地放置于去顶的胚芽鞘上，会引起背向接受化学信号的那一侧弯曲。此外，胚芽鞘尖端经单侧光照射后，利用不同的琼脂块收集向光和背光一侧释放出的激素，Went 表明从胚芽鞘尖端释放出的激素总量没有显著改变，只是更多激素转移到背光一侧。这样，参与向光性反应的刺激物显然在控制正常生长中也是具有活性的。同时在对向重力性研究中进行了平行观察，发现被刺激器官尖端产生一种生长控制刺激物，在重力影响下沿下面一侧传递。这些研究导致向性的 Cholodny-Went 理论的提出。1937 年，Went 和 Thimann 提出如下 Cholodny-Went 模型：不论是由内部因素还是外部因素诱导的生长弯曲，都是由于生长素在弯曲器官两侧不均等分布所致。对于光和重力诱导的向性，细胞的横向极化作用引起生长素的侧向运输，致使生长素不均等分布。该定义没有提到器官(根或芽)尖端在向性中的作用，实际上，有许多向光性和向重力性反应发生在非尖端区域。但上述定义未提及尖端的作用，可能是认为尖端的作用是如此明显，以至于不必提及。

生长素在茎尖顶端合成，然后经活性运输系统向基部运输。在黑暗或均匀光照条件下，生长素在器官的任意一侧都均等分布，并刺激器官两侧均等生长。在单侧光照射下，生长素向遮阴一侧重新分布。遮阴一侧生长素浓度增加从而促进生长，而向光一侧生长素浓度降低而抑制生长，使得器官向光源生长。生长素对苗芽生长的正向作用导致定向生长反应[图 7-9(A)]。

向光性反应取决于跨反应器官的光梯度。禾谷类植物胚芽鞘是一个嫩弱的半透明器官，内部空虚，光进入后产生显著的内部反射。器官内的光梯度可以用特细纤维光学仪表(ultra-fine fibre-optic)来测定。此类研究结果表明，随光照与照射区域不同，单侧光照射产生的光梯度范围在 1.5∶1 到 35∶1 之间。在更为健壮的器官中，组织对光的吸收形成一个陡峭的光梯度。在光照一侧与遮光一侧的 1% 光照度差异足以引发向光性反应。

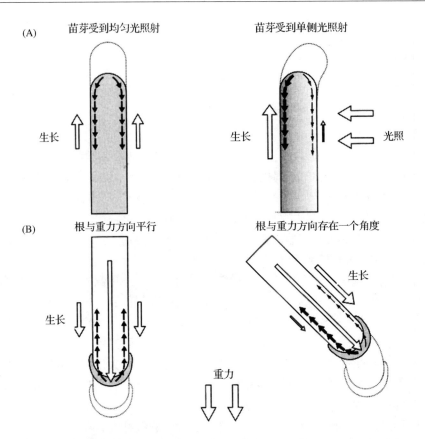

图 7-9 不对称生长素梯度被认为导致向性弯曲(引自 Öpik 和 Rolfe, 2005)

(A)光从正上方照射芽(或胚芽鞘),生长素从尖端向下运输,并均等分布。苗芽两侧的生长速率相同,因此苗芽笔真向上生长。单侧光照导致生长素在苗芽内重新分布。遮阴一侧刺激生长而光照一侧抑制生长 (B)在根内,生长素在根冠处重新分布。当根与重力按一定角度放置时,更多的生长素运输到下面一侧,而上面一侧的生长素含量减少。由于在根中生长素抑制生长,因此根向下弯曲

7.3.2 光感知与向光素

前面的章节我们已经知道光敏色素和隐花色素。在任何光介导的反应中,最初的步骤必定是光的吸收和激活一个或多个光受体。作用光谱测定是了解光受体光谱特性的一个有用的手段。作用光谱测定表明,在向光性反应中蓝光是有活性的,并且作用光谱在 438 nm、440 nm 和 480 nm 处的蓝光存在三个峰。最初的这些研究产生了关于光受体特性的巨大争议,因为植物包含许多具有相似吸收特性的不同化合物,包括黄素和类胡萝卜素等等。

Liscum 和 Briggs(1995)鉴定了一系列无向光性下胚轴的拟南芥突变体(*non-phototropic hypocotyl*, *nph*)。*NPH1* 编码参与向光性弯曲的蓝光受体,而 *nph1* 突变体就是该基因缺陷的突变体。缺乏该蓝光受体的植物在低通量率[1 μmol/(m² · s)]的单侧蓝光照射时,不表现向光性。NPH1 蛋白现在被称为向光素(PHOTOTROPIN, PHOT),PHOT1 与光敏色素或隐花色素十分不同,但却与其他生物中鉴定的信号转导分子都具有一系列共同的基序。它包含两

个保守序列，称为 LOV 结构域(光、氧气、电压)；LOV 结构域在果蝇及脊椎动物中的传感器上都曾被鉴定到。此外，该结构域还是丝/苏氨酸激酶，当暴露于蓝光时会自身磷酸化。该蛋白与一黄素生色团结合，使后者经历光刺激构型变化，并伴随相关的光谱特性改变。在拟南芥和其他物种基因组中已鉴定出一系列相关基因，结果表明与光敏色素及隐花色素的情况类似，向光素由一个小的多基因家族编码。

最初认为 PHOT1 是拟南芥向光性弯曲所需的唯一光受体，但一系列证据表明还有别的受体存在，或者独立于 PHOT1 作用，或者与 PHOT1 联合作用。突变体 nph1 虽然在低通量率的单侧蓝光照射时，不表现向光弯曲，但在高通量率[100 μmol/(m²·s)]的光下照射较长时间(12 h)则会产生野生型植株上所见到的弯曲。最近的研究表明，一个相关基因 NPL1 (non-phototropic hypocotyl like)编码了第二次向光性反应所需的另一个向光素。该蛋白包含 LOV 结构域，并可与黄素结合，因此曾被命名为 PHOT2。在 phot1 phot2 双突变体中，几乎所有的向光性弯曲都消失(Sakai 等，2001)。拟南芥根的负向光性反应也需要相同的受体。

这两个光受体也控制植物对光作出反应的其他方面(参见 Briggs 和 Christie，2002)。用弱的蓝光照射细胞含叶绿体(内有叶绿素)的叶片时，叶绿体会在细胞最上面一侧(靠近平周壁)累积，最大化地拦截光线。但如果同样的细胞暴露于强的蓝光下时，叶绿体就转移到垂周细胞壁，使得自我遮阴达到最大化，这可能是避免由于过度照射导致光化学损伤的一种保护性反应。但在 phot1 phot2 双突变体中，上述两种反应都消失。同样，这些光受体还介导了蓝光诱导的气孔开启(Kinoshita 等，2001)。

向光性中其他光受体的作用仍不清楚。Ahmad 等(1998)报道缺乏 CRY1 或 CRY2 的拟南芥植株仍表现向光性弯曲，但在 cry1 cry2 双突变体中第一次(非第二次)向光性弯曲消失。而 Lascève 等(1999)则报道 cry1 cry2 植株仍然表现对蓝光的第一次向光性反应。Whippo 和 Hangarter(2003)最近研究了向光素和隐花色素在不同光照(度)下的互作。在低光照条件下[1 μmol/(m²·s)]，隐花色素可促进向光性反应，但在高光照条件下[100 μmol/(m²·s)]则有抑制作用。这些光受体一起平衡实生苗对不同方向光照的反应。均匀一致的红光照射可促进实生苗对单向蓝光的反应。拟南芥黄化实生苗在均匀一致的弱红光[1.6 μmol/(m²·s)]下照射 1~1 000 s，及单向蓝光[0.5 μmol/(m²·s)]照射 4 h 后测量其弯曲程度，发现增加红光光通量可增加实生苗的弯曲程度。由于红光的促进作用可被其后的远红光所取消，因此它具有低光通量光敏色素反应的全部特征。不同寻常的是，光敏色素 A 在该反应中发挥作用，因为在 phyA 突变体中反应不明显。如前所述，通常 phyA 与极低光通量或高光照反应相联系，在这些反应中远红光是最重要的信号。这些反应与低光通量反应不同，不能为远红光所逆转。光敏色素在黄化和去黄化实生苗中的作用虽然需更详尽的研究，但至少谜底看起来已经显现。

突变体分离不仅鉴定了向光素，还鉴定了信号转导途径的其他化合物。别的 nph 突变体 (nph2、nph3、nph4)都在 phot1 的下游发挥作用，而且许多被克隆。其中一些同样的突变在寻找改变根向光性的突变体(rpt 突变体)及其他植物生理学研究中得到独立鉴定。研究发现，phot1、nph2、nph3 发现只影响向光性，而 nph4 还改变向重力性反应。NPH4 基因已被克隆，它编码一个转录因子，并且早先曾被鉴定为生长素反应转录因子 ARF7(auxin-responsive transcription factor)。同样的突变基因在生长素或生长素运输抑制剂处理后反应改变的突变体中也得到鉴定。随着对这些基因和蛋白功能，尤其是它们之间互作的了解，有望尽快在向性中的信号感知和生长反应之间建立联系。实验表明生长素运输介导生长素的侧向分布，并且由此鉴定出 PIN3。PIN3 参与下胚轴和根的向性。PIN3 位于茎芽的内皮层，如此定位非常符合它作为调控侧向生长素再分配的角色。

7.4 向重力性

根部很少合成生长素，而是生长素经维管系统运输到根冠。然后根冠的生长素侧向运输，在表皮层中向上返回到根部。去除根冠会取消向重力性反应，并刺激根部生长。在重力刺激下，生长素不均等分布形成。更多的生长素被转运到下面一侧，抑制其生长，而上面一侧生长素含量减少则刺激其生长。这种差异生长导致根部向下弯曲[图 7-9(B)]。在这种情况下，生长素对根生长的负向作用导致根的定向生长。在根内观察到的实际反应通常比生长素在一侧刺激生长而在另一侧抑制生长还复杂。根的不同部分以一种复杂的方式随不同时间以不同的伸长速率做出反应。

绝大多数向重力性研究都是采用实生苗的初生根、实生苗的芽或禾谷类植物胚芽鞘等。在根部，重力感知局限于根尖。在许多物种中根冠被鉴定为重力传感器。例如，切去根冠会消除玉米、豌豆(*Pisum sativum*)、家独行菜(*Lepidium sativum*)和扁豆(*Lens culinaris*)根向重力性反应。用精细激光束来破坏单个细胞，即所谓的激光切除(laser ablation)已用来表明当拟南芥根的中柱根冠(columella root cap)中央(非旁侧)细胞被破坏后，就会丧失许多向重力性反应。在苗芽内，重力感知并不局限于茎尖内，因为将禾谷类植物的胚芽鞘和双子叶植物苗芽去顶后，经常会延缓它们的向重力性反应，但并不会消除其反应性。

引发向重力性反应并不需要连续刺激。经过一段时间刺激后，即使将被测植物置于旋转器(klinostat)上缓慢旋转，使得植物在任何一个方向上平均重力为零，也会发生弯曲反应。能使继后弯曲反应发生的最短刺激时间称为阈时(presentation time)或感知时间(perception time)。在自然重力及室温条件下，阈时或感知时间在 10～30 s 到 25 min 之间。在明显的反应被观察到之前是一段迟滞期，潜伏期或反应时间(reaction time)，实际上这段时间在器官内许多不同过程将被激活。

对重力的最初感知一定涉及敏感细胞中的某些实体运动——这是可以与细胞相互作用的唯一方式。1900 年，Haberlandt 和 Neměc 独立提出向重力性的平衡石理论。该理论认为，在感知细胞或平衡细胞(statocyte)内，平衡石(statolith)(即可移动的淀粉粒)在重力作用下位于细胞的下半部分。这样细胞就获得一种"上下性"(即极化作用)，并作为一种信号引发向重力性反应。

平衡细胞被发现位于植物的重力感知区域——根冠中柱和围绕苗芽的维管组织，以及禾谷类植物叶枕的淀粉鞘薄壁组织细胞(starch sheath parenchyma cell)(图 7-10)，但在非向重力性器官中不存在。形成平衡石的淀粉与其他组织中发现的淀粉不同，因为形成平衡石的淀粉即使在十分饥饿的环境下也不会消失。有证据表明在某些植物中草酸钙晶体也发挥平衡石同样的功能。另外，在轮藻(characean algae)假根内包含的平衡石富含硫酸钡。

除平衡石位于重力感知区域外，其他证据也支持平衡石在重力感知中的作用。在淀粉粒密度和器官向重力性反应之间存在极大的相关关系。利用低温和赤霉素等处理可使平衡石丢失，并导致向重力性丧去。当细胞重新具有淀粉时，这种向重力反应性也会恢复。番茄 *lazy1* 突变体缺乏淀粉，也无向重力性。用生长素处理突变体，既可恢复其淀粉形成，也可恢复其向重力性。拟南芥 *shoot gravitropism1*（*sgr1*）突变体的上胚轴无向重力性反应，同时也缺乏包含可沉积淀粉的内质网。

在一个时期内，平衡石在重力感知中的作用备受质疑，因为有报道缺乏淀粉的拟南芥突变体也缺乏平衡石，但仍然能表现向重力性反应。但如果在不饱和重力条件下重复上述试验时，这些植株实际上是不反应的。对极大拟南芥中等淀粉水平突变体的仔细研究表明，在平衡石密度和向重力反应性之间存在极大的相关。尽管重力感知机制看起来有点"过量建构"，因为具有 50%～60% 淀粉突变体在向重力性反应上与野生型植株更类似，而不是与无淀粉突变体相似。

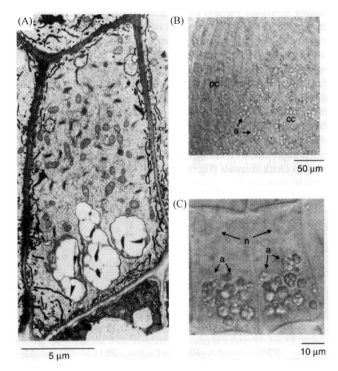

图 7-10 根冠内的平衡石和平衡细胞

（引自 Sack，1997；Collings 等，2001）

（A）拟南芥中央中柱细胞的显微电镜照片。平衡石为白色，沉积在细胞底部。内质网被染为黑色，位于细胞周边。箭头所示为一淀粉体与内质网的接触点。（B）和（C）为蒺藜苜蓿（*Medicago truncatula*）和亚麻（*Linum usitatissimum*）根冠的亮视野照片 （B）根冠的中央中柱（cc）细胞包含许多淀粉体（a），而根冠旁侧（pc）则很少 （C）在高倍镜下，中央中柱的淀粉体清晰可见，位于细胞基部。已标出细胞核（n）位置，它们典型地位于这些细胞的顶端

对于平衡石在重力感知中的作用，它们的直接移动将会提供支持或不支持的最好的证据，但这种试验在技术上有难度。Kuznetsov 和 Hasenstein（1996，1997）将拟南芥根尖和大麦胚芽鞘置于足以移动平衡石的极强磁场梯度下，在根尖内，这种处理导致在平衡石移置方向发育弯曲（如在正向重力性反应器官中所预期的结果），而在胚芽鞘和下胚轴则观察到相反的结果（如在负向重力性反应器官中所预期的结果）。轮藻的平衡石由 BaSO₄ 组成，用光学镊子可以移置平衡石。精细排列的激光束产生高聚光，而高聚光可产生微小的、可感知的力量来把持和移动细胞内的物体（Leitz 等，1995）。这种实验证实了平衡石在轮藻假根重力感知中的作用。

在向重力性中如果平衡石的沉积是第一步的话，那么这种运动是如何引发向重力性反应的？一种理论认为，平衡细胞的内质网是重力感知途径中的一个重要组分。平衡细胞的内层网层在靠近远端细胞壁处精确排列，而这些细胞的细胞核则倾向于位于细胞的近端，这种定位推测可能不至于干扰平衡石的沉淀。由于这些细胞的特殊形状及内质网排列方式，意味着

在垂直生长的根内，平衡石在根轴两侧的细胞内以相同的方式压着内质网（ER）。当根重新取向水平生长时，在上面的细胞内平衡石从 ER 上滑落下来，从而舒解对 ER 的压力，但对下面的细胞则没有影响。对豌豆无向重力性突变体 ageotropa 的研究结果支持上述观点，因为在该突变体中的根冠平衡细胞中没有远端 ER 复合体。其他的理论认为是原生质体膜，而不是 ER 感知平衡石的运动。显然平衡石无需与质膜直接接触来施加压力。因为细胞内部并非一个简单的、充满液体的囊，而是包含诸如微管微丝等许多细胞骨架组分。它们可将平衡石和质膜联系起来，并以这种方式传递压力变化。Collings 等（2001）研究表明，在若干物种的中柱细胞内的肌动蛋纤维（或肮纤蛋白丝）与平衡石之间存在联系。

参与平衡石运动感知的分子仍有待于鉴定，但原生质膜与 ER 则表明参与平衡石运动感知。原生质膜与 ER 包含许多离子通道，其中一些被牵张或拉伸激活（stretch-activated）。膜的牵张改变跨膜电子梯度（electrical gradient），而许多离子通道可感知并响应于这些电子信号。牵张或拉伸激活通道抑制剂，阳离子如钆（Gd^{3+}）和镧（La^{3+}）可阻断向重力性反应。包括钙、肌醇、3，4，5-三磷酸盐在内的一些第二信使（second messenger）参与重力信号转导。钙离子结合蛋白，如钙调素或 Ca^{2+}-ATPase 负责将钙离子泵入和泵出质膜，这些蛋白的抑制剂表明可阻断向重力性反应。Plieth 和 Trewavas（2002）表明向重力性刺激产生细胞质 Ca^{2+} 浓度的短暂变化。但这些化合物的精确机制仍有待于阐明。

与茎芽不同，根中的刺激感受在根冠，而生长反应在伸长区，两者相距较远。但 DR5 报告基因的实验表明，侧向生长素再分配在根冠就已经开始发生。生长素向基性转运是以生长素运出和运入依赖性方式进行的。AUX1 可能促进生长素向侧根冠和表皮区吸收，而 PIN2 可能介导向伸长区的定向转运。重力是由轴柱根冠区和茎芽内皮的包含淀粉的细胞器——平衡石感知的，但这些区域 PIN3 的存在表明有可能是通过 PIN3 使得重力感知和生长素再分配耦合在一起。在正常情况下，绝大多数 PIN3 在轴柱细胞质膜中对称分布；在重力刺激下，PIN3 会在 2min 内改变其位置，向细胞新的底部重新分配。因此，PIN3 可介导生长素向根的下方流动。另外，生长素运入载体 AUX1 在根轴柱细胞中的亚细胞动态表明，在重力刺激后，AUX1 可能介导了生长素向轴柱的运入，从而形成一个暂时的生长素库，形成生长素以 PIN3 依赖性方式的不对称分配所需要。而 PIN1 和 PIN3 等生长素运出载体在质膜和内体之间沿肌动蛋白细胞骨架的膜小泡内的持续循环，可能是为 PIN3 的亚细胞定位提供便利。生长素运出抑制剂、小泡运输抑制剂 BFA 或肌动蛋白解聚等处理，会破坏肌动蛋白依赖性 PIN3 循环，导致向地性缺陷。茎芽内皮存在平衡石和 PIN3 的结果表明，在茎芽向性反应中，可能也以 PIN3 或（和）其他 PIN 蛋白的再定位这样类似的机制进行，但仍需要证明。最近对 SHOOT GRAVITROPIC2（SGR2）和 SGR4 两个内皮蛋白的研究表明，在膜运输、液泡组织和茎芽向地性反应之间存在联系。但 sgr2 和 sgr4 突变由于在平衡石沉降方面缺陷，但显示正常的向光性反应，因此这两个突变似乎干扰了重力感知，而不是生长素再分配。

已提出的模型都表明，由于平衡石沉降而使细胞骨架重新组织，PIN3 肌动蛋白依赖性细胞内运输重新取向，沿着平衡石沉降路线定位到细胞底部，引起向地性反应。但这种模型过于简单化和机械化，平衡石沉降与 PIN3 再定位之间的联系仍需进一步研究。

7.5　植物生长激素与光敏色素互作及其他影响

细胞分裂素和油菜素内酯影响暗形态建成。最近研究表明，细胞分裂素诱导产生的一种蛋白（ARR4）与 phyB 结合，可稳定 FR 形式，而过量表达 ARR4 会使植物对红光超敏感。这显示在光受体和植物激素之间存在直接的联系。

一类称为油菜类固醇（brassinosteroid）的植物激素也是黑暗条件下抑制光形态建成所必需的。这类激素与哺乳类动物中类固醇激素有关，以前曾被认为是一种次要的激素，与其他主要激素，如赤霉酸和细胞分裂素在功能上冗余。现在已知油菜类固醇在拟南芥发育中发挥重要作用，在 *det/cop/fus* 突变体中有不少可被此类激素作用挽救。

首例报道与油菜类固醇有关的组成型光形态建成突变体是 *det2* 突变体（Li 等，1996）。*det2* 突变体最初是因为其在暗中光形态建成发育而得到鉴定的，即暗中抑制下胚轴伸长，子叶打开与真叶提前发育。尽管 *det2* 在暗中的许多表型特征与 *det1* 突变体相同，但双突变体分析表明，*det2* 与 *det1*、*cop1* 和 *fus9* 的作用途径不同（Chory，1992）。此外，*det2* 还在光下表现出植株矮小，颜色比野生型还要深绿等显著的生长缺陷，同时顶端优势和育性降低。油菜类固醇可挽救 *det2* 的表型。利用图位克隆对 *det2* 进行克隆，发现该基因编码的蛋白质与哺乳类类固醇合成中的一个关键酶——类固醇 5α 还原酶（steroid 5α reductase）相似（Li 等，1996），这说明 *det2* 在油菜类固醇生物合成步骤方面存在缺陷。因此可得出结论，没有完整的油菜类固醇合成途径，光形态建成在暗中就不能完全被抑制。

利用同样的表型，或者是在暗中组成型光形态建成，或者是在光下矮化，已对其他的油菜类固醇突变体进行鉴定。其中 *constitutive photomorphogenesis and dwarfism*（*cpd*）突变体也可通过提供油菜类固醇挽救其表型（Szekeres 等，1996）。该突变体基因已通过标签法克隆，发现编码一个新的细胞色素 P450，与油菜类固醇生物合成其他类固醇羟化酶相似。另外一组矮化突变体称为 *cabbage* 突变体（*cbb1-cbb3*），也发现对油菜类固醇作出反应（Kauschmann 等，1996）。*cbb* 突变体是根据其矮小的茎轴、紧缩的莲状结构及暗绿色叶片而得到鉴定。

油菜类固醇促进细胞伸长，因而此类激素可挽救不少在黑暗条件下，下胚轴伸长受到抑制的突变体。能被油菜类固醇挽救的突变体包括前文所述的光形态建成突变体，如 *det2* 与 *det1*、*cop1* 和 *fus4 ~ 9*、*det2*、*fus11*、*fus12* 等。此外，不依赖于光信号转导的细胞伸长过程缺陷突变体 *diminuto*（*dim*）也可被油菜类固醇挽救（Szekeres 等，1996）。由于油菜类固醇可挽救 *det1* 途径上的很多光形态建成突变体，因此推测 *det2* 与 *det1* 可能存在互作。油菜类固醇并不能挽救其他如赤霉素（GA）突变体等的短下胚轴表型。这表明 GA 是以另一条独立途径作用，该途径也是在黑暗条件下促进下胚轴伸长所需的。

光敏色素与植物生长激素的互作的另外一个例子是避阴反应与乙烯之间的互作。高粱中的乙烯产生受昼夜节律控制，遮阴条件可强劲地提高峰值幅度。高粱 phyB 突变体表现组成型避阴反应，即使是在全日光条件下生长，也可产生比正常条件下更多的乙烯（Finlayson 等，1999）。Pierik 等（2003）对烟草的研究表明，植株暴露于乙烯条件下，可激发避阴反应的许多特征；而乙烯不敏感的烟草植株在高密度或 EOD-FR 光照条件下生长时，会延迟避阴反应。这种互作的分子基础尚不清楚。

　　乙烯在实生苗发育中的另外一个重要作用是三重反应（triple response）。三重反应包括抑制茎伸长，促进茎加粗，促进茎的水平生长或正常的向地性反应消失（Crocker 等，1913）。对乙烯的其中一个响应是，顶钩（apical hook）过分扭曲成螺旋状。不存在乙烯或阻断乙烯反应时，顶钩将子叶向下"卷缩"，使顶钩不至于过分弯曲。据认为是乙烯使生长素在顶钩区的茎轴两侧分布不均，导致顶钩偏向或螺旋不均衡生长所致。当正在向地表伸长生长的实生苗茎芽在遇到障碍物时，这种效应会使下胚轴由原来的伸长生长转变为向粗生长，给实生苗增加"肌肉"，帮助它排除障碍，部分减缓茎向上生长的习性，产生负向地性（negative geotropism），茎横向生长（不是直接向上生长）。利用外源乙烯存在条件下，不显示三重反应已从拟南芥分离出乙烯不敏感突变体，对乙烯信号转导的阐明发挥了重要作用。

　　植物激素在控制植物腋芽生长方面发挥重要作用。植物顶端优势（apical dominance）是指植物正在生长的茎顶会抑制侧芽生长和分枝的现象。茎顶和幼叶是控制顶端优势物质的来源，摘掉顶芽会解除顶端优势侧芽的抑制，侧芽即可发育成枝条。顶端优势是植物的一种生存机制，其原理的利用在农业和园艺生产中有重要意义，可用以提高产量和改善株型等。植物通过其体内运动的激素信号之间的相互作用，控制顶端优势和腋芽生长。一种机制是已知的顶芽产生的生长素向下运输，进入侧芽部位，以致侧芽的生长受到抑制。但上述对腋芽的抑制是间接的，因为对腋芽直接施用生长素并不抑制其生长，而且腋芽在激活时其内的生长素水平还会上升。另外，顶端施加的生长素也并不会运输到腋芽。显然腋芽中的细胞分裂素也参与互作。通过豌豆、矮牵牛和拟南芥植物的突变体分析和嫁接实验证明，顶芽的抑制作用也可由下向上传递，表明顶端优势也可能是一种向上运输的信号物质在起作用。由此获得一系列 *more axillary growth*（*max*）突变体（自拟南芥）、*ramosus*（*rms*）（自豌豆）和 *decreased apical dominance*（*dad*）突变体（自矮牵牛），并克隆了相关的生物合成与信号转导基因 *MAX*、*RMS* 和 *DAD*。这种从根向上运输的信号物质或激素被发现为独脚金萌发素内酯（strigolactones，SL）。

参考文献

刘进平 . 2007. 生长素运输机制研究进展[J]. 中国农学通报，155（5）：432 – 443.

刘进平 . 2007. 植物腋芽生长与顶端优势[J]. 植物生理学通讯，241（3）：575 – 582.

Ahmad M, Cashmore A R. 1993. *HY4* gene of *A. thaliana* encodes a protein with characteristics of a blue light photoreceptor[J]. Nature, 336: 162 – 165.

Ahmad M, Jarillo J A, Smirnova O, *et al*. 1998. Crytochrome blue-light photoreceptors of *Arabidopsis* implicated in phototropism[J]. Nature, 392: 720 – 723.

Ang L H, Deng X W. 1994. Regulatory hierarchy of photomorphogenic loci: Allele-specific and light-dependent interaction between the *HY5* and *COP1* loci[J]. Plant Cell 6: 613 – 628.

Ballaré C L, Scopel A L, Jordan E T, *et al*. 1994. Signaling among neighbouring plants and the development of size inequalities in plant populations [J]. Proceedings of the National Academy of Sciences (USA), 91: 10094 – 10098.

Bell C J, Maher E P. 1990. Mutants of Arabidopsis thaliana with abnormal gravitropic responses[J]. Molecular & General Genetics, 220: 289 – 293.

Bleecker A B, Estelle M A, Somerville C, *et al.* 1988. Insensitivity to ethylene conferred by a dominant muta-tion in *Arabidopsis thaliana*[J]. Science, 241: 1086 – 1089.

Bleecker A B, Schaller G S. 1996. The mechanism of ethylene perception[J]. Plant Physiol, 111: 653 – 660.

Briggs W R, Christie J M. 2002. Phototropins 1 and 2: versatile plant blue-light receptors[J]. Trends in Plant Science, 7: 204 – 210.

Castle L A, Meinke D W. 1994. A *FUSCA* gene of *Arabidopsis* encodes a novel protein essential for plant devel-opment[J]. Plant Cell, 6: 25 – 41.

Chamovitz D A, Wei N, Osterlund M T, *et al.* 1996. The COP9 complex, a novel multisubunit nuclear regula-tor involved in light control of a plant development switch[J]. Cell, 86: 115 – 121.

Chang C, Kwok S F, Bleecker A B, *et al.* 1993. *Arabidopsis* ethylene-response gene *ETR*1: Similarity of prod-uct to two-component regulators[J]. Science, 262: 539 – 544.

Chory J. 1992. A genetic model for light-regulated seedling development in *Arabidopsis*[J]. Development, 115: 337 – 354.

Chory J, Peto C, Feinbaum R, *et al.* 1989. *Arabidopsis thaliana* mutant develops as a light-grown plant in the absence of light[J]. Cell, 58: 991 – 999.

Chory J, Susek R E. 1994. Light signal transduction and the control of seedling development[C]. In: *Arabi-dopsis*. ed. Meyerowitz E M, Somerville C R. 579 – 614. Cold Spring Harbor: Cold Spring Harbor Press.

Collings D A, Zsuppan G, Allen N S, *et al.* 2001. Demonstration of prominent actin filaments in the root colu-mella[J]. Planta, 212: 392 – 403.

Crocker W, Knight L L, Rose R C. 1913. A delicate seedling test[J]. Science, 37: 380 – 381.

Crosson S, Moffat K. 2001. Structure of a flavin-binding plant photoreceptordomain: insights into light-mediated signal transduction[J]. Proceedings of the National Academy of Sciences (USA), 98: 2995 – 3000.

Deng X W, Matsui M, Wei N, *et al.* 1992. *COP*1, an *Arabidopsis* regulatory gene, encodes a novel protein with both a Zn-binding motif and a Gβ-protein homologous domain[J]. Cell, 71: 791 – 801.

Deng X W, Quail P H. 1992. Genetic and phenotypic characterization of *cop*-1 mutants of *Arabidopsis thaliana* [J]. Plant J, 2: 83 – 95.

Digby J, Firn R D. 2002. Light modulation of thegravitropic set-point angle (GSA)[J]. Journal of Experimen-tal Botany, 53: 377 – 381.

Ecker J R. 1995. The ethylene signal transduction pathway in plants[J]. Science, 268: 667 – 675.

Finlayson S A, Lee I J, Mullet J E, *et al.* 1999. The mechanism of rhythmic ethylene production in sorghum: the role of phytochrome B and simulated shading[J]. Plant Physiology, 119: 1083 – 1089.

Firn R D, Wagstaff C, Digby J. 2000. The use of mutants to probe models of gravitropism[J]. Journal of Ex-perimental Botany, 51: 1323 – 1340.

Friml J, Wisniewska J, Benkova E, *et al.* 2002. Lateral relocation of auxin efflux regulator PIN3 mediates trop-ism in *Arabidopsis*[J]. Nature, 415: 806 – 809.

Guzmán P, Ecker J R. 1990. Exploiting the triple response of *Arabidopsis* to identify ethylene-related mutants [J]. Plant Cell, 2: 513 – 524.

Gyula P, Schäfer E, Nagy F. 2003. Light perception and signaling in higher plants[J]. Current Opinion in Plant Biology, 6 (5): 446 – 452.

Hartmann K M. 1966. A general hypothesis to interpret"high energy phenomema" of photomorphogenesis on the basis of phytochrome[J]. Photochemistry and Photobiology, 5: 349 – 366.

Hartmann K M. 1967. Ein Wirkungsspektrum der Phototmorphogenese unter Hochenergiebedingungen und seine Interpretation auf der Basis des Phytochroms (Hypokotylwachstumshemmung bei *Lactuca sativa* L.)[J]. Zeitschrift für Naturforschung, B 22: 1172 – 1175.

Hasegawa K, Sakoda M, Bruinsma J. 1989. Revision of the theory of phototropism in plants: a new interpretation of a classical experiment[J]. Planta, 178: 540 – 544.

Hou Y, vonArnim A G, Deng X W. 1993. A new class of *Arabidopsis* constitutive photomorphogenic genes involved in regulating cotyledon development[J]. Plant Cell, 5: 329 – 339.

Howe G T, Bucciaglia P A, Hackett W P, *et al.* 1988. Evidence that the phytochrome family in black cottonwood has one PHYA locus and two PHYB loci but lacks members of the PHYC/F and PHYE subfamilies[J]. Molecular Biology and Evolution, 15: 160 – 175.

Howell S H. 1998. Molecular genetics of plant development[M]. Cambridge: Cambridge University Press, 1 – 365.

Hua J, Chang C, Sun Q, Meyerowitz E M. 1995. Ethylene insensitivity conferred by *Arabidopsis ERS* gene[J]. Science, 269: 1712 – 1714.

Jarillo J A, Gabrys H, Capel J, *et al.* 2001. Phototropin-related NPL1 controls chloroplast relocation induced by blue light[J]. Nature, 410: 952 – 954.

Kagawa T, Sakai T, Suetsugu N. *et al.* 2001. Arabidopsis NPL1: a phototropin homolog controlling the chloroplast high-light avoidance response[J]. Science, 291: 2138 – 2141.

Kaldewey H. 1957. Wuchsstoffibldung und Nutationsbewegungen von *Fritillaraia meleagris* L. Im Laufe der Vegetationsperiode[J]. Planta, 49: 300 – 344.

Kauschmann A, Jessop A, Koncz C, *et al.* 1996. Genetic evidence for an essential role of brassinosteroids in plant development[J]. Plant J, 9: 701 – 713.

Kieber J J, Rothenberg M, Roman G, *et al.* 1993. CTR1, a negative regulator of the ethylene response pathway in *Arabidopsis*, encodes a member of the RAF family of protein kinases[J]. Cell, 72: 1 – 20.

Kinoshita T, Doi M, Suetsgu N, *et al.* 2001. phot1 and phot2 mediate blue light regulation of stomatal opening [J]. Nature, 414: 656 – 660.

Kiss J Z, Wright J B, Caspar T. 1996. Gravitropism in roots of intermediate-starch mutants of *Arabidopsis*[J]. *Physiologia Plantarum*, 97: 237 – 244.

Koornneef M, Rolff E, Spruit C J P. 1980. Genetic control of light-inhibited hypocotyls elongation in *Arabidopsis thaliana* L. [J]. Heynh. Z. Pflanzenphysiol, 100: 147 – 160.

Kuznetsov O A, Hasenstein K H. 1996. Intracellular magnetophoresis of amyloplasts and induction of root curvature[J]. Planta, 198: 87 – 94.

Kuznetsov O A, Hasenstein K H. 1997. Magnetophoretic induction curvature in coleoptiles and hypocotyls[J]. Journal of Experimental Botany, 48: 1951 – 1957.

Larsen P. 1962. Geotropism An introduction[C]. In: Encyclopedia of Plant Physiology, ed. W. Ruhland. Berlin: Springer. Vol. 17. part2, pp. 34 – 73.

Lascève G, Leymarie J, Olney M A, *et al.* 1999. *Arabidopsis* contains at least four independent blue-light-activated signal transduction pathways[J]. Plant Physiology, 120: 605 – 614.

Leitz G, Schnepf E, Greulich K O. 1995. Micromanipulation of statoliths in gravity-sensing *Chara* rhizoids by optical tweezers[J]. Planta, 197, 278 – 288.

Li H M, Culligan K, Dixon R A, *et al.* 1995. *CUE*1: A mesophyll cell-specific positive regulator of light-controlled gene expression in *Arabidopsis*[J]. Plant Cell, 7: 1599 – 1610.

Li J, Nagpal P, Vitart V, et al. 1996. A role for brassinosteroids in light-dependent development development of Arabidopsis[J]. Science, 272: 398 – 401.

Liscum E, Briggs W R. 1995. Mutations in the Nph1 locus of Arabidopsis disrupt the perception of phototropic stimuli[J]. The Plant Cell, 7: 473 – 485.

Li Y, Hagen G, Guilfoyle T J. 1991. An auxin-responsive promoter is differentially induced by auxin gradients during tropisms[J]. The Plant Cell, 3: 1167 – 1175.

Mathews S, Sharrock R A. 1996. The phytochrome gene family in grasses (Poaceae): a phylogeny and evidence that grasses have a subset of the loci found in dicot angiosperms[J]. Molecular Biology and Evolution, 13: 1141 – 1150.

McClure B A, Guilfoyle T. 1987. Characterizaton of a class of small auxin-inducible soybean polyadenylated RNAs[J]. Plant Molecular Biology, 9: 611 – 623.

McNellis T W, Deng X W. 1995. Light control of seedling morphogenetic pattern[J]. Plant Cell, 7: 1749 – 1761.

Moller S G, Ingles P J, Whitelam G C. 2002. The cell biology of phytochrome signalling[J]. New Phytologist, 154: 553 – 590.

Nagatani A, Chory J, Furuya M. 1991. Phytochrome-B is not detectable in the hy3 mutant of Arabidopsis, which is deficient in responding to end-of-day far-red light treatments[J]. Plant Cell Physiol. 32: 1119 – 1122.

Neff M M, Chory J. 1998. Genetic interactions between phytochrome A, phytochrome B, and cryptochrome 1 during Arabidopsis development[J]. Plant Physiology, 118: 27 – 36.

Okada K, Ueda J, Komaki M K, et al. 1991. Requirement of the auxin polar transport system in early stages of Arabidopsis floral bud formation[J]. The Plant Cell, 3: 677 – 684.

Öpik H, Rolfe S A. 2005. The Physiology of Flowering Plants[M]. 4th Edition. Cambridge: Cambridge University Press.

Ottenschläger I, Wolff P, Wolverton C, et al. 2003. Gravity-regulated differential auxin transport from columella to lateral root cap cells[J]. Proceedings of the National Academy of Sciences (USA), 100: 2987 – 2991.

Pepper A, Delaney T, Washburn T, et al. 1994. DET1, a negative regulator of light-mediated development and gene expression in Arabidopsis, encodes a novel nuclear-localized protein[J]. Cell, 78: 109 – 116.

Pierik R, Visser E J W, De Kroon H, et al. 2003. Ethylene is required in tobacco to successfully compete with proximate neighbours[J]. Plant, Cell and Environment, 26: 1229 – 1234.

Plieth C, Trewavas A J. 2002. Reorientation of seedlings in the earth's gravitational field induces cytosolic calcium transients[J]. Plant Physiology, 129: 786 – 796.

Reed J W, Nagatani A, Elich T D, et al. 1994. Phytochrome A and phytochrome B have overlapping but distinct functions in Arabidopsis development[J]. Plant Physiol. 104: 1139 – 1149.

Reed J W, Nagpal P, Poole D S, et al. 1993. Mutations in the gene for the red/far-red light receptor phytochrome B alter cell elongation and physiological responses throughout Arabidopsis development[J]. Plant Cell, 5: 147 – 157.

Robson P R H, McCormac A C, Irvine A S, et al. 1996. Genetic engineering of harvest index in tobacco through overexpression of a phytochrome gene[J]. Nature Biotechnology, 14: 995 – 998.

Sack F D. 1997. Plastids andgravitropic sensing[J]. Planta, 203: S63 – 68.

Sakai T, Kagawa T, Kasahara M, et al. 2001. Arabidopsis nph1 and npl1: blue light receptors that mediated both phototropism and chloroplast relocation[J]. Proceedings of the National Academy of Sciences (USA), 98: 6969 – 6974.

Schaller G E, Bleecker A B. 1995. Ethylene-binding sites generated in yeast expressing the Arabidopsis ETR1 gene[J]. Science, 270: 1809 – 1811.

Scott W O, Aldrich S R. 1970. Modern soybean production[M]. Champaign IL: S & A Publications.

Sharrock R A, Quail P H. 1989. Novel phytochrome sequences in Arabidopsis thaliana: structure, evolution, and differential expression of a plant regulatory photoreceptor family[J]. Genes and Development, 3: 1745 – 1757.

Shinomura T, Nagatani A, Hanzawa H, et al. 1996. Action spectra for phytochrome A- and B-specific photoinduction of seed germination in Arabidopsis thaliana[J]. Proceedings of the National Academy of Sciences (USA), 93: 9129 – 9133.

Sievers A, Volkmann D. 1972. Verursacht differentieller Druck der Amyloplasten auf ein komplexes Endomembransystem die Geoperzeption in Wurzeln[J]. Planta, 102: 160 – 172.

Smith H. 1973. Light quality and germination: ecological implications[M]. In: Seed Ecology, ed. Heydecker W. London: Butterworths, pp. 219 – 231.

Somers D E, Sharrock R A, Tepperman J M, et al. 1991. The hy3 long hypocotyls mutant of Arabidopsis is deficient in phytochrome b[J]. Plant Cell, 3: 1263 – 1274.

Steyer B. 1967. Die Dosis-Wirkungsrelationen bei geotropen und phototropen Reizung: Vergleich Von Monomit Dicotyledonen[J]. Planta, 77: 277 – 286.

Stowe-Evans E L, Luesse D R, Liscum E. 2001. The enhancement of phototropin-induced phototropic curvature in Arabidopsis occurs via a photoreversible phytochrome A-dependent modulation of auxin responsiveness[J]. Plant Physiology, 126: 826 – 834.

Swere U, Eichenberg K, Lohrmann J, et al. 2001. Interaction of the response regulator ARR4 with phytochrome B in modulation red light signaling[J]. Science, 294: 1108 – 1111.

Szekeres M, Nemeth K, Koncz Kalman Z, et al. 1996. Brassinosteroids rescue the deficiency of CYP90, a cytochrome P450, controlling cell elongation and de-etiolation in Arabidopsis[J]. Cell, 85: 171 – 182.

Thimann K V, Curry G M. 1961. Phototropism[C]. In: Light and Life. Ed. McElroy W D, Glass B. Baltimore, MD: Johns Hopkins University Press, pp. 646 – 672.

Van Doorn W G, van Meeteren U. 2003. Flower opening and closure: a review[J]. Journal of Experimental Botany, 54: 1801 – 1812.

Vvon Armin A G, Deng X W. 1994. Light inactivation of Arabidopsis photomorphogenic repressor COP1 involves a cell-specific regulation of its nucleocytoplasmic partitioning[J]. Cell, 79: 1035 – 1045.

Wang H, Deng X W. 2003. Dissection the phytochrome A-dependent signaling network in higher plants[J]. Trends in Plant Science, 8 (4): 172 – 178.

Wei N, Chamovitz D A, Deng X W. 1994. Arabidopsis COP9 is a component of a novel signaling complex mediating light control of development[J]. Cell, 78: 117 – 124.

Wei N, Deng X W. 1996. The role of theCOP/DET/FUS genes in light control of Arabidopsis seedling development[J]. Plant Physiol, 112: 871 – 878.

Went F W, Thimann K V. 1937. Phytohormones[M]. New York: Macmillan.

Whippo C W, Hangarter R P. 2003. Second positive phototropism results from coordinated co-action of the phototropins and cryptochromes[J]. Plant Physiology, 132: 1499 – 1507.

Whitelam G C, Patel S, Devlin P F. 1998. Phytochromes and photomorphogenesis in Arabidopsis[C]. Philosophical Transactions of the Royal Society of London B, 353: 1445 – 1453.

Yamamoto K T. 2003. Happy end in sight after 70 years of controversy[J]. Trends in Plant Science, 8: 359 – 360.

第8章 开花控制

对开花植物生殖过程的研究使我们了解植物在其自然生态系统中的功能，具有重要的经济意义。切花一年四季都有需求，控制开花时间具有重大商业价值。

植物营养生长最终会导致向生殖发育的转变。植物在完成一定的营养生长和到达花熟状态(ripeness to flower)之前不会开花，也不会对确保继后开花的环境刺激做出反应。因此，植物被认为经历如下3个生长阶段：①幼年期(juvenile phase)，这个阶段植物不开花；②成熟期(mature phase)，这个阶段适当的环境刺激将引发开花；③生殖期(reproductive phase)，这个阶段实际发生开花。

在植物中，开花诱导可能是被子植物生活史中最剧烈的发育变化。对于一年生的、短命植物而言，整个生活史只开花一次，开花诱导不仅代表生殖的开始，也是衰老的开始。因此，植物必须精确调控开花，保证在有利的时间开花，以完成种子发育和成功繁殖。在许多物种中，这种过渡标志着营养生长的结束及生殖生长的开始。在营养发育过程中，茎尖分生组织内的细胞重复分裂产生非决定状态的芽。当植物诱导开花时，分生组织重新编程以产生花，也就是说不再从决定状态的芽中产生额外的芽。从体细胞发育向生殖发育的转变突出表明了植物和动物发育的差别。在许多植物如单花植物中，向开花过渡意味着无限生长结束。而在如拟南芥等植物中，花成簇生长在花序(花茎或花梗)上，向开花过渡包括两个转变：一是形成花序，二是产生花。这两个过渡是明显不同的两个过程，并可在遗传上加以区别。花序在有限和无限生长物种上有不同的类型。有限生长物种的花序分生组织会形成末端花，从而结束花序的进一步生长，无限生长物种的花只在侧枝或花序(合花序，coinflorescence)上形成，并不形成末端芽(Bradley等，1997)。每个生长阶段之间的过渡是否清晰、时间长短及单个植株上区域内这些生长阶段的共存程度和范围，随不同物种差别很大。

许多多年生植物，生殖发育只在特定区域进行，但营养生长仍在持续进行。向开花过渡发生在茎尖分生组织中，当接收到适当的环境或发育信号后，茎尖分生组织重新设定发育程序，以产生花序或花器，而不是营养器官。从发育的角度看，向开花过渡不仅是茎尖分生组织重新设定发育程序，也是花序或花的实际产生。拟南芥花序分生组织与营养分生组织在解剖上有些不同。花序分生组织圆顶形结构更明显，而且肋状分生组织(file meristem 或 rib meristem)更大、在支持较长的花茎生长方面更活跃(Vaughan，1995)。但现在不清楚解剖结构的改变是分生组织生长状态改变的原因抑或是结果。

已经鉴定了向生殖生长过渡所必需的或大大促进向生殖生长过渡的一些环境因子。这些环境因子在特定数目的物种上，也就是通常表现出明确反应的物种上被广泛研究。但是，许多物种并不需要一套精确的环境刺激，它们在适合持续生长的任何环境下都能开花。分子生物学研究表明，控制开花主要有4条途径，即光周期途径(photoperiodic pathway)、自主途径

（autonomous pathway）、春化作用（vernalization）和 GA 途径（GA pathway）。此外，周围条件变化也会强烈影响开花时间，例如，低温（16 ℃）与正常生长温度（20～24 ℃）相比，有延迟开花的效果，而与遮阴条件相关的高远红光/红光比例的光质可提早开花。

8.1　光周期途径控制开花

对光照在调控开花的实验研究可以追溯到 W. W. Garner 和 H. A. Allard 在 1920 年首次发表研究结论。研究者注意到烟草品种 Maryland Mammoth 尽管营养生长旺盛，但在夏季却不能开花和结籽。当将根砧转移到温室中时，则很容易在冬季月份产生小的开花植株。他们还发现，连续春播大豆在同一时间开花，如果春季长在温室中，则植株很小时仍然也会开花。在温室内无法将对这些显著促进植株开花的效果归因于光照、湿度和温度。因此，Garner 和 Allard 研究了日长的效应，他们通过人工光照延长自然日长，或将植物在不透光的橱柜中放置一段时间来缩短日长，研究结果表明这些烟草和大豆品种开花需要一段时间的短日处理，而且经过一段适当时间的短日处理后，无论继后的日长如何，都能开花。该发现导致开花的光周期诱导（photoperiodic induction）概念的产生。

光周期现象定义为植物对昼夜光暗循环格局的反应。日长短于某个临界值时才能诱导开花的植物物种，或在长夜/短日条件下生长，开花受促进的植物被划分为短日植物（short-day plant，SDP），而日长长于某个临界值时才能诱导开花的植物，或短夜/长日条件促进开花的植物则被划分为长日植物（long-day plant，LDP）（图 8-1）。第三类被称为日中性植物（day-neutral plant），这些植物的开花不受光周期影响。其他的类型还包括响应于长日后短日及短日后长日而开花两种类型。

绝大多数研究主要针对那些对日长反应清晰的植物进行。两个经典的模式植物为专性短日植物苍耳（*Xanthium pennsylvanicum* 或 *X. strumarium*）和专性长日植物一年生天仙子（*Hyoscyamus niger*）。日长临界值并不绝对，随不同物种而异，因此对于某个个体而言，长日和短日可能会发生重叠。因此，这些先驱性研究清楚地表明这种情况的复杂性。某些植物对短日或长日诱导开花有绝对需求，而对于有些植物，诱导性光周期只能起到提前开花的作用。有些植物开花需要不同日长结合，也就是短日照后再进行长日照。还存在温度和日长之间的复杂互作。在自然生态系统中，光周期反应决定了可诱导植物在一年中的什么时间开花。LDP

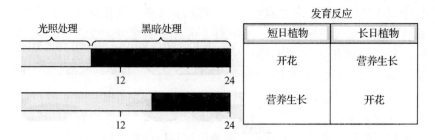

图 8-1　短日植物和长日植物在光周期和开花反应之间的关系

（引自 Bewley 等，2000）

感知春天和初夏的日长增加，而 SDP 则对晚夏和秋天的日长缩短做出反应。开花的光周期需求是植物对温带和北极圈生境适应的特点，这些生境中日长随季节变化。而在接近赤道地区，日长变化不大，热带植物开花一般而言不受光周期控制。生长纬度较广的植物物种，拥有临界日长不同的光周期生态型，当在远离其原产地纬度生长时不能开花。观赏植物种植者在温室中可以自由地利用光周期诱导刺激植物开花。

8.1.1 叶片中感知日长

19 世纪 40 年代晚期用定向光试验揭示了叶片感知光周期的首条证据。例如菠菜只有当叶片而不是其他植株部分暴露于诱导性(短日)光周期时才会诱导开花；而只有茎端暴露于短日光周期时则不开花。嫁接试验也支持叶片感知光周期信号的结论。例如，从经光周期诱导后的紫苏植株取一叶片，相继嫁接到若干株营养生长状态的植株茎端，可诱导 7 株营养生长状态的植株开花(图 8-2)。紫苏叶片促进开花的稳定反应说明，至少在某些植物中，叶片控制开花状态。

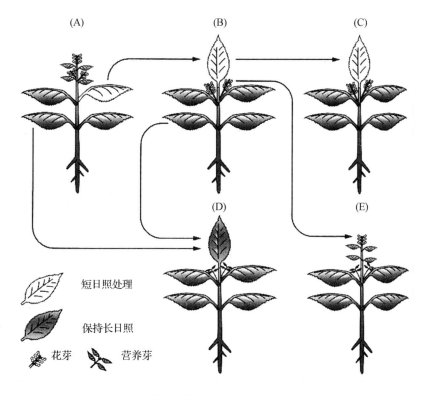

图 8-2 紫苏叶片持久的光诱导(引自 Bewley 等，2000)

(A)暴露于数天短日条件下的单个紫苏叶片(浅色)可以诱导在非诱导的、长日条件下生长的紫苏植株开花 (B)同一短日叶片嫁接到第二株在非诱导的、长日条件生长的紫苏植株开花 (C)如果同一叶片取下再嫁接到第三株紫苏上，还可诱导植株开花 (D)开花植株上的非诱导(长日照)叶片嫁接到非诱导的植株不能引起开花 (E)开花的茎端嫁接到非诱导植株也不能诱导植株开花。综合上述结果，嫁接试验表明，紫苏叶片被短日照光周期持久诱导后可产生开花促进信号光周期诱导发生在叶片，开花刺激物通过韧皮部从叶片运输到产生花的分生组织。如果苍耳发生落叶，只剩一片叶子，也可通过暴露于适当的光诱导条件下而导致开花。同样地，如果只有一片叶子被诱导，其他叶片处于非诱导条件下，同样会导致开花。开花刺激物可以通过嫁接从已诱导叶片向同一物种的非诱导叶片传递，有些情况下，还能在不同物种间传递，甚至在不同光周期需求的物种间传递，也就是说，从 LDP（已诱导的）向 SDP（非诱导的）传递而刺激后者的开花诱导，开花刺激物传递也可在日中性和日长敏感性植物之间发生。

被诱导叶片产生的信号的精确特性及植物对这种信号的反应随不同物种而异。用单个诱导循环诱导苍耳开花是极不常见的，在苍耳种群中，需要 3 个诱导循环才能确保植株 100% 产生花朵。更多的诱导循环可增加形成的花数和提高开花的速度。一旦苍耳被诱导开花，形成的带叶芽仍可通过嫁接将开花刺激物传递到未诱导的植株，因为开花信号扩散到整个植株，而不是局限于已诱导叶片中。

短日植物薄荷属成员之一紫苏（*Perilla ocymoides*）则是另外一种情形。即使植物返回到非诱导条件下，诱导状态仍会持续，但却只局限于处在诱导条件下的叶片内。当这些叶片年老并死亡，植株就又回到营养生长状态。短日植物 Biloxi 大豆需要持续诱导条件才能开花，当植物返回到非诱导条件下时会很快停止开花。

这些结果难以用单一促进开花的刺激物来解释。不论是从生理学研究还是从遗传学研究来看，开花诱导是一个多因素影响的过程，既有激发过程，也有抑制过程，表明调控开花的方式相当复杂。

8.1.2 夜长与昼夜节律控制开花

在正常生长条件下，由于需要光合产物来生长和发育，因此所有植物开花都有光需求。但是对于无日长要求的植物而言，如果提供糖分，在黑暗条件下也可开花。因此，开花对"高照度"的要求是对光合作用而言，而非与开花诱导相关的特殊需求。苍耳（*Xanthium strumarium*）在短于 15.5 h 的日长条件（该物种的临界日长）下也会开花。在自然条件下昼夜时间总是 24 h，因此这种观察无法区分是对日长（<15.5 h）还是对夜长（>8.5 h）做出的反应。如果植物生长在人工条件下才可能单独改变光周期和暗周期的长度，那么该方法表明在诱导苍耳（*Xanthium strumarium*）开花中实际上是夜长发挥作用。因此，短日植物称为长夜植物更恰当，尽管长夜植物这个术语在文献中已经约定俗成。与此相反，长日植物天仙子（*Hyoscyamus niger*）实质为短夜植物。长日植物天仙子（*Hyoscyamus niger*）只有当夜长不超过 13 h，或夜长短于某临界值时才会开花。

认识到暗周期的重要性之后，人们发现诸如苍耳这样的短日植物，置于诱导开花条件下，如果光周期被短期黑暗打断后仍将开花，而不超过 8.5 h 的暗周期中用短期光照打断则不能开花。对于该物种，5min 的"夜中断"期足以打断暗周期。对该反应作用光谱测定，鉴定出光敏色素为光受体。红光（640~680 nm）最有效，而远红光（710~740 nm）则可取消红光效应，说明是一种低功率反应。短日植物 Biloxi 大豆上也观察到类似的反应。对于诸如大麦这样的长日植物，光敏色素也可感知夜中断，但却会诱导其开花。前面的章节表明，特异性光受体的突变体被证明是了解光感知的一种有效工具，还表明隐花色素等其他光受体在开花调控中也发挥重要作用。

给予夜中断的时间在决定其效应上是重要的。以短日植物红叶藜(*Chenopodium rubrum*)为材料，在单个 72 h 黑暗时期中的不同时间段给予 2min 的红光中断处理，处理后置于连续光照下，并进行开花记数。发现黑暗时期开始后的 6、33 或 60 h 进行夜中断对开花的抑制效应最有效，即植物在正常 24 h 诱导周期下黑暗中的时间。反应时期大约以 24 h 间隔(实际略长)发生。在这种情况下，光诱导与一种内源植物节律互作，这种节律被称为昼夜节律(circadian rhythm)或生物钟，即使植物处于恒定条件下也会保持，并在如黏菌、植物、昆虫和人类等多种生物中发现。昼夜节律时钟由一系列相互表达调控的蛋白质组成，并形成一个振荡系统。该系统中心为昼夜节律振荡器或摆动蛋白(circadian oscillator)，它与分别感知高照度的红光和蓝光的 phy B 和 cry 1 光受体作用产生的光周期同步。昼夜节律时钟输出控制许多其他基因的表达，包括但并不局限于调控开花光周期诱导的基因。这些输出基因突变导致在长日(LD)条件下晚开花，但在短日(SD)条件下对开花时间影响很小。*co*(*constans*)和 *gi*(*gigantea*)突变不能感知光周期刺激。另外，两个光受体 cry 2 和 phy A 也调控长日条件下的开花，但它们的作用在低功率条件下更明显，且被认为在很大程度上是以独立于昼夜节律时钟而作用。生物种决定植物在昼夜循环中发育的许多方面，包括叶和花的运动、生长和基因表达、开花等都受这种周期控制。

8.1.3 光敏色素是感知光周期和光质的主要光受体

植物感知光质的分子机制涉及光反应色素，特别是光敏色素(phytochrome)，它存在于绿色植物和藻类的细胞质中。光敏色素吸收红光和远红光，并且参与包括开花和萌发在内的若干定时过程。光周期研究表明光敏色素既参与光周期现象，也参与光质的感知，尽管这两者之间的联系并未完全了解。

拟南芥有 5 个光敏色素基因(*PHYA ~ PHYE*)，每一个基因都编码不同的光敏色素蛋白质。*PHYA* 和 *PHYB* 参与开花时间的调控，尽管两者都不是阻遏与诱导开花所必需的。突变体 *phyB* 的表型为提早开花，说明 *PHYB* 延迟开花(图 8-3)。与此相反，*PHYA* 则响应于促进开花的光信号从而加速开花。例如，在暗期中光照 1h 后，野生型植株会提早开花，但 *phyA* 突变体则否。而 *phyA phyB* 双突变体甚至比 *phyB* 突变体还要提前开花，说明两种光敏色素对开花的效应是复杂的。因此，鉴定不同光敏色素对发育以及开花过程的特异性效应是光生物学的主要挑战之一。

光敏色素虽然是参与控制开花的主要光受体，

野生型

*phyB*突变体

图 8-3 拟南芥 *phyB* 突变体提早开花

(引自 Bewley 等，2000)

图中两株拟南芥在长日条件下生长相同时间。图右为野生型植株，尚未产生肉眼可见的花序茎，而图左为 *phyB* 突变体，茎尖已明显开花

但却不是影响开花的唯一光受体。感知蓝光的隐花色素(cryptochrome)也影响光形态建成(photomorphogenesis),但对开花的影响仍未完全确定。一个复杂的因素是光敏色素也感知蓝光,而且将光敏色素介导的反应与隐花色素介导的反应相区分通常是困难的。光合色素也参与开花调控,尽管它们的效果被认为主要是间接的。例如,增加光合作用可通过缩短植物到达成熟所需的时间来影响开花时间。

8.2　春化作用途径控制开花

　　一些植物需要一段较长的冷处理才能开花,这种冷处理称为春化作用(vernalization)。这种需求通常表现在冷冬气候地域起源的物种上,并且被认为起到防止秋季早熟开花的作用,因为秋霜可破坏花朵和正在发育的果实。需要春化作用的物种在温暖气候下不开花。二年生型态的天仙子(*Hyoscyamus niger*)对冷处理绝对需要;如果在较高温度下越冬,将无限制地保持营养状态。在其他物种上,春化作用虽非绝对需求,但加速开花。黑麦(*Secale cereale*)虽然对春化作用无绝对需求,但经春化处理后的冬黑麦品种开花与春黑麦一样迅速。虽然天仙子和冬黑麦都是长日植物,但在短日植物和日中性植物上也发现开花需要冷处理的现象。春化作用最有效的温度为 6℃ 或接近 6℃,最大加速开花的处理时间随物种而异,从 4d 至 3 月不等。如果冷处理后紧接着进行一段高温处理,常可逆转春化作用,这表明存在一个中性温度。例如,天仙子中性温度约为 20℃。

　　在上述某些情况下,已表明茎端是敏感区域,但在冷处理前茎端要达到所要求的成熟度才会有效,如天仙子。而其他植物(如冬性禾谷类植物)可对未成熟种子的胚或未干燥的成熟种子进行冷处理。目前的春化理论倾向于认为活跃的有丝分裂细胞是低温感知位点。银扇草(*Lunaria annua*)和菥蓂(*Thlaspi arvense*)叶扦插切段暴露于春化温度时,产生营养性的莲座状叶,而插条暴露于低温时则产生开花枝芽。在处理过程中插条包含分裂细胞,但无茎端。Burn 等(1993)提出春化作用取决于有丝分裂细胞的 DNA 去甲基化作用。DNA 去甲基化作用导致开花必需的基因激活。有一系列证据支持这个模型:①正在分裂的细胞暴露于春化温度会引起 DNA 甲基化。在有丝分裂过程中,甲基化格式忠实地传递给子细胞,作为前次冷处理的“记忆”。由于基因的 DNA 序列并未发生变化,因此,该过程属表观遗传(epigenetic)过程。②用甲基化抑制剂 5-氮杂胞苷或 5-氮杂胞嘧啶核苷(5-azacytidine)处理未春化植株可导致提早开花。③降低内源甲基化酶的转基因植株或突变体植株不需要春化处理也提早开花。早期的研究曾提出存在一种可传递的春化化学物质,称为春化素(vernalin),但由于在绝大多数例子都可用上述模型更好地解释,因此这个概念已淡出人们的注意。

　　春化作用有两个明显特性:其一,低温对关键开花基因诱导产生的活性状态,可以通过连续的有丝分裂(在顶端分生组织发生生殖性转化之前,植物发育过程中所进行的细胞分裂)遗传。其二,春化状态的有丝分裂记忆,在下一个生殖世代会重新将开花关键基因设置为初始活性状态。

　　春化作用促进开花的作用模式在很长一段时间都是一个谜,主要原因是低温的初始反应和最后的开花后果之间往往相距很多周的时间。最近利用拟南芥进行研究,人们对植物在分子水平上对春化作用的反应有所了解。拟南芥对春化作用反应的关键基因是 *FLOWERING*

LOCUS C（*FLC*），春化作用的诱导状态是该基因位点转录活性受到阻遏，是通过对与该基因片段染色质相关的组蛋白特异性修饰来实现的。

在参与调控 FLC 的蛋白复合体中，PAF1（RNA polymerase Ⅱ associated factor）、FRI（FRIGIDA）、At SWR1（拟南芥 Swi2/Snf2-related ATPase，由 ATPase 亚基 Swr1 而得名）复合体为 FLC 在春化作用之前的活性所必需，而在春化作用过程中，VRN2 PRC Ⅱ（VERNALIZA-TION 2 Polycomb Repressive Complex 2）蛋白复合体与 VIN3（VERNALIZATION INSENSITIVE 3）结合并阻遏 FLC。春化作用之后，LHP1（LIKE-HETEROCHROMATIN PROTEIN1）蛋白复合体维持这种阻遏状态，没有与 VIN3 结合的 VRN2 复合体可能也参与上述过程。

春化作用诱导的 *FLC* 的阻遏是低温促进开花的重要组分，而 *FLC* 活性的阻遏又依赖于 *VIN3* 的低温诱导（图 8-4）。VIN3 会被招募到与 *FLC* 基因片段相结合的 VRN2 PRC Ⅱ 蛋白质复合体上。*VIN3* 的低温诱导水平、低温处理时间长短、对开花的促进程度及与 *FLC* 基因相结合的组蛋白上特定残基的一系列修饰成正相关关系。有可能招募到 VRN2 PRC Ⅱ 蛋白质复合体上的 VIN3 数量决定组蛋白修饰的比例，降低 *FLC* 基因片段的转录活性。但是利用 35S 启动子驱动 *VIN3* 表达时，并不能够阻遏 *FLC* 活性，这说明还需要对蛋白质进行某些修饰，或别的因子也参与了该过程。

VRN2 蛋白质复合体的成分包括 VRN2、CURLY LEAF（CLF1）、SWINGER（SWN1）、FERTILIZATION INDEPENDENT ENDOSPERM（FIE1），这些成分与果蝇 PRC Ⅱ 复合体蛋白质同源。在春化作用过程中，PRC Ⅱ 复合体组分增加。

VIN3 在低温处理过程与组蛋白脱乙酰活性相关。其他的修饰包括去除转录活性标志 H3K4mc3 和 H3K36me，获得阻遏标志 H3K27me3 和 H3K9me2。CLF 和 SWN 蛋白负责三甲基化 H3K27。其他蛋白与 VIN3、VIN3-like1（VIL1，与 VRN5 同名）相互作用，这对低温处理过程中阻遏性组蛋白的累积十分重要。

低温对 *FLC* 基因位点转录的阻遏可压制所有参与 *FLC* 调控的正转录活性。其中一个原因是春化作用诱导产生的变化是 VRN2 复合体介导 *FLC* 染色质的异染色质化作用。这种染色质结构的改变可使转录激活复合体位移，并促使基因活性丧失。在春化过程中，与 *FLC* 邻近的基因活性也会同步下调，如 *NPTII*。

分生组织和叶片细胞的分子互作是由于叶片产生 FLOWERING LOCUS T（FT）蛋白，转运到分生组织细胞。在叶内，*FLC* 活性抑制 *FT* 的诱导，直到低温处理该阻断才能被解除，从而使 *FT* 对长日照条件做出反应。*FLC* 的低温阻遏也会除去对 *SOC2* 和 *FD* 基因活性的抑制。FLC 可与 *SOC2* 启动子、*FD* 基因

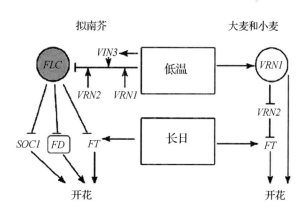

图 8-4　拟南芥和大麦及小麦在春化作用过程中环境信号和基因作用的关系（引自 Dennis 和 Peacock，2007）

在秋天的长日照条件下，FT 受到阻遏（拟南芥是 FLC 作用，大麦和小麦是 VRN2 作用）。在冬天，低温阻遏拟南芥 FLC 表达，而在大麦和小麦则是诱导 VRN1。VRN2 被短日照所阻遏。在春天长日照条件下，FT 被诱导，在拟南芥和大麦及小麦两个系统中引起开花

翻译起始点上游的一个区域及 *FT* 第一内含子内的一个位置相结合。低温可去除 FLC 对叶片中 *FT* 和 *SOC2* 及分生组织中 *SOC2* 和 *FD* 的阻遏，这种互作将低温信号与长日照信号诱导 *FT* 联系起来。在茎尖，*FT* 和 *FD* 相互作用，启动花序发育和花形态发生（图 8-4）。

春化作用还有促进胞嘧啶去甲基化的效果。在十字花科植物菥蓂（*Thlaspi arvense*）中，*KAH* 是编码 GA 生物合成酶 *ent*-异贝壳杉烯酸羟化酶（*ent*-kaurenoic acid hydroxylase）的基因，而去甲基化与 *KAH* 转录激活存在相关关系，这表明春化作用激活 *KAH* 基因及其他可能参与启动开花的基因表达。用去甲基化试剂 5-氮杂胞苷（5-azacytidine）处理，可产生与春化作用类似的效果，这表明了在控制开花时间上春化作用与甲基化作用存在联系。上述结果表明，特异基因的去甲基化作用与成熟和开花相关。最新的研究结果还表明，甲基化还参与控制确定不同花器官属性的基因 *SUPERMAN*（*SUP*）。

8.3　GA 途径控制开花

在诱导开花问题上，不论是光周期反应还是春化作用都指向激素的作用，尤其是赤霉素（gibberellic acid，GA）的作用。许多年以来人们就知道对营养生长的植株施用外源生长激素，可引发某些物种的生殖发育。赤霉素合成或敏感性缺陷的许多突变体在开花时间也发生了改变。例如，对菠萝（*Ananas comosus*）和荔枝（*Litchi chinensis*）商业化施用生长素可诱导开花，生长素对菠萝开花的作用是因为刺激了乙烯产生。对于别的物种，生长素则起到抑制开花的作用，导致对生长素的这种作用不了解。在许多物种上，对春化作用的需求可用 GA 处理来代替。低温可诱导菥蓂（*Thlaspi arvense* L.）茎端（不是叶片）中 GA 生物合成关键酶的活性。GA 在开花诱导中作用的进一步证据来自于对菠菜（*Spinacia oleracea*）提取物中 GA 含量和 GA 生物合成酶的测定。菠菜生长时在短日条件下保持营养生长状态，并具有莲座状生长习性。从这些植株中获得的提取物表明 GA 生物合成的一个关键步骤被抑制。当把菠菜暴露在长日条件下时，活性 GA 的含量增加，茎干伸长，并产生花朵。由此可见，GA 生物合成中许多酶的合成处于光周期的控制之下。

Chandler 和 Dean（1994）发现施用 GA 可克服晚开花突变体的效应，表明 GA 在晚开花突变的下游作用。GA 为这些突变体在非诱导（短日）条件下开花所需，因为突变体不能产生相当数量的 GA，例如，*ga1* 在 SD（短日）条件下不能开花（Wilson 等，1992）。对 *gibberellic acid insensitive*（*gai*）突变体开花的效应也有类似现象。*ga1* 和 *gai* 突变体在连续光照或长日条件下均可开花。尽管 GA 突变体不具有长日条件下的效应，但被认为是组成型 GA 反应的 *spindly*（*spy*）突变体，即使在长日条件下仍可提早开花（Jacobsen 和 Olszewski，1993）。

8.4　自主促进开花途径

拟南芥的花长在花序上，所以开花包括两个过渡：花序发育和花发育。第一个过渡即花序形成（花茎形成），受长日或（和）低温等环境信号影响，而第二个过渡是从花序发育向花发育转变，不需要已知的环境信号。晚开花突变体在促进由营养生长向生殖生长转变的基因上存在缺陷，而早开花突变体在阻遏由营养生长向生殖生长转变的基因上存在缺陷。拟南芥在恒定的光周期和温度条件下开花时间是相对固定的，并已鉴定出早开花和晚开花的突变体。

拟南芥是一种兼性长日植物，来自高纬度的生态型也表现对春化作用的兼性要求。在短日和非春化温度条件下，植物最终也会开花，但长日和春化作用可加速开花过程。拟南芥是兼性长日植物，这意味着长日光周期条件虽然可促进其开花，但并非开花的绝对条件（Koornneef，1997）。由于拟南芥无论是否存在环境刺激都将最终开花，因此一定存在一种自主促进开花（au-

图 8-5　拟南芥 *embryonic flower*（*emf*）突变体（引自 Yang 等，1995）

（左）拟南芥 *embryonic flower1*（*emf1*）突变体。突变体在实生苗阶段就产生花序。20d 龄的植株具有子叶，不产生莲座状叶，但却形成带有主茎或花序茎叶片（箭头）和花芽的花序茎或梗。标尺 ＝0.48 μm　（右）播种 17d 后的拟南芥 *emf 2 - 3* 突变体。实生苗具有 2 个子叶（cotyledon, c），没有产生第一对真叶，而是产生 1 个花芽（flower bud, fb）。标尺 ＝ 1.3 mm

tonomous promotion of flowering）途径。参与该途径的一些基因已经被鉴定。这些基因突变的植株开花要比野生型植株晚，但长日和春化作用仍可加速这些突变植株开花。涉及阻遏开花的基因也已被鉴定。其中最极端的例子是 *embryonic flowering*（*emf*）突变体。这些突变体种子萌发后立即产生花序，而不是产生正常的莲座状营养叶（图 8-5）。

丧失功能突变体 *emf1* 可完全绕开营养生长，形成莲座状叶，并且在不形成莲座状叶的情况下产生花序。在 *EMF1* 功能缺失的情况下，拟南芥可从实生苗向开花植株迅速转变。因此，正常基因通过促进营养生长而阻遏花序形成。由于隐性 *emf1* 突变上位于其他晚开花突变，且早在拟南芥实生苗发育时就起作用，所以 *EMF1* 被认为在调控开花时间上发挥中心作用。*emf1* 表型不依赖于光周期或春化作用，所以该突变将开花过程与其他环境信号分离开来。*terminal flower1*（*tfl1*）、*early flowering 1* 和 *2*（*efl1* 和 *efl2*）可解除 *EMF1* 的开花阻遏效应，促进早开花。这些基因及其基因产物并未参与开花的环境应答，因此这些基因被认为对开花组成型起作用。

自主性途径中的另外一个基因 *FLOWERING CA*（*FCA*）也被克隆（Macknight 等，1997），*FCA* 编码一个具有与 RNA 结合及蛋白质互作结构域的蛋白质。RNA 结合结构域与果蝇中转录后调控重要发育途径（如性别决定）的基因编码的结构域类似。拟南芥中的 *FCA* 基因较大（8.1 kb），RNA 转录本是由基因选择性剪接产生的。丰度最高的 RNA 剪接形式（转录本 β）编码一个截短了的预测蛋白质。据认为 β 形式并不参与开花时间的调控，因为产生 β 转录本的 cDNA 基因转化并不能使晚开花的 fca-1 突变体恢复成早开花。只有一种剪接 RNA（转录本 γ）编码全长蛋白质，被认为是具有功能性的。转录本 γ 为 *FCA* 基因的第三种剪接形式。因此，选择性剪接被认为控制 *FCA* 基因调控，因为次要的转录本中只有一种在开花中发挥功能。

8.5 成花素及控制开花的四条途径整合

德国植物学家 Julius von Sachs 于 1865 年前后观察到黑暗条件下对牵牛花单个叶片进行光照可促使植株开花，表明有一种信号从叶片向花发生位置转运。1937 年前苏联植物生理学家 Mikhail Chailakhyan 将这种信号物质命名为成花素（florigen）。几十年过去了，成花素是什么一直未能得到鉴定，直到 2007 年 Corbesier 等和 Tamaki 等分别在拟南芥和水稻上发现，*FLOWERING LOCUS T/TER-MINAL FLOWER1*（*FT/TFL1*）基因家族中的 *FT/Heading date*3*a*（*Hd3a*）基因编码的蛋白质产物就是成花素。

FT/TFL1 是个多基因家族，在拟南芥基因组中共发现了 *TFL1*（*TER-MINAL FLOWER1*）、*FT*（*FLOWERINGLOCUS T*）、*BFT*（*BROTHER OF FT ANDTFL1*）、*MFT*（*MOTHER OF FT ANDTFL*1）、*TSF*（*TWIN SISTER OF FT*）和 *ATC*（*Arabidopsis thaliana CENTRORADIA-LIS homologue*）6 个成员。不同物种 *FT/TFL1* 基因家族成员的数目不确定，例如，单子叶植物水稻中存在 19 个，玉米中有 25 个。植物 *FT/TFL1* 基因家族编码的蛋白质与广泛存在于哺乳动物、酵母和细菌中的磷脂酰乙醇胺结合蛋白（phosphatidyl ethanolamine-binding protein，PEBP）结构类似，均具有保守的 PEBP 结构域，其晶体结构也与其他物种中 PEBP 基因家族的蛋白质有相似的拓扑结构域。

TERMINAL FLOWER 1（*TFL1*）影响拟南芥分生组织决定状态。*tfl1* 是 Shannon 和 Meeks-Wagner（1991）鉴定为早开花的一个突变体。突变体 *tfl1* 植株提早开花，初生花序枝上产生端花（terminal flower）。突变体 *tfl1* 还缺少侧枝，并且花的数目大大减少[图 8-6（A）]。TFL1 蛋白在芽分生组织中表达，不在幼嫩花原基中表达[图 8-6（B）]。用 *TFL1* 作为杂交探针检测其自身表达时，发现 *TFL1* RNA 转录本在花分生组织圆顶之下及整个花序茎中表达。

利用突变体对拟南芥开花时间的遗传调控进行研究，可将光周期途径、自主途径、春化作用和 GA 途径这四条主要途径整合在一起。这些途径以一种复杂的方式相互作用，并以"开花整合因子（floral integrator）" *SUPPERSSOR OF OVEREXPRESSION OF CO*（*SOC1*）和 *FT*

图 8-6 *TFL1* 控制开花和非决定状态（引自 Shannon 和 Meeks-Wagner，1991）

（A）突变体 *tfl1* 花序表型（图右及放大图片）与野生型（图左）相比较。突变体 *tfl1* 植株提早在末端产生端花或一丛花 （B）*TFL1* 在花序分生组织中央表达为汇集点（图8-7）。

在光周期途径中，已确定存在以两个特异性开花时间基因 *GIGANTEA* (*GI*) 和 *CONSTANS* (*CO*) 的分子调控系统。*GI* 编码一个存在于细胞核的大蛋白，在被子植物和裸子植物中高度保守，且在动物中无同源基因存在。*CO* 编码锌指蛋白，可促进下游开花时间基因的转录。*GI* 生化功能不明确，但 *gi* 突变会导致严重的晚开花表型，而过量表达 *GI* 则会提早开花。*GI* 对开花时间的调控至少部分是通过对 *CO* mRNA 丰度调控进行的，因为 *gi* 突变体包含很少的 *CO* mRNA，

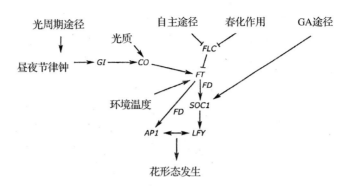

图8-7 拟南芥中四条途径控制开花时间的简易模型
（引自 Corbesier 和 Coupland，2005）

LD 条件下光周期途径可特异性地促进开花。*GI* 和 *CO* 基因转录受昼夜节律钟调控，而光质可调控 CO 蛋白的丰度。自主途径负向调控开花阻遏因子 FLC 的 mRNA 丰度。FLC mRNA 丰度还受春化途径所抑制（与自主途径径相独立）。其次，赤霉素可促进拟南芥开花，尤其是在 SD 条件下。所有四条途径都可汇集到对"开花整合因子（floral integrator）"*SOC1* 和 *FT* 的转录调控上，而 *SOC1* 和 *FT* 的转录可促进花特征性基因 *AP1* 和 *LFY* 的表达

而过量表达 *GI* 则具有高的 *CO* mRNA 丰度。*GI* 和 *CO* mRNA 丰度受昼夜节律钟调控。在16 h 光照的 LD 条件下，这些基因促进早开花，*GI* mRNA 丰度在黎明之后10~12 h 光照达到顶点，而 *CO* mRNA 丰度在黎明之后约12 h 光照后上升，并在之后的夜晚至次日黎明期间稳定在较高水平。因此，*CO* mRNA 丰度在 LD 结束时的光下水平较高。*CO* 表达也受转录后水平调控，隐花色素和光敏色素 A 光受体在白昼结束时作用，稳定 CO 蛋白；而在黑暗条件下 CO 蛋白会迅速降解，很可能是受泛素途径调控。在 SD 条件下，*CO* mRNA 只在黑暗下表达，因此推测该蛋白不会累积。与上述数据一致的是，在 LD 条件下而非 SD 条件下，野生型植株 *FT* 受 CO 激活。由此可见，将昼夜节律钟介导调控 *CO* mRNA 丰度及光照可稳定 CO 蛋白两者结合起来，可以解释 CO 如何促进 *FT* 表达，并使植物在 LD 条件下开花。

CO 作为拟南芥区分 LD 和 SD 分子机制的主要成分，参与了开花诱导过程，并在叶片中作用，调控在茎端发生的开花转变。*CO* mRNA 在植物体内广泛存在，但丰度极低。最近的研究表明，CO 是在维管组织中促进开花，而不在分生组织中起作用。采用甜瓜中编码肌醇半乳糖苷合成酶（galactinol synthase）基因启动子，可特异性启动 CO 在成熟叶片韧皮部小脉管的伴细胞中表达，与 *co-1* 突变互补。An 等（2004）利用拟南芥韧皮部伴细胞 *SUC2* 蔗糖-H⁺协同载体（symporter）基因特异性启动子也得到类似的结果，并且还表明分生组织特异性启动子引发 *CO* 表达对开花没有效果。韧皮部特异的 *SUC2* 启动子和分生组织特异的启动子 *KNAT1* 分别与 *CO* 连接（*SUC2 :: CO*，*KNAT1 :: CO*），在韧皮部和分生组织处过量表达 *CO* 基因，结果显示在韧皮部处过量表达 *CO* 基因能够引起早花，而在分生组织处过量表达 *CO* 基因则对开花过程没有影响，表明 *CO* 基因是在维管组织处促进开花，而不是在分生组织处。因此，*CO* 似乎在维管组织中特异性发挥作用，来调控长距离信号的合成或运输，以启动茎尖处花发育。

CO 在维管组织作用启动开花的机制部分原因与 *FT* 基因有关。利用 *FT :: CO* 报告基因

构件的检测表明，*FT* 在野生型植株的韧皮部表达。此外，在提早开花突变体 *terminal flower 2*（*tfl2*）*FT* 基因表达增加，尤其是在维管组织以较高水平表达，这表明 CO 在这些组织中直接激活其靶基因。在 *SUC2 :: CO* 植株的韧皮部，*FT* mRNA 的丰度会在维管组织处增加，而 *ft* 突变强烈地抑制 *SUC2 :: CO* 植株的提早开花表型。同时，在 *ft*-10 突变体中过量表达 *CO* 基因会产生晚开花表型，这与 *co* 突变体在长光周期条件下表型类似，表明 *FT* 失活几乎完全阻遏来自 CO 的信号转导，也说明 *FT* 是 *CO* 下游的主要靶基因。另外，*SUC2 :: FT* 在韧皮部表达能恢复 *co* 的突变表型。与 *CO* 相反，*FT* 不论是在分生组织和表皮层，还是在韧皮部表达，都一样促进开花。拟南芥植株在经过单一 16 h 光照的 LD 后，2 000 个激活或阻抑的基因中只有 3 个基因对野生型和 *co* 突变体差异性反应，并且只有 FT 不对 LD 做出一点反应，这表明 *FT* 是叶片中 *CO* 的主要原初靶基因。上述结果与携带几乎完全无效的 *FT* 等位基因一起抑制 *CO* 过量表达的提早开花表型，而 *SOC1* 突变只部分抑制提早开花表型相一致。

上述结果表明，*CO* 在开花调控中的主要作用是在叶片中活化 *FT*，*FT* 产物转运到 SAM 从而激活开花。最新研究表明，从叶片转运到分生组织的开花信号是 FT 的产物。在 *GAS1*（叶小脉管韧皮部细胞特异启动子）：*FT: GFP* 转基因拟南芥植株中，*FT* 基因仅在叶片中有活性，但与野生型植株一样同时开花。采用韧皮组织特异启动子 *SUC2*，发现 FT :: GFP 蛋白和 *FT* mRNA 在成熟的韧皮组织处有强烈的表达信号，但在 SAM 或原生韧皮部处检测不到 *FT* mRNA。用共聚焦显微镜检测，发现在未进行向开花转变的植株中，可以在植物茎的维管组织检测到 FT :: GFP，而在即将进行向开花转变但还未形成花原基的植株中，在顶端的原维管组织和 SAM 的底部均可以检测到 FT :: GFP 蛋白信号，这些结果表明，从韧皮组织转移到分生组织处促进开花的信号是 FT :: GFP 蛋白，而不是 FT mRNA，其他研究也进一步证实 FT 类似蛋白作为成花素，从叶片转运到 SAM 并活化花分生组织。

在拟南芥中 FT 与 bZIP 转录因子 FD 相互作用。*FD* 突变会引起晚开花，在茎尖可检测到 *FD* mRNA，且不论是生长在 SD 或 LD 条件下，*FD* 表达随植株年龄增加而增加。FD 局限于细胞核内，而 FT 既可在细胞核检测到，也可在细胞质中检测到。*FD* 突变可强抑制 *35S :: FT* 植株的早开花表型，说明 FT 与 FD 在植株内相互作用。将 VP16 活化结构域与 FT 融合，*35S :: FT-VIP16* 在双重突变体 *ft1 tfl1* 中诱导极早开花表型，也说明 FT 与 FD 在植株内相互作用。这些植株内 *AP1* 表达水平还表现上升现象。上述数据表明 FT 在细胞核内作为与 FD 形成的转录复合物的一部分发挥作用，负责活化 MADS-盒转录因子 *AP1* 在花分生组织的表达。与这种假说一致的是，*AP1* mRNA 水平在双重突变体 *fd1 lfy* 中降低，并且表现花序表型，与双重突变体 *ft1 lfy* 没有什么分别，表明 FD 和 FT 一起参与上调 *AP1*，功能与 LFY 冗余。Wigge 等（2005）得出同样的结论，并在 *AP1* 启动子与 LFY 结合位置一样的区域绘制出 FD-反应元件。有趣的是，发现 *AP1* 在维管组织丰富的区域表达，而这些区域已知是 FT 表达的部位。*AP1* 表达在 *35S :: FD* 中增加，并且呈 *FT* 依赖性方式，因为在 *ft* 突变体中 *AP1* 不再表达。

由于 *ap*1 突变体没有晚开花表型，因此 *AP1* 不可能是 FT 在 SAM 中参与开花调控的靶基因。与之相反，*SOC1* 突变可产生晚开花表型，而且该基因在 SAM 上调是向开花转变的早期事件之一。*FT* 突变会强烈延迟 *SOC1* 在 SAM 的表达，即使在过量表达 *CO* 的植株中也是如此。*SOC1* 基因在 SAM 直接表达可促进开花，即使无 *CO* 或 *FT* 情况下也如此。这表明 *SOC1*

基因在 SAM 中 *FT* 基因的下游作用。利用 FT 过量表达和携带 *SOC1* :: *GUS* 报告基因的研究也支持这个假说。在茎尖处可观察到高水平的 GUS 信号，但在子叶维管束中只有极微弱表达增加，这表明 *SOC1* 基因确实在 *FT* 基因的下游作用，但 *FT* 基因对其活化作用看起来局限于 SAM。此外，通过 *FT* 作用对 *SOC1* 的活化过程是 *FD* 依赖性的，因为 *FT* 或 *FD* 任一基因的突变，均可以减少和延迟 *SOC1* 基因在 SAM 的表达。

总之，光周期诱导发生在叶中，活化的 *CO* 刺激 *FT* 在维管组织表达，之后 FT 蛋白转运到 SAM，在那里与 FD 相互作用，在开花诱导的数小时内上调 *SOC1* 基因，之后 FD/FT 与 *LFY* 冗余性地激活花特性基因 *AP1* 的表达，从而达到对开花时间的调控(图8-7)。

春化作用的发生部位可以是 SAM，也可以是幼叶或幼叶原基。在拟南芥中，春化作用的最主要反应是降低编码 MADS 盒转录因子 *FLOWERING LOCUS C*(*FLC*)mRNA 丰度。*FLC* 是一个很强的开花阻遏因子，其表达范围遍布整个植株，包括 SAM、RAM 和叶片，这使得难以鉴定阻遏开花所需的 *FLC* 表达在什么组织。但是，由于 *FLC* 能降低 *FT* 表达，而 *FT* 是 *CO* 的早期靶基因，同时 *CO* 在叶片维管组织中作用，因此 *FLC* 有可能在伸展叶片中发挥功能。进一步的证据表明 *FLC* 在 SAM 和叶片中发挥功能，对开花时间进行调控。发根农杆菌(*Agrobacterium rhizogenes*)ROLC 启动子和 SUC2 启动子在突变体 *flc3* 的韧皮部表达，可产生晚开花表型。利用 *KNAT1*(Knotted-like from *Arabidopsis thaliana*)启动子驱动 *FLC* 在 SAM 中表达也取得类似的延迟开花效果。而将 *FLC* 在韧皮部和 SAM 表达结合起来，则可进一步延迟开花。*FLC* 既在 SAM 作用，也在叶片中作用来延迟开花。

Searle 等(2006)利用染色质免疫沉淀实验表明，在春化作用之前 FLC 就与 *FT* 直接结合，从而阻止在 SAM 激活 *SOC1* 表达的系统信号的形成。此外，FLC 可与 *SOC1* 和 *FD* 启动子直接结合，抑制它们对叶片中产生的 *FT* 依赖性信号的反应，并且降低它们在分生组织中的表达。这种活性降低了 SAM 对叶片中产生的系统信号做出反应。Michaels 等(2005)也同样表明，*FT* 和 *TSF* 激活可强烈抑制 *FLC* 所介导的晚花表型，但并不影响 *FLC* mRNA 水平。他们观察到 *FT* 和 *TSF* 是绕开由 *FLC* 直接活化 *SOC1* 对开花的阻遏而发挥作用的。

参考文献

Bernier G. 1988. The control of floral evocation and morphogenesis[J]. Ann. Rev. Plant Physiol. Plant Mol. Biol. 39: 175 – 219.

Beveridge C A, Murfet I C. 1996. The *gigas* mutant in pea is deficient in the floral stimulus[J]. Physiol. Plant, 96: 637 – 645.

Bewley J D, Hempel F D, McCormick S, *et al.* 2000. Reproductive development[C]. In: Buchanan B, Gruissem W, Jones R. eds. Biochemistry & Molecular Biology of Plants. Rockville, MD, USA, ASPB, pp. 988 – 1043.

Blázquez M A, Soowal L N, Lee L, *et al.* 1997. *LEAFY expression* and flower initiation in *Arabidopsis*[J]. Development, 124: 3835 – 3844.

Boss P K, Thomas M R. 2002. Association of dwarfism and floral induction with a grape "green revolution" mutation[J]. Nature, 416: 847 – 850.

Bowman J. 1994. Arabidopsis: An Atlas of Morphology and Development[J]. New York: Springer- Verlag.

Bowman J L, Alvarez J, Weigel D, *et al.* 1993. Control of flower development in *Arabidopsis thaliana* by *AP-ETALA*1 and interacting genes[J]. Development, 119: 721 – 743.

Bradley D, Ratcliffe O, Vincent C, *et al.* 1997. Inflorescence commitment and architecture in *Arabidopsis*[J]. Science, 275: 80 – 83.

Burn J E, Bagnall D J, Metzger J D, *et al.* 1993. DNA methylation, vernalization, and the initiation of flowering[J]. Proceedings of the National Academy of Sciences (USA), 90: 287 – 291.

Chandler J, Dean C. 1994. Factors influencing the vernalization response and flowering time of late flowering mutants of *Arabidopsis thaliana* (L.) Heynh[J]. J. Exp. Botany, 45: 1279 – 1288.

Colasanti J, Sundaresan V. 2000. 'Florigen' enters the molecular age: long-distance signals that cause plants to flower[J]. Trends in Biochemical Sciences, 25: 236 – 240.

Corbesier L, Coupland G. 2006. The quest for florigen: a review of recent progress[J]. Journal of Experimental Botany, 57 (13): 3395 – 3403.

Corbesier L, Vincent C, Jang S, *et al.* 2007. FT protein movement contributes to long-distance signaling in floral induction of Arabidopsis[J]. Science, 316 (5827): 1030 – 1033.

Cumming B G, Hendricks S B, Borthwick H A. 1965. Rhythmic flowering responses and phytochrome changes in a selection of *Chenopodium rubrum*[J]. Canadian Journal of Botany, 43: 825 – 853.

Dennis E S, Peacock W J. 2007. Epigenetic regulation of flowering[J]. Curr Opin Plant Biol., 10 (5): 520 – 527.

Finnegan E J, Genger R K, Kovac K, *et al.* 1998. DNA methylation and the promotion of flowering by vernalization[J]. Proceedings of the National Academy of Sciences (USA), 95: 5824 – 5829.

Gustafson Brown C, Savidge B, Yanofsky M F. 1994. Regulation of the *Arabidopsis* floral homeotic gene *AP-ETALA*1[J]. Cell, 76: 131 – 143.

Hempel F D, Weigel D, Mandel M J, *et al.* 1997. Floral determination and expression of floral regulatory genes in *Arabidopsis*[J]. Development, 124: 3845 – 3853.

Howell S H. 1998. Molecular genetics of plant development[M]. Cambridge: Cambridge University Press, 1 – 365.

Huala E, Sussex I M. 1992. Leafy interacts with floral homeotic genes to regulate *Arabidopsis* floral development [J]. Plant Cell, 4: 901 – 913.

Irish V F, Sussex I M. 1990. Function of the apetala-1 gene during *Arabidopsis* floral development[J]. Plant Cell, 2: 741 – 754.

Jacobsen S E, Olszewski N E. 1993. Mutations at the spindly locus of *Arabidopsis* alter gibberellin signal transduction[J]. Plant Cell, 5: 887 – 896.

Kempin S A, Savidge B, Yanofsky M F. 1995. Molecular basis of the cauliflower phenotype in *Arabidopsis*[J]. Science, 267: 522 – 525.

Koornneef M. 1997. Timing when to flower[J]. Curr. Biol., 7: R651 – R652.

Lee L, Aukerman M J, Gore S L, *et al.* 1994. Isolation of *LUMINIDEPENDENS*: A gene involved in the control of flowering time in *Arabidopsis*[J]. Plant Cell, 6: 75 – 83.

Macknight R, Bancroft L, Page T, *et al.* 1997. *FCA*, a gene controlling flowering time in *Arabidopsis*, encodes a protein containing RNA binding domains[J]. Cell, 89: 737 – 745.

Mandel M A, Gustafson-Brown C, Savidge B, *et al.* 1992. Molecular characterization of the *Arabidopsis* floral homeotic gene *APETALA*1[J]. Nature, 360: 273 – 277.

Mandel M A, Yanofsky M F. 1995. A gene triggering flower formation in *Arabidopsis*[J]. Nature, 377: 522 –

524.

Martinez-Zapater J M, Coupland G, Dean C, *et al.* 1994. The transition to flowering in *Arabidopsis*[M]. In Arabidopsis, ed. Meyerowitz E M, Somerville C R, Cold Spring Harbor, NY: Cold Spring Harbor Press, pp. 403 – 433.

Molinero-Rosales N, Jamilena M, Zurita S, *et al.* 1999. FALSIFLORA, the tomato orthologue of *FLORICULA* and *LEAFY*, controls flowering time and floral meristem identity[J]. The Plant Journal, 20: 685 – 693.

Mouradov A, Cremer E, Coupland G. 2002. Control of flowering time: interacting pathways as a basis for diversity[J]. The Plant Cell, 14: S111 – 130.

Murfet I C, Reid J B. 1993. Developmental mutants[M]. In Peas: Genetics, Molecular Biology and Biotechnology, ed. Casey R, Davies D R. Wallingford, UK: CAB International, pp. 165 – 216.

Öpik H, Rolfe S A. 2005. The Physiology of Flowering Plants[M]. 4th Edition. Cambridge: Cambridge University Press; Cambridge, pp. 1 – 287.

Putterill J, Robson F, Lee K, *et al.* 1995. The *CONSTANS* gene of *Arabidopsis* promoters flowering and encodes a protein showing similarities to zinc finger transcription factors[J]. Cell, 80: 847 – 857.

Shannon S, Meeks-Wagner D R. 1993. Genetic interactions that regulate inflorescence development in *Arabidopsis*[J]. Plant Cell, 5: 639 – 655.

Shannon S, Meeks-Wagner D R. 1991. A mutation in the *Arabidopsis TFL*1 gene affects inflorescence meristem development[J]. Plant Cell, 3: 877 – 892.

Sung Z R, Belachew A, Shunong B, *et al.* 1992. *EMF* an *Arabidopsis* gene required for vegetative shoot development[J]. Science, 258: 1645 – 1647.

Tanaju S, Matsuo S, Wong H L, *et al.* 2007. Hd3a protein is a mobile flowering signal in rice[J]. Science, 316 (5827): 1033 – 1036.

Vaughan J G. 1955. The morphology and growth of the vegetative and reproductive apices of *Arabidopsis thaliana* (L.) Hyeyh., *Capsella bursa-pastoris* (L.) Medic. and *Anagallis arvensis* L. [J]. J. Linn. Soc. Lond. Bot, 55: 279 – 301.

Weigel D. 1995. The genetics of flower development: From floral induction to ovule morphogenesis[J]. Ann. Rev. Gen., 29: 19 – 39.

Weigel D, Alvarez J, Smyth D R, *et al.* 1992. *LEAFY* control floral meristem identity in *Arabidopsis*[J]. Cell, 69: 843 – 859.

Wilson R N, Heckman J W, Somerville C R. 1992. Gibberellin is required for flowering in *Arabidopsis thaliana* under short days[J]. Plant Physiol., 100: 403 – 408.

Yang C H, Chen L J, Sung Z R. 1995. Genetic regulation of shoot development in *Arabidopsis*: Role of the *EMF* genes[J]. Devel. Biol., 169: 421 – 435.

第9章 花的发育

对花发育遗传基础的了解是现代植物发育生物学的一个很大的进展。对花发育的遗传和分子分析主要采用拟南芥、玉米、矮牵牛、金鱼草和烟草等几种开花植物。用格式形成过程来描述花发育，为我们理解控制花发育的力量及拟南芥和金鱼草的大量花突变体提供了理论框架。本章大部分内容讨论拟南芥花发育中格式形成及其分子机制。

开花涉及由无限生长向有限生长转变。随物种不同，这种向有限生长转变或者在营养分生组织向花序分生组织过渡时发生，或者在花序向花过渡时发生。在某些物种中，花序为无限生长模式，花、花侧枝或侧生花序是从主花序茎上的腋芽分生组织产生的（Bradley 等，1997）。在花序有限生长物种中，花序的顶端（末端）分生组织形成花。在花发育过程中，生长终止与分生组织中具有增殖潜能的细胞丧失相关。在花分生组织中央，具有增殖潜能的细胞或者转化为向花器官分化的细胞，或者被这些细胞所取代。干扰心皮发育的突变有时使植株转变为无限生长模式。有趣的是，心皮形成和有限生长在遗传上是可分离的过程。在拟南芥中发现的突变体，心皮可以形成，但花为无限发育，其他花器官则不断重复产生（Sieburth 等，1995）。因此，花发育中的有限性并不是只有"形成心皮消耗掉分生组织中的增殖细胞"那样简单。

9.1 拟南芥花朵结构与发育特征

拟南芥一旦被诱导开花后，顶端分生组织就会产生花朵。着生花朵的主茎干可无限产生花朵，由于它是最早产生的花序，因此称为初生花序（primary inflorescence）[图 9-1（A）]。另外的花序称为次生花序（secondary inflorescence），是从初生茎干上的主花茎（cauline）叶片的腋芽产生的，上面的花朵沿次生花序纵长着生。对开花诱导过程中茎尖分生组织的近距离超微结构观察表明，初生茎尖分生组织在次生花序刚开始产生后才开始座花。花原基在茎尖分生组织上形成隆起，而花器官原基则在花原基上形成隆起。

成熟的拟南芥花朵由四种不同的花器官类型、按照四个同心环（花轮）的形式排列组织[图 9-1（B）]。最外层花轮由四个萼片按十字形排列。萼片为绿色，从总体形状和细胞组成上看，与叶片相似。紧挨萼片里面的是花瓣，花瓣也以十字形排列，但恰好偏移萼片 45°，位于萼片之间的空隙。再往内是由 6 个雄蕊组成的花轮，成对排列在正中面（medial plane）或单个排列在侧面（lateral plane）。雄蕊为雄性生殖器官；每个雄蕊由一个长的花丝及花丝顶端的花药（着生有花粉）组成。中央一轮只有一个花器官，即雌蕊群或雌性生殖器官。雌蕊群有 3 个主要部分。顶端为柱头，由细长的乳头状细胞覆盖，可促进花粉粒萌发。柱头下端为花柱。花柱中央为花粉传递管道，可促进花粉向子房定向生长。雌蕊群的主体结构部分

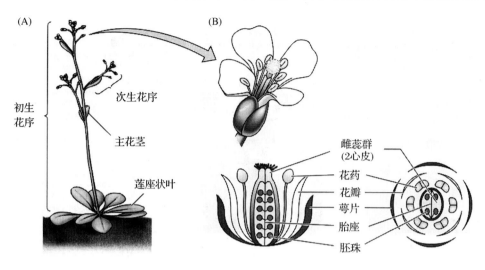

图 9-1　拟南芥花序与花（引自 Bewley 等，2000）

（A）拟南芥植株示意图，在开花之前产生莲座状叶片，在初生花序茎上产生主花茎叶片、若干次生花序茎及花朵　（B）拟南芥花朵纵切面和横切面示意图。花轮从外向内，最外一轮包含四个萼片，第二轮为四个花瓣，第三轮有六个雄蕊，最内第四轮为中央雌蕊群，内含胚珠

为子房，拟南芥的子房由两室（心皮）构成。每个心皮包含附着在子房壁（附着区域称为胎座）的两列胚珠。

　　花围绕分生组织中央螺旋式形成，每个新的花朵与之前最近产生的另一个花朵之间的角度在 130°~150° 之间。新的花芽产生按顺时针或逆时针方向排列，无论哪种方向，只要确定，其后的所有花朵都以同一种方向产生，形成左手螺旋或右手螺旋[图 9-2（A）]。花的发育为由基向顶式（acropetal）发育，即最老的花在花序基部，而最嫩的花在花序顶端。

　　尽管拟南芥花朵本身是以螺旋状格式产生，但花朵中的花器官则为轮状格式排列[图 9-2（B）]。最外轮发育为萼片，向内依次为花瓣、雄蕊和雌蕊群，并分别被命名为第一轮、第二轮、第三轮和第四轮。这种次序反映了这些花轮在花分生组织上的出现位置。

　　某一花轮的单个器官是以原基的形式产生的，即在分生组织侧面形成隆起。原基隆起的位置标志着其成熟器官将要占据的位置。这种螺旋状格式是明显可以识别的。原基的大小还预示器官最终形成时的大小。例如，花瓣原基相对较大，雄蕊和雌蕊群原基也不小，而萼片原基很小。

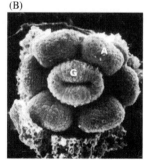

图 9-2　拟南芥花朵与花器官原基的产生格式
（引自 Bewley 等，2000）

（A）初生花序的低倍扫描电镜照片（SEM）显示花朵以螺旋状格式产生。在分生组织尖端（底部）的结构最为幼嫩。看不到成熟花在花序茎上的着生位置（顶部）　（B）拟南芥花原基的低倍扫描电镜照片显示，花药（A）和雌蕊群（G）的器官原基以同心圆式的轮状排列。方便露出内部花轮，已将萼片和花瓣原基切除

　　根据发生的标志性事件，可将早期花发育划分为 12 个可识别的阶段（表 9-1 和图 9-3）。

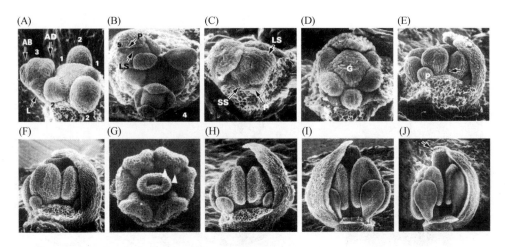

图 9-3　拟南芥发育的早期阶段（引自 Bewley 等，2000）

　　(A)芽分生组织和花原基侧面观。阶段 1、2 和 3 的花原基已用数字标在低倍扫描电镜照片(SEM)上。阶段 1 从分生组织侧面产生花突起(floral bump)开始。阶段 2 当花原基产生并与分生组织分离时开始。花瓣原基在阶段 3 产生。花瓣原基的近轴(AD)、远轴(AB)和侧(L)面在阶段 3 的花上变得明显　(B)开花枝端俯视，照片上已标出处于阶段 4 和阶段 5 的花。在阶段 4，萼片原基生长并覆盖花分生组织。花瓣和雄蕊原基在阶段 5 产生。长的雄蕊(LS)和花瓣(P)已经产生　(C)处于阶段 5 的花的特写镜头。已去掉 2 个萼片。1 个小的花瓣原基(P)、1 个长雄蕊(LS)和 1 个短雄蕊(SS)原基已明显　(D)处于阶段 6 的花的侧面观。为了方便看清雌蕊群(G)发育，已去掉萼片。雌蕊群为一个开口的管状结构　(E)处于阶段 7 的花的侧面观。这个阶段的标志是在近侧面的雄蕊出现花丝。长的雄蕊原基缢缩(箭头所指)，而花瓣原基(P)呈半球形　(F)阶段 8 的花。与花瓣原基相比，雄蕊原基相对较大　(G)阶段 8 花的俯视。雄蕊的药室(箭头)已很明显　(H)早期阶段 9 的花。该阶段，所有花器官都伸长。花瓣原基变宽，并开始迅速生长　(I)早期阶段 10 的花。花瓣已与短(外侧)雄蕊高度齐平　(J)早期阶段 11 的花。雌蕊群顶端已出现乳突细胞(箭头所指)。到达阶段 12(图中未显示)，花瓣达到内侧雄蕊的高度

表 9-1　拟南芥花发育阶段

阶段	开始时的标志性事件	时间(h)	结束时的花龄(d)
1	产生花墩(flower buttress)	24	1
2	花原基形成	30	2.25
3	萼片原基产生	18	3
4	萼片覆盖花分生组织	18	3.75
5	花瓣和雄蕊原基产生	6	4
6	萼片包裹花芽	30	5.25
7	长的雄蕊原基在基部呈柄状	24	6.25
8	长的雄蕊上出现花室	24	7.25
9	花瓣原基在基部呈柄状	60	9.75
10	花瓣与短雄蕊齐平	12	10.75
11	柱头乳突出现	30	11.5
12	花瓣与长雄蕊齐平	42	13.25

　　注：引自 Bewley 等，2000。

当花芽开放时花发育就被认为已完成。

　　随着原基向器官发育，其细胞类型高度特异化(图 9-4)。因此，外层表皮细胞可用来鉴定不同类型的器官。萼片表皮细胞较大、不规则、细长，而且是花器官表皮细胞中最像叶片细胞的类型。花瓣表皮细胞为圆锥体形。雄蕊细胞沿花丝方向呈纵长形，而在花药表面则细

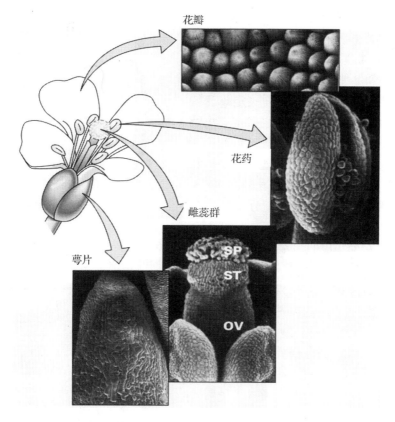

图 9-4 花器官表面形态(引自 Bewley 等，2000)

花器官的表皮细胞形态各异。花瓣表皮细胞为圆锥体形。萼片和柱头(ST)表皮细胞细长
形。柱头表面覆盖乳突细胞(SP)，而花药表皮细胞为不规则形。OV：子房

胞相互连接在一起。雌蕊群是最复杂的器官；其 3 个主要区域都具有不同的表皮细胞类型：
子房表面的细胞十分对称、细长；花柱表面的细胞不规则和细长；而柱头上面为乳突细胞。

9.2 花器官特化的 ABC 模型

Meyerowitz 及其合作者在拟南芥，Coen 研究组和 Saedler 研究组在金鱼草上最先利用分
子遗传学方法分析花发育。这些实验室与其他实验室鉴定出花器官形成所需的基因，并搞清
了这些基因之间的互作。花发育过程理论上可按果蝇发育的格式形成过程来理解。格式形成
的第一步是构建身体蓝图，确定器官位置及其相互关系，然后这在些位置鉴定器官。花的
"蓝图"由四个器官按同心圆环(或花轮)排列组成。圆环相当于动物发育中的体节，正常的
花内每一轮的器官都具有不同的特征。第一轮为萼片，第二轮为花瓣，第三轮为雄蕊，第四
轮为心皮。为了解释花轮中的器官在正常情况下如何被正确确定，及为什么在突变体中被错
误确定，有人提出一种简单但影响很大的模型——ABC 模型(Weigel 和 Meyerowitz，1994)。
ABC 模型假定存在三类决定不同花器官的同源异型基因：A、B 和 C 类基因。在每一轮中，
一个或多个同源异型基因组合表达，每一种特殊基因组合表达，功能上决定每一轮花器官特

征。A 类基因在第一轮和第二轮，C 类在第三轮和第四轮，B 类在第二轮和第三轮发挥功能。因此，在第一轮 A 类基因单独决定花萼特征，第二轮中，A 类和 B 类基因共同决定花瓣特征，在第二轮中，B 类和 C 类基因共同决定雄蕊特征，在第四轮中，C 类基因单独作用决定心皮特征(图 9-5)。

根据花格式形成的"ABC 模型"(Coen 和 Meyerowitz，1991)，花原基可看作是 3 个相互重叠的、基因作用的同心环场，它们分别被命名为 A、B、C。在早期的野生花原基中，这 3 个发育场需要上述 4 个基因的活性：A(第一轮和第二轮)需要 AP2 的活性；B(第二轮和第三轮)需要 PI/AP3 的活性；C(第三轮和第四轮)需要 AG 的活性。因此，每个基因或基因对控制邻近花轮器官的属性。该模型假定：(a)四轮中每个花轮内同源异型基因产物组合负责该位置产生的花器官的发育命运的特化；(b)A 和 C 在功能上具有颉颃作用(图 9-6)。因此，萼片产生需要第一花轮中 AP2 的活性；花瓣的形成需要第二花轮中 AP2 活性和 PI/AP3 表达组合作用；雄蕊特化需要第三花轮内 PI/AP3 和 AG 的组合作用；而雄蕊群发育需要第四花轮中 AG 的表达[图 9-6

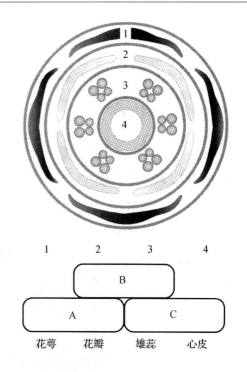

图 9-5　拟南芥花由 4 个同心圆环的花器官组成
(引自 Howell，1998)

上图为萼片，花轮 1；花瓣，花轮 2；雄蕊，花轮 3；心皮，花轮 4。下图为 ABC 模型的简单图示。模型显示，花器官是由 A、B 或 C 组同源异型基因在花轮 1 ~ 4 中表达的重叠结构域特化的

(C)]。在任何一个花轮中上述活性组合将决定哪种花器官在哪里产生。该模型还认为，活性 A 和活性 C 之间相互颉颃，也就是说活性 A 阻遏活性 C，反之亦然。突变体 apetala2 无活性 A，因此，活性 C 在全部 4 个花轮中表达。类似地，突变体 agamous 没有活性 C，所以活性 A 就在全部 4 个花轮中表达。该模型还认为，如果在花轮 4 中存在心皮，则别的花轮器官不再发育。

了解 ABC 模型中的基因关系，就可以对各种同源异型突变体的表型加以预测。ABC 模型十分有用，突变体植株的表型大体上符合该模型的预测。A 类基因突变体如 apetala1 (ap1)，改变了第一轮和第二轮内的器官特化。由于丧失 A 类基因功能，C 类基因便在通常为 A 类基因控制的区域发挥功能[图 9-7(A)]。在 ap1 突变体中，第一轮中的萼片转变为苞叶类结构，并且在极端的例子中具有某些心皮状特征(Gustafson-Brown 等，1994)。在 ap1 突变体中，第二轮器官通常缺失，但在中等强度等位基因突变体中雄蕊可以发育。第三轮和第四轮中的器官特化与野生型相似。B 类突变体，如 apetela3(ap3)或 pistillata(pi)，由于 B 类基因功能丧失，其典型特征是改变第二轮内的器官特化[图 9-7(B)](Bowman 等，1991)。在 ap3 突变体中，第二轮的花瓣为萼片所取代，第三轮的雄蕊为心皮所取代。事实上，随等位基因的强度大小不同，第三轮特化的器官可发育为从雄蕊状到心皮状之间的不同结构。

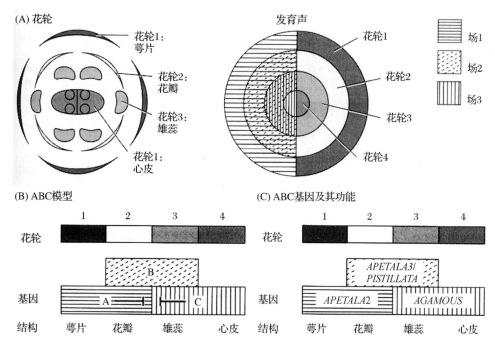

图 9-6 拟南芥花器官特化的 ABC 模型（引自 Bewley 等，2000）

（A）拟南芥野生型花朵由四轮组成，如左图所示，萼片（第一轮），花瓣（第二轮），雄蕊（第三轮）和心皮（第四轮）。这种一般格式在开花植物中十分普遍。这 4 个花轮与 3 个重叠的发育场（如右图所示）大致对应 （B）拟南芥花器官特化的 ABC 模型是一个组合模型；该模型假定花的四个花轮是由与（A）图中三个发育场对应的三种"功能"所特化的。每个方框表示在发育场（对应于半个花分生组织）中作用的确定功能。功能 A 单独特化萼片。功能 A 和功能 B 一起特化花瓣，功能 B 和功能 C 一起特化雄蕊，功能 C 单独特化心皮。模型还表明 A 和 C 功能具有颉颃作用；C 功能阻止 A 的功能，反过来也如此 （C）ABC 模型是在一些精心挑选的突变表型的基础上提出来的。由于 ap2 突变体表明功能 C 增强，因此认为 AP2 属功能 A 基因。类似地，由于 ag 突变体表明功能 A 增强，因此认为 AG 属功能 C 基因。突变体 pi 和 ap3 表型表明功能 B 丧失，因此认为 PI 和 AP3 属功能 B 基因

AGAMOUS（*AG*）是拟南芥中唯一的 C 类基因，C 类突变体的典型特征是第三轮和第四轮生殖器官发生决定错误［图 9-7（C）］。*ag* 突变体的花由很多萼片和花瓣组成，但绝大多数等位基因突变体没有雄蕊和心皮。*ag* 突变体的花通常为无限的，很多萼片和花瓣是从初生花内的更高一级花中产生的。

在所有的突变体中，每个花轮内至少有一个开花同源异型基因发挥功能。如果花器官确认所需的所有基因都失活的话，如 ABC 类基因三重突变体 *ap2-1 pi-1 ag-1*，那么所有花轮中都形成叶片（或花萼）（图 9-8B）。当没有花器官特化时，叶片就作为花器官的背景状态产生。植物学家很久以来认为花是叶的变体，现代遗传学已证明确实如此。

理论上，根据 ABC 模型预测，如果合适的同源异型选择子基因在某花轮中组合表达，就可在任何花轮中产生任何类型的花器官。

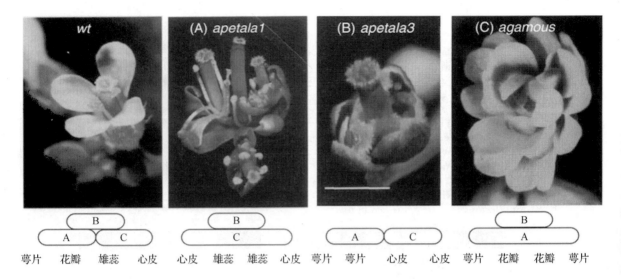

图 9-7 开花同源异型突变体的开花表型（引自 Gustafson 等，1994；引自 Bowman 等，1989）

野生型(wt)；A 类突变体，*apetala1*；B 类突变体，*apetela3*；C 类突变体，*agamous*-1。图片下是根据 ABC 模型对表型所做的解释。突变为丧失功能突变，如果是像 A 类和 B 类存在两个基因的类型，两个基因都丧失功能。A 类基因和 C 类基因在表达区域上相互竞争。如果 A 类基因在第一轮和第二轮内失去功能，如 *apetala1*-1，C 类基因就在这些花轮中表达。同样，第三轮和第四轮中 C 类基因功能缺失，如 *agamous*-1，A 类基因也会在这些花轮中表达(Weigel 和 Meyerowitz，1994)。标尺 =1 μm

图 9-8 所有花器官特征基因功能缺失后花的表型（引自 Weigel 和 Meyerowitz，1994）

（A）拟南芥野生型花 （B）三重突变体 *ap2*-1 *pi*-1 *ag*-1 的花。三重突变体中所有花器官全部都是叶片

9.3 开花同源异型基因的鉴定

由于开花同源异型基因已被分离和鉴定，ABC 模型的作用方式也可用分子生物学术语来描述。第一个被克隆的开花同源异型基因是金鱼草中的 *DEFICENS A（DEFA）*（Sommer 等，1990）。*DEFA* 为 B 类基因，是拟南芥中 *AP3* 或 *P1* 的直向同源基因。如突变 *deficiens globifera*-1（*defa*-1）为隐性突变，可将雄性花器官转变为异常的雌性花器官，并将花瓣转变为苞

片。*DEFA* 是通过野生型和突变体中的花特异性探针，从 cDNA 文库中差别筛选而克隆的。从 *DEFA* 序列预测该基因编码转录因子，与酵母中的微小染色体维持因子(minichromosome maintenance factor，MCM1)和信息素受体转录因子(pheromone receptor transcription factor，PRTF)，及哺乳动物中的血清反应转录因子(serum response transcription factor，SRF)类似。这些转录因子都包含一个由 55～60 个氨基酸组成的特征性肽段，称为 MADS 盒。MADS 盒包含一个 DNA 结合结构域，它能识别含 5'-CCTAATTAGG-3'回文核心的 CArG 基序的 DNA 序列(Schwarz-Sommer 等，1992)。相关转录因子 SRF 的 X 射线晶体结构已测定，核心蛋白是与 DNA 结合的二聚体，由两个两性 α-螺旋组成的反向平行盘绕线圈式结构组成，每个 α-螺旋都是由一个单体衍生的(Pellegrini 等，1995)。α-螺旋位于 CArG 序列中央 DNA 的小沟中。这类转录因子共同的关键特征是：它们可形成二聚体(同源二聚体或异源二聚体)，二聚体可结合在靶基因启动子的特异回文序列上。

第二个被克隆的开花同源异型基因 *AGAMOUS*(*AG*)是从拟南芥中利用 T-DNA 标签法克隆到的(Yanofsky 等，1990)。与其他开花同源异型基因(*AP2* 除外)一样，*AGAMOUS* 基因产物也是一个 MADS 盒蛋白。拟南芥和金鱼草中所有主要的开花同源异型基因都已被克隆，而且全部是编码 MADS 盒蛋白的转录因子(*AP2* 除外)。

AP2、*AG*、*PI* 和 *AP3* 基因编码的蛋白质被认为属于进化上保守的转录因子家族。这些基因产物的每个成员都包含一个高度保守的 DNA 结合结构域(MADS 盒)。由于这些花器官属性基因编码转录因子，因此它们可能通过控制其他基因来调控花器官的最终特化。这些基因可能起源于基因重复及继后 DNA 序列趋异(DNA sequence divergence)。自从最早的 MADS-盒基因从拟南芥和金鱼草分离到后，其他植物的 MADS-盒基因也陆续被发现。拟南芥包含超过 100 个相关的 MADS-盒基因。这些全部都具有共同基序的基因被认为参与 DNA 结合、转录激活和与其他蛋白互作。Riechmann 等(1996)利用免疫沉淀法(immunoprecipitation)对拟南芥 MADS 盒转录因子之间的相互作用进行了体外研究。在实验中，他们用表位标记的 MADS 盒因子与其他未标记的 MADS 盒因子中每一个共翻译，检测与未标记 MADS 盒因子共沉淀的能力，结果发现所有的拟南芥 MADS 盒因子如 AP1、AP3、PI 和 AG 在溶液中都存在互作，相互结合形成二聚体并共沉淀，但优先结合的是能与含 SRE 的 DNA 结合的转录因子。一般而言，同一类成员(类内组合)相互存在互作。Riechmann 等(1996)也观察到 AP3/PI 异源二聚体(B 类)可与含 SRE 的 DNA 结合，但 AP3 和 PI 同源二聚体不与含 SRE 的 DNA 结合。AP(A 类)及 AG(C 类)同源二聚体也与 DNA 结合。AP1 是唯一的一个 A 类 MADS 盒因子，而 AP2 不是 MADS 盒因子。尽管所有的 MADS 盒转录因子相互之间都可二聚化，但只有类内组合才能形成有功能的二聚体。也就是说，两个 B 类基因产物之间形成的有功能的异源二聚体是在第 2 轮和第 3 轮内 B 类基因之间协作和正调控的分子基础。

9.4 ABC 模型的改进

对同源异型基因产物的分子分析都支持 ABC 模型的大部分假设。用与 *AP2*、*AG*、*PI* 和 *AP3* 基因 mRNA 转录本同源的标记探针进行原位杂交，已用来监测这些基因在整个花发育过程中的时空表达格式[图 9-9(A)]。如 ABC 模型预测的那样，*AG* 在花分生组织中央表达并一直持续到雄蕊和雌蕊群完全形成。此外，*AP3* 在花分生组织的内外区域之间表达，并且在该区域的萼片和雄蕊原基及其成熟器官中表达，也与 ABC 模型一致。与 ABC 模型有些不同的是，在花瓣、雄蕊和雌蕊群形态决定发生之前的极早期花中，*PI* 就在第二、第三和第四轮中表达。但是，如果一旦形态分化开始，*PI* 和 *AP3* 表达就会相配，并定位于第二轮和第三轮中。

在 *ap2* 突变体中，*AG* 表达区域延伸至全部四个花轮，这支持以前推测的 *AG* 和 *AP2* 之间存在的颉颃作用。此外，Mizukami 和 Ma(1992)将 C 类基因 *AG* 通过 CaMV 35S 启动子作用(35S：*AG*)，在转基因植株中异位表达，结果发现 35S：*AG* 产生出类似 *ap2* 突变体表型，C 类基因功能在所有花轮中表达[图 9-10(B)]。35S：*AG* 植株的花表现出花被(perianth)发育程度降低，并在第一花轮器官端产生柱头乳头状突起(stigmatic papillae)[图 9-10(C)

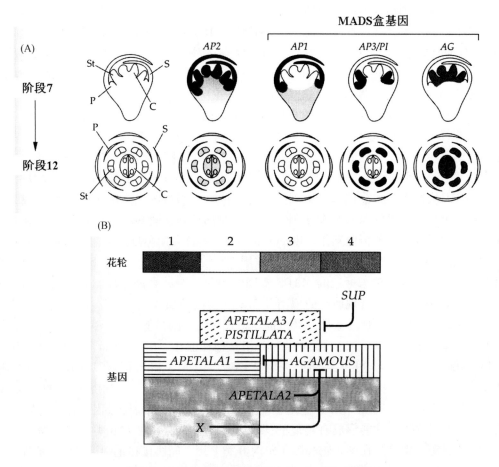

图 9-9　改进的 ABC 模型(引自 Bewley 等，2000)

(A)*AP2* 和花同源异型 MADS 盒基因在发育花中的表达。*AP2* 在花发育全过程的所有四个花轮中都表达。而花同源异型 MADS 盒基因则如 ABC 模型所预测的那样，每一个只局限于一对花轮中表达。S：萼片；P：花瓣；St：雄蕊；C：心皮(雌蕊群)　(B)除未知基因 *X* 外，已克隆全部基因，并可对 ABC 模型做最小的修正。修正的 ABC 模型既反映基因功能，也反映基因的表达。框内区域表示基因表达范围。*AP2* 在全部分生组织中都表达。已证实 *AP2* 为阻遏 *AG* 在第一轮和第二轮中表达所必需，但显然需要另外一个基因(*X*)与 *AP2* 作用。*AG* 并不阻遏 *AP2* 在第三轮和第四轮内表达，但它阻遏另外一个 C 功能基因 *AP1* 表达。*SUP* 对 B 功能基因在第四轮内表达起阻遏作用

（D）], 在整个花发育过程中, 在所有 4 个花轮中都检测到 *AP2* 表达 [图 9-9（A）]。上述结果表明 *AG* 并不阻遏 *AP2* 在第三轮和第四轮的表达, 此外, *AP2* 表达并不按照第一轮和第二轮那种方式阻遏 *AG* 在第三轮和第四轮的表达。假设 *AP2* 是通过作用于第一轮和第二轮中未知基因 "*X*" 的表达产物而阻遏 *AG*, 上述数据是不会违背 ABC 模型的 [图 9-9（B）]。尽管 *AG* 并不限制 *AP2* 表达, 但却阻遏花分生组织属性基因 *AP1* 的表达。鉴于 *AP1* 在第一和第二花轮特化中也发挥作用, 因此已在修正后的 ABC 模型中包括了上述内容。

ABC 模型的另外一个修正是将 B 功能基因 *PI* 和 *AP3* 的负向调控子 *SUP* 包括进去。一个称为 *superman*（*sup*）的突变在第三轮和第四轮产生很多雄蕊（Bowman 等, 1992）。因此, 正常的 *SUP* 基因似乎对 *AP3* 和 *PI* 起颉颃作用, 并且该基因最初被认为是防止 B 类基因在第

图 9-10 表达 35S：AG 转基因植株的开花表型
（引自 Mizukami 和 Ma, 1992）

（A）野生型 （B）*ap2-1* 突变体, 是一个花被发育程度降低的温和等位基因突变体, 其花瓣比野生型短 （C）（D）表达 35S：*AG* 转基因植株。这些花来自效应较温和的植株, 并且与 *ap2* 突变体表型类似。第 1 花轮器官为叶片状, 并且具有柱头乳头状突起。标尺 = 500 μm

四轮表达的负调控基因。通过对 *SUP* 基因克隆和原位杂交分析, 发现其在早期花中表达区域位于第三轮和第四轮的边界（Sakai 等, 1995）。正常 *SUP* 基因限制第三轮（特别是在边界）细胞分裂, 这种限制可能对促进第四轮中的细胞增殖具有非细胞自主性效应, *sup* 突变体的表型与观点一致。在 *sup* 突变体中, 第三轮过度细胞分裂被认为导致产生多余的雄蕊, 并阻抑邻近第四轮的细胞分裂（Sakai 等, 1995）。突变体 *sup* 中 *PI* 和 *AP3* 的表达格式扩展到花分生组织中央, 这样在第四轮也产生雄蕊。*SUP* 基因受表观遗传学或外遗传学调控：超甲基化的 *SUP* 基因（clark kent 等位基因）产生的缺陷与 *sup* 突变类似。因此, *SUP* 被认为调控花轮之间的通讯, 作用于第三轮和第四轮之间的连接。*AP2*、*AG*、*PI* 和 *AP3* 基因编码的蛋白质被认为属于进化上保守的转录因子家族。这些基因产物的每个成员都包含一个高度保守的 DNA 结合结构域称为 MADS 盒子。由于这些花器官属性基因编码转录因子, 因此它们可能通过控制其他基因来调控花器官的最终特化。*SUP* 编码的蛋白质具有若干个在转录因子中经常见到的结构域, 包括一个锌指结构域、碱性区域、一个富含丝氨酸-脯氨酸区域和一个亮氨酸拉链。*AP2* 预测产物与任何已知基因产物都无同源性, 但其富含丝氨酸的酸性结构域可能在 DNA 结合中发挥作用。

直到最近, 花分生组织属性基因被认为与花器官属性（ABC）基因是不同的。但现在人们鉴定出这些基因在发挥功能时和特异性方面是重叠的。*AP2* 在第一轮和第二轮内花器官决定性和属性方面都发挥作用。*AP1* 早期在花分生组织发挥作用, 晚期在第一轮和第二轮内花

器官形成方面发挥作用。此外，*AG* 是花决定性的调控子，*ag* 花可以产生 12 个花轮而不终止。

对 *AP1*、*AP2*、*AG*、*AP3* 和 *PI* 5 个基因的遗传和分子分析表明，花发育控制有几条基本原则。首先，编码转录因子的基因很可能控制着一系列复杂的靶基因网络，这些靶基因网络最终决定花原基的命运，及其向成熟器官分化的命运。第二，这些调控基因以不同的组合作用，以控制发育命运。第三，如 *AP2* 和 *AG* 的一些属性基因，它们的活性相互控制。发育的高度调控模式涉及基因活性控制，这并非不可预期，事实上，该方式在单细胞和多细胞生物整个进化过程中已经成功应用。在同源异型基因缺陷的突变体上已观察到的发育途径的显著变化，突出反映了同源异型蛋白作为转录调控因子的重要性。组合基因作用特化花器官类型的简单 ABC 模型与器官属性基因编码不同的转录因子高度一致。

对 *SEP* 基因功能的研究为 ABC 模型进行了有益补充。利用"反向遗传学（reverse genetics）"手段从拟南芥中分离出与 *AGAMOUS* 基因具有同源性的 3 个基因，这些基因被命名为 *SEPALLATA（SEP）1/2/3*，原先称为 *AGAMOUS-LIKE*，*AGL*。反向遗传学不是分离突变体，然

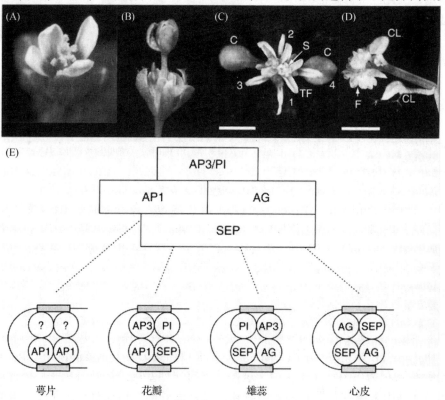

图 9-11 花发育中 *SEPALLATA* 基因的功能（引自 Öpik 和 Rolfe，2005）

拟南芥 *SEPALLATA1*、2 和 3 基因失活会使野生型花朵（A）转化为所有器官均为萼片的花朵（B）。如果组成型表达 B 类花发育基因（*PISTILLATA* 和 *APETALA3*）及 B 类基因功能必需的 *SEPALLATA3* 产生的转基因植株（C），那么子叶（C）不受影响，但真叶发育为萼片状器官，并产生少数雄蕊（S）和一个末端花（TF）。标尺 = 1 mm （D）组成型表达 B 类基因 *SEP3* 和 C 类基因 *AGAMOUS* 产生的植株发育雄蕊状花器官。花（F）和主茎叶（CL）都受到影响。标尺 = 0.5 mm （E）目前的花发育模型认为 SEPALLATA 是多亚基同源异型蛋白的一个组分

后鉴定失活基因，而是先鉴定基因，再使其失活，再了解其对植物的影响。反向遗传学与诱变手段互补，可以克服诱变的局限性。因为如果植物包含若干个不同的基因完成同一功能，那么突变基因的功能将会被其他基因的活性"隐藏起来"。SEP 基因的单个基因失活只能产生细微的变化，至多是改变花形，但如果将这些植株杂交产生这 3 个基因失活植株，则会揭示它们的功能。SEP1、SEP2 和 SEP3 同时失活产生的花朵在四轮中都产生萼片，这表明它们的功能为活性 B 和活性 C 表达所必需的。这些基因的重要性，尤其是 SEP3 基因的重要性在最近 Honma 和 Goto（2001）的一篇标记性的论文中得到展示。组成型表达 PI、AP3 和 SEP3 的转基因拟南芥植株，其最初的真叶转化为萼片状器官，而表达 PI、AP3、SEP3 和 AG 的转基因拟南芥植株，其主茎叶则转变为雄蕊状器官（图 9-11）。这表明 SEP3 不仅是 PI、AP3 和 AG 蛋白之间互作所必需的一个重要组分，也是该多亚基复合体活性表达所必需的一个重要组分。他们的研究表明，利用组成型表达同源异型基因有可能将营养组织转变为生殖组织。Theiβen（2001）提出一个同源异型蛋白互作的"四重奏"模型，试图将观察到的突变、表达格式及这些蛋白之间的互作整合起来（图 9-11）。

9.5 与花发育相关的许多基因产物为基因表达的负调控因子

ABC 模型表明在花分生组织和器官基因之间的某种互作是负向的。花诱导方面的许多迹象也表明，花诱导在某种程度上是正常阻遏信号的释放。CURLY LEAF（CLF）就是一种花发育的负向调控因子，因为在 clf 突变体中，AG 在营养叶组织中异位表达。CLF 与果蝇的 Polycomb 基因同源，该基因编码的蛋白质强烈影响染色质结构，因而影响基因表达。因此 CLF 是花发育所必需的一个阻遏因子，而它本身又受花诱导所抑制。EMBRYONIC FLOWER 基因也抑制花发育，因为 emf 突变体营养组织产生很少，而且与花细胞类型相混杂，且 AP1 和 AG 在 emf 突变体中异位表达。TFL 是阻遏花发育的另外一个候选基因，因为已知 tfl 突变体花开很早。LFY 和 AP1 异位表达开花很早，这与 tfl 突变体表型相似，LFY 和 AP1 很可能是花发育程序的正向调控因子。

9.6 相似的基因参与形成差异很大的花

虽然影响花发育的许多突变已被描述，但仍有相当多的基因有待发现。已对影响花器官数目、花器官形状及局部分化（但未改变花芽属性或其组分器官属性）的其他许多突变进行了描述，如 CLAVATA1（编码细胞表面受体激酶）、CLAVATA3（编码 CLAVATA1 蛋白的一个推定的肽配基）和 ETTIN（编码一个推定的生长素反应因子）的突变可增加花器官的数目或改变花器官形状。与此相对的是，TOUSLED 基因（编码蛋白激酶）突变减少花器官数目和大小，并且改变花器官的形状。在发育花内，这些基因很可能在花器官属性获得前后作用于格式生长和细胞分裂。

调控花发育的许多基因仍有待发现。可能的办法是从其他基因中搜寻已知调控蛋白的保守结构域来加以鉴定。例如，利用 AG 编码的 MADS 盒作为探针，研究者已鉴定出 20 多个 MADS 盒基因。这些基因许多在花中表达，也发现有一些调控新的发育过程。例如，

FRUITFULL MADS 盒基因调控与果实裂开相关的雌蕊群特异区域的形成。事实上，这类基因不断被鉴定出来，表明仍有许多其他调控基因有待发现。

尽管拟南芥是最主要的模式植物，但对金鱼草花发育的遗传和分子分析表明，与拟南芥中的基因几乎相同的基因参与金鱼草的发育调控。事实上，拟南芥 *LEY* 和 *TFL* 就是利用金鱼草 *FLORICAULA* 和 *CENTRORADIALIS* 基因序列克隆到的。比较拟南芥与金鱼草的基因序列，发现 *AP1* 与 *SQUAMOSA*，*LFY* 和 *FLORICAULA*，*AP3* 与 *DEFICIENS*，*PI* 与 *GLOBOSA*，*AG* 与 *PLENA* 基因序列同源。突变体表型和基因产物在这两个不同科的植物中高度保守。

尽管拟南芥和金鱼草控制分生组织属性和花器官属性的基因具有同源性，但它们的花朵形态却极不相同。实际上，所有被子植物的花发育都利用高度保守的调控基因，来确立花轮属性。当然这些基因的功能和结构域也是高度保守的。但是，并非所有的开花植物都具有以同样精确的方式进行花轮格式形成的 ABC 同源物。例如，双子叶植物拟南芥和金鱼草在花轮格式形成方面只有微小的差异，但拟南芥和单子叶植物玉米之间就明显存在极大的不同。

不开花植物中发现"开花基因"的同源物，这在进化生物学上具有特殊意义。例如，在辐射松(*Pinus radiata*)中分离到 *LFY/FLORICAULA* 和同源基因 *NEEDLY*。*NEEDLY* 在拟南芥 *LFY* 突变体中表达可挽救突变表型，而在转基因拟南芥中过量表达 *NEEDLY*，则产生的表型与过量表达 *LFY* 的转基因拟南芥一样。*NEEDLY* 在辐射松的生殖分生组织表达，也在营养分生组织表达。从裸子植物和蕨类植物中分离到 MADS 盒基因，表明这些基因在花的演化产生之前就已出现；显然，其中一些 MADS 基因被招募，并在被子植物的开花过程中发挥功能。

9.7　单子叶和双子叶植物的性别决定

绝大多数植物为雌雄同花(hermaphroditic)，是既有雄性花器官又有雌性花器官的完全花(perfect flower)。其他类型包括：植株既有雄单性花又有雌单性花的雌雄同株异花植物(monecious plant)或雄单性花和雌单性花着生于不同植株的雌雄异株植物(dioecious plant)。花的单性(unisexuality)有利于异交或杂交(outbreeding)，这具有适应性优势，因为异交会产生遗传变异性和遗传交换。雌雄异株植物之间异交率最高，因为对于异交雌雄异株植物而言是强制性的，但雌雄同株异花植物并非如此(Dellaporta 和 Calderon-Urrea，1993)。植物还有其他机制促进异交，如自交不亲和性(self-incompatibility)。尽管只有约 10% 的严格雌雄同株异花植物或雌雄异株植物，却在植物进化过程中多次产生花的单性现象，并在植物的科中75% 都能找到这种现象。花的单性现象在植物进化过程中多次独立产生，因此植物中性别决定的遗传基础并不一致。实际上在动物界中发现的大多数性别决定机制，如 X 染色体和常染色体比率、活性 Y 染色体、常染色体决定系统等在植物中也有发现。

从前面关于花发育的讨论中可看出，单性花可能是由于第三或第四轮的开花同源异型基因失活所致(但第三和第四轮基因不可能同时失活)。但目前所描述的例子很少是这种情况。花的单性现象通常是性器官原基一旦形成后，就会发育受阻或提前中止(Dellaporta 和 Calderon-Urrea，1993)。大麻(*Cannabis*)和山靛(*Mercurialis*)例外，它们根本就不形成另一性器官的原基。在多数情况下，单性现象的遗传基础，并不涉及开花同源异型基因的失活。

玉米单性花的发育已被广泛研究。玉米为雌雄同株异花植物，雄花为在雄花穗（有雄花花蕊的花序）（tassel 或 staminate inflorescence），雌花为玉米穗（有雌蕊的花序）（ear 或 pistillate inflorescence）。玉米单性花是由某一种性别的性器官发育选择性受阻所致（Dellaporta 和 Calderon-Urrea，1993）。未成熟花序分生组织为双性的，或者说雌雄两种未成熟花序分生组织实则上是一样的。在玉米穗的初生小花中，雄蕊原始体发育受阻，而雌蕊持续发育。在玉米穗和雄花穗的小花穗（spikelet）中，都形成两种小花——初生小花和次生小花。在次生玉米穗小花中，雄蕊和雌蕊原始体都会提前终止发育，每一个玉米穗的小花穗中只留下单个具有雌蕊的小花。而在玉米雄花穗中，情况正好相反。雌蕊原始体退化而雄蕊原始体持续发

因此，玉米中的性别决定是由于相反的性别器官细胞程序性受阻而发生的。

已对玉米穗和雄花穗进行遗传分析，并鉴定出阻断玉米穗中雌性化基因（feminizing gene）或雄花穗中的雄性化基因（masculinizing gene）的突变。雌性化基因的一个功能是阻断雄蕊的发育。在 *dwarf*（*d*）突变体中，雄蕊发育未受阻，在初生玉米穗小花中，雌蕊和雄蕊都可发育。*dwarf* 突变体不仅影响株高，也影响玉米穗的雌性化。*dwarf* 突变体 *d1*、*d2*、*d3* 和 *d5* 在赤霉酸（GA）生物合成方面存在缺陷，此缺陷可通过在适当发育阶段对玉米穗施用 GA 而部分挽救。这些突变体表明 GA 在玉米穗中雄性花器官的细胞程序性死亡中发挥作用。

在正常的雄花穗发育早期阶段，雌花蕊原基发育被阻断［图 9-12（C）］。阻断雄性化基因效应的突变未能阻止雄花穗中雌性

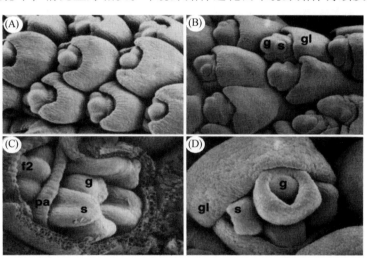

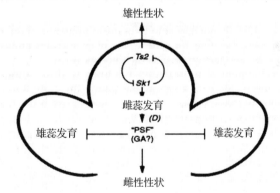

图 9-12　玉米 *tasselseed2*（*ts2*）突变体的雄花穗小花的发育

（引自 DeLong 等，1993；Dellaporta 和 Urrea，1994）

　　（A）（C）非突变体，*ts2-m1*/*Ts2*　（B）（D）*ts2* 突变体，*ts2-m1*/*ts2-R*　（A）（B）非突变体和 *ts2* 突变体都产生双性小花，并出现雌花蕊原基（g）和雄花蕊原基（s）（C）在非突变体小花穗中，雄蕊生长，而雌蕊发育受阻。去掉部分颖苞（glume，gl）以露出生殖器官　（D）*ts2* 突变体的雌花蕊和雄花蕊都发育，在成熟雄花穗中雌蕊将发育成丛状。突变体中的颖苞更短。扫描电镜观察。（下图）玉米性别决定模型。*Silkless1*（*Sk1*）促进雌蕊发育，雌蕊产生的雌蕊特异性因子（pistil-specific factor，PSF）阻断雄蕊发育并促进花组织的雌性化。也可阻止 *Ts2* 在初生玉米穗小花中提前终止雌蕊发育中的作用。*Ts2* 也有促进雄蕊发育和花组织雄性化的作用

器官的发育。在隐性 *tasselseed* 突变(*ts1* 和 *ts2*)的例子中，雌蕊发育仍持续进行[图 9-12(D)]，并在雄花穗中形成有功能的雌蕊，还能结下种子。因此，*ts1* 和 *ts2* 在阻断雄花穗中雌性器官发育机制中存在缺陷。在重度 *ts1* 和 *ts2* 等位基因突变体中，雄花穗中的性别完全逆转。雄花穗中的雌性器官发育似乎导致异位雄蕊败育。*Ts2* 已被克隆，它编码一个与类固醇脱氢酶相似的蛋白质，这表明类固醇可能是细胞死亡因子。由于 *Ts2* 与玉米穗中的赤霉酸的雄性化效应有颉颃作用，因此 *Ts2* 可能对 GA 产生有直接效应。但 *ts2* 和 *d1* 双突变体的行为又可能降低 *Ts2* 对 GA 生物合成有直接效应。另外一个影响雌性化功能的突变是 *silkless*(*sk1*)，它与 *dwarf* 不同之处在于，玉米穗的雄蕊发育仍然受阻，但 *sk1* 干扰具有雌性化功能的雌蕊形成。

Dellaporta 和 Calderon-Urrea(1993)曾提出一个前述基因互作的性别决定示意模型(图 9-12)。在该模型中，*Sk1* 通过阻断 *Ts2* 作用而促进初生玉米穗小花中的雌蕊发育。以一种相互阻断的方式，*Ts2* 在雄花穗中抑制 *Sk1* 作用而阻断雌花蕊发育。*ts2* 和 *sk1* 双突变体的证据支持这个模型，在玉米穗中 *ts2* 上位作用于 *sk1*，这表明 *Sk1* 可能在正常玉米穗中抑制 *Ts2* 功能。同样，在雄花穗中 *sk1* 部分上位于 *ts2* 的雌性化效应。

参考文献

Bewley J D, Hempel F D, McCormick S, *et al.* 2000. Reproductive development[J]. In: Buchanan B, Gruissem W, Jones R. eds. Biochemistry & Molecular Biology of Plants. Rockville, MD, USA, ASPB, pp. 988 – 1043.

Bowman J. 1994. *Arabidopsis*: An Atlas of Morphology and Development[M]. New York: Springer- Verlag.

Bowman J L, Sakai H, Jack T, *et al.* 1992. *SUPERMAN*, a regulator of floral homeotic genes in *Arabidopsis* [J]. Development, 114: 599.

Bowman J L, Smyth D R, Meyerowitz E M. 1989. Genes directing flower development in *Arabidopsis*[J]. Plant Cell, 1: 37 – 52.

Bowman J L, Smyth D R, Meyerowitz E M. 1991. Genetic interactions among floral homeotic genes of Arabidopsis[J]. Development, 112: 1 – 20.

Bradley D, Ratcliffe O, Vincent C, *et al.* 1997. Inflorescence commitment and architecture in *Arabidopsis*[J]. Science, 275: 80 – 83.

Coen E. 2001. Goethe and the ABC model of flower development[M]. Comptes Rendus de l' Académie des Sciences, Series III, Sciences de la Vie – Life Sciences, 324: 523 – 530.

Coen E S, Meyerowitz E M. 1991. War of the whorls: genetic interactions controlling flower development[M]. Nature, 353: 31 – 37.

Coupland G. 1995. Flower development: leafy blooms in aspen[J]. Nature, 377: 482 – 483.

Cubas P, Vincent C M, Coen E. 1999. An epigenetic mutation responsible for natural variation in floral symmetry[J]. Nature, 401: 157 – 161.

Day C D, Galgoci B F, Irish V F. 1995. Genetic ablation of petal and stamen primordia to elucidate cell interactions during floral development[J]. Development, 121: 2887 – 2895.

Dellapona S L, Calderon-Urrea A. 1994. The sex determination process in maize [J]. Science, 266: 1501 – 1505.

Dellapona S L, Calderon-Urrea A. 1993. Sex determination in flowering plants [J]. Plant Cell, 5: 1241 – 1251.

DeLong A, Calderon-Urrea A, Dellapona S L. 1993. Sex determination gene *TASSELSEED2* of maize encodes a short chain alcohol dehydrogenase required for stage-specific floral organ abortion[J]. Cell, 74: 757 – 768.

Gustafson Brown C, Savidge B, Yanofsky M F. 1994. Regulation of the *Arabidopsis* floral homeotic gene *APETALA1*[J]. Cell, 76: 131 – 143.

Honma T, Goto K. 2001. Complexes of MADS-box proteins are sufficient to convert leaves into floral organs [J]. Nature, 409: 525 – 529.

Howell S H. 1998. Molecular genetics of plant development[M]. Cambridge: Cambridge University Press, 1 – 365.

Ingram G C, Goodrich J, Wilkinson M D, *et al*. 1995. Parallels between *UNUSUAL FLORAL ORGANS* and *FIMBRIATA*, genes controlling flower development in *Arabidopsis* and *Antirrhinum*[J]. Plant Cell, 7: 1501 – 1510.

Jack T, Brockman L L, Meyerowitz E M. 1992. The homeotic gene *APETALA3* of *Arabidopsis thaliana* encodes a MADS box and is expressed in petals and stamens[J]. Cell, 68: 683 – 697.

Jack T, Fox G L, Meyerowitz E M. 1994. *Arabidopsis* homeotic gene *APETALA3* ecotopic expression: Transcriptional and postranscriptional regulation determine floral organ identity[J]. Cell, 76: 703 – 716.

Jofuku K D, Den Boer B G W, Van Montagu M, *et al*. 1994. Control of *Arabidopsis* flower and seed development by the homeotic gene *APETALA2*[J]. Plant Cell, 6: 1211 – 1225.

Krizek B A, Meyerowitz E M. 1996. The Arabidopsis home otic gene *APETALA3* and *PISTILATA* are sufficient to provide the B class organ identity function[J]. Development, 122: 11 – 22.

Levin J Z, Meyerowitz E M. 1995. *UFO*: An *Arabidopsis* gene involved in both floral meristem and floral organ development[J]. Plant Cell, 7: 529 – 548.

McHughen A. 1980. The regulation of floral organ initiation[J]. Bot. Gaz., 141: 389 – 395.

Mizukami Y, Huang H, Tudor M, *et al*. 1996. Functional domains of the floral regulator *AGAMOUS*: Characterization of the DNA binding domain and analysis of dominant negative mutations[J]. Plant Cell, 8: 831 – 845.

Mizukami Y, Ma H. 1992. Ectopic expression of the floral homeotic gene *AGAMOUS* in transgenic *Arabidopsis* plants alters floral organ identity[J]. Cell, 71: 119 – 131.

Ng M, Yanofsky M F. 2001. Function and evolution of the plant MADS-box gene family[J]. Nature Reviews Genetics, 2: 186 – 195.

Öpik H, Rolfe S A. 2005. The Physiology of Flowering Plants[M]. 4th Edition. London: Cambridge University Press, pp. 1 – 287.

Pelaz S, Ditta G S, Baumann E, *et al*. 2000. B and C floral organ identity functions require *SEPALLATA* MADS-box genes[J]. Nature, 405: 200 – 203.

Pellegrini L, Tan S, Richmond T J. 1995. Structure of serum response factor core bound to DNA[J]. Nature, 376: 490 – 497.

Ratcliffe O J, Bradley D J, Coen E S. 1999. Separation of shoot and floral identity in Arabidopsis[J]. Development, 126: 1109 – 1120.

Riechmann J L, Krizek B A, Meyerowitz E M. 1996. Dimerization specificity of *Arabidopsis* MADS domain homeotic proteins *APETALA1*, *APETALA3*, *PISTILLATA*, and *AGAMOUS*[J]. Proc. Natl. Acad. Sci. USA, 93: 4793 – 4798.

Sakai H, Medrano L J, Meyerowitz E M. 1995. Role of *SUPERMAN* in maintaining floral whorl boundaries [J]. Nature, 378: 199 – 203.

Sieburth L E, Running M P, Meyerowitz E M. 1995. Genetic separation of third and fourth whorl functions of *AGAMOUS*[*J*]. Plant Cell, 7: 1249 – 1258.

Simon R, Carpenter R, Doyle S, *et al.* 1994. *Fimbriata* controls flower development by mediating between meristem and organ identity genes[J]. Cell, 78: 99 – 107.

Sommer H, Beltran J P, Huijser P, *et al.* 1990. *Deficiens*, a home otic gene involved in the control of flower morphogenesis in *Antirrhinum majus*: The protein shows homology to transcription factors [J]. EMBO J. , 9: 605 – 613.

Theiβen G. 2001. Development of floral organ identity: stories from the MADS house[J]. Current Opinion in Plant Biology, 4: 75 – 85.

Trobner W, Ramirez L, Motte P, *et al.* 1992. *GLOBOSA*: A homeotic gene which interacts with *DEFICIENS* in the control of *Antirrhinum* floral organogenesis[J]. EMBO J. , 11: 4693 – 4704.

Weigel D, Meyerowitz E M. 1993. Activation of floral homeotic genes in *Arabidopsis* [J] . Science, 261: 1723 – 1726.

Weigel D, Meyerowitz E M. 1994. The ABCs of floral homeotic genes[J]. Cell, 78: 203 – 209.

Weigel D. 1995. The genetics of flower development: from floral induction to ovule morphogenesis[J]. Annual Review of Genetics, 29: 19 – 39.

Yanofsky M F, Ma H M, Bowman J L, *et al.* 1990. The protein encoded by the *Arabidopsis* homeotic gene *agamous* resembles transcription factors[J]. Nature, 346: 35 – 39.

第 10 章　配子体发育和受精

高等植物的有性生殖(sexual reproduction)包括配子(gamete)的产生过程。配子或为卵子(egg)，或为精子(sperm)，它们着生在配子体(gametophyte)中。被子植物的雌配子体为胚囊(embryo sac)，它在子房的胚珠内发育；雄配子体为花粉粒(pollen grain)。被子植物的配子体虽然很小，但却是多细胞的。图 10-1 描绘了开花植物的生活史，并重点突出参与生殖过程的生殖器官。

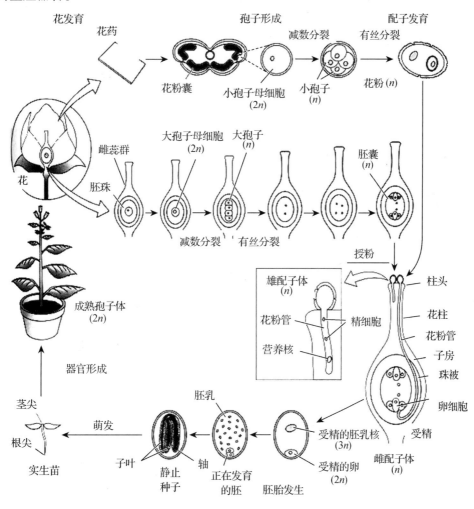

图 10-1　开花植物的生活史(引自 Bewley 等，2000)

多细胞的单倍体(配子体)世代和二倍体(孢子体)世代交替

花粉粒(图 10-2)由两个或 3 个细胞组成，小的生殖细胞(generative cell)常包裹在一个大的营养细胞(vegetative cell)里面。雌配子体或胚囊也是由多细胞组成，由卵细胞(egg cell)和一个含两个极核(polar nuclei)的中央细胞(central cell)组成[图 10-2(B)]。高等植物的受精为"双受精(double fertilization)"过程，其中花粉粒中的一个精细胞(sperm cell)与卵细胞结合形成合子(zygote)，另外一个精细胞与中央细胞融合形成胚乳(endosperm)。

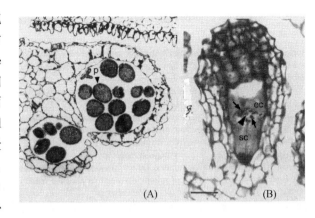

图 10-2　拟南芥的雄配子体和雌配子体(引自 Bowman, 1994)
(A)花药小室(locule)中的成熟花粉粒(雄配子体)。释放到花药小室中的单个小孢子(microspore)，小孢子在此处经历第一次有丝分裂形成生殖细胞和营养细胞。生殖细胞经历第二次有丝分裂形成精子细胞　(B)拟南芥卵子或胚囊(雌配子体)剖面所观察到的卵细胞(ec)。卵细胞位于助细胞(synergid cell, sc)和中央细胞之间。卵细胞核用粗箭头标出，淀粉粒用小箭头标出。用高碘酸和希氏染色，光学显微镜观察

高等植物中的配子体较为简单，低等植物中的配子体则更为精细。在低等植物中，配子体为单倍体结构，并且常为发育很好的多细胞植株形式。配子体为单倍体或倍性为 1 N，孢子体为二倍体或倍性为 2 N。例如，苔藓的配子体为叶片植物，而孢子体并不显眼。高等植物的情形正相反，单倍体阶段不明显，而孢子体在生命周期中占优势。

在高等植物中，雄配子体来源于小孢子母细胞(microsporocyte)或花粉母细胞(pollen mother cell)的减数分裂前细胞。小孢子母细胞经减数分裂产生四个减数分裂产物或小孢子。四个小孢子被一起包在小孢子的母细胞中，该结构称为四分体或四分孢子(tetrad)。绝大多数植物的四分体在花粉形成过程中会裂开，并形成单个花粉粒。在花粉形成过程中细胞核通常会分裂一次(花粉有丝分裂 I)，形成营养细胞和生殖细胞。生殖细胞通常在花粉萌发后会再一次分裂(花粉有丝分裂 II)，形成两个精细胞。

雌配子体由胚珠中大孢子母细胞(megasporocyte 或 megaspore mother cell)的减数分裂前细胞产生。大孢子母细胞经大孢子形成的减数分裂过程，产生四个减数分裂产物或大孢子。四个减数分裂产物中只有一个存活下来，单孢子或蓼型大孢子，存活的大孢子继后产生配子体，该过程称为大配子体形成。大孢子体经历一系列有丝分裂通常产生八核胚囊。胚囊细胞化和区室化，产生包含细胞核的分离细胞，如卵细胞或助细胞[图 10-2(B)]。中央细胞包含两个极核，它们在受精前通常会融合。在受精过程中，卵细胞与花粉粒中的一个精细胞结合形成二倍体的合子(在二倍体植物中)；另外一个精细胞与中央细胞(带有融合的极核)受精形成胚乳。

我们对小配子体形成(microgametogenesis)(即形成雄配子体花粉)的了解要比对大配子体形成(megagametogenesis)(即雌配子体胚囊的形成)的了解多。部分原因是因为花粉产生的数量巨大且容易收集。例如，单个玉米花粉粒直径只有 100 μm，而一株玉米可产生超过 25 000 000 个花粉粒。玉米的雌配子体较大且不多：单个玉米穗只产生约 300 个胚囊。此外，胚囊形成后包埋在胚珠组织中，难以分离出来进行实验操作和分子生物学试验。经过许

多年，植物育种家已经发现了很多雄性不育突变体，但直到最近科学家才开始大规模诱变检测来鉴定雌性不育突变体。

10.1 花药发育与花粉形成

10.1.1 雄配子体在花药中形成

　　雄配子体或花粉粒在花药中发育，而花药为雄蕊中的器官结构，雄蕊为花的雄性生殖器官。花药由不同的细胞层形成，Satina 和 Blakeslee（1941）对曼陀罗（*Datura*）花药中不同组织的细胞层来源进行测定，发现表皮细胞来源于 L1，小孢子母细胞、中绒毡层和外绒毡层来源于 L2，维管组织和内绒毡层来源于 L3。小孢子母细胞起源于二倍体的孢原细胞（archesporial cell），孢原细胞在一次分裂中产生一个小孢子母细胞和一个绒毡层原始细胞（McCormick，1993）。玉米小孢子母细胞也起源于 L2。在嵌合体植株中，小孢子母细胞的单细胞层起源产生一种有趣的情形：玉米雄花穗中的体细胞层，如 L1 与造孢组织（sporogenous tissue）的基因型不同。Dawe 和 Freeling（1990）在研究玉米花药细胞谱系时，利用玉米的两个着色基因 *bz2-m* 或 *a1-m* 位点切除转座因子 *Ds*（*Ac-Ds* 转座因子系统，转座因子或转座子的切除可导致所插入的色素基因激活表达），发现花药壁为双层细胞，可以被 L1 或 L2 层着色基因激活后着色。但是，激活的基因只有在切除事件在 L2 层中发生时才通过花粉传递的。

　　花药发育被认为可分成两个与花粉发育相关的阶段（Goldberg 等，1993）。在阶段 I，花药中的造孢细胞参与小孢子形成，而非造孢细胞则形成表皮、绒毡层等（图 10-3）。绒毡层是围绕造孢细胞的组织，它为发育中的花粉提供材料。在阶段 II，花药增大，花丝（雄蕊的一部分）伸长，此时花粉粒形成，花药裂开（dehiscence）并释放出花粉粒。在阶段 I，非造孢组织为造孢细胞提供结构支持，而在阶段 II，其中一些会退化，并使花粉释放。

　　图 10-1 所示为植物生活周期背景下配子形成的一些重要特征，而图 10-4 所示为三核雄配子体或花粉粒形成的详细过程。雄配子体形成发生在花药内，从一个孢子体细胞分裂产生一个绒毡层原始细胞（tape-

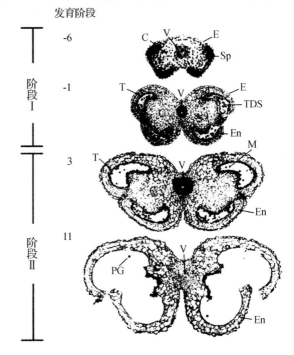

发育阶段

图 10-3　烟草的花药发育（引自 Goldberg 等，1993）

　　花药发育分为两个阶段。非造孢组织在阶段 I 生长并发育，而在阶段 II 退化，为花粉发育提供材料，并使花粉释放。图为不同发育阶段花药的横切面。C：结缔组织（connective）；E：表皮；En：药室内壁（endothecium）；M：小孢子；PG：花粉粒；SP：造孢细胞；T：绒毡层；TDS：四分体；V：维管束

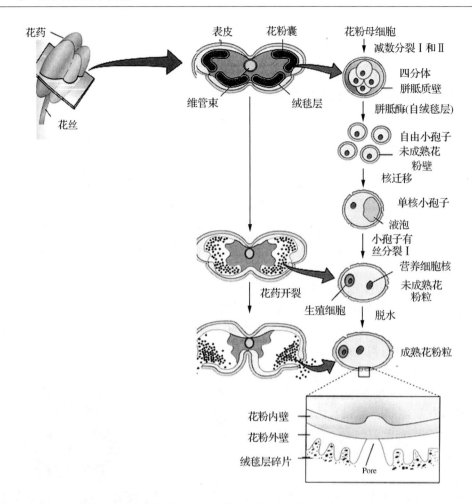

图 10-4 绝大多数被子植物典型的花粉发育途径(引自 Howell, 1998)

减数分裂在花药内发生，产生四分小孢子。胼胝质酶降解包裹四分体的细胞壁后，使小孢子从胼胝质壁内释放出来。小孢子第一次有丝分裂不对称，产生一个大的营养细胞和一个小的生殖细胞。花药裂开时，部分干燥的花粉从花药孔中释放出来

tal initial cell)和一个造孢原始细胞(sporogenous initial cell)时开始。每一个造孢原始细胞(花粉母细胞或小孢子母细胞)都经历减数分裂，产生包含单倍体细胞的四分体，这些小孢子虽然被单个区室化，但它们被胼胝质(callose)壁包裹。胼胝质为(1→3)β-D-葡聚糖。在花粉发育过程中，绒毡层会释放出胼胝质酶(callase)来消化四分体壁，并释放出单个小孢子。从胼胝质壁释放后，小孢子经历两次有丝分裂。第一次分裂为不对称分裂，产生一个大的营养细胞(vegetative cell)和一个小的生殖细胞(generative cell)。生殖细胞的有丝分裂产生两个精子细胞(sperm cell)。在成熟花粉中营养细胞常围绕生殖细胞并将其包裹起来(图 10-5)。营养细胞包含管核或营养核，以及贮藏有为花粉萌发和花粉管伸长提供能量的代谢物。在花粉管伸长过程中，小的生殖细胞通常再分裂一次产生两个精细胞。在拟南芥和玉米等某些植物中，生殖细胞的第二次有丝分裂可以在花粉散落之前发生。而在绝大多数被子植物中，花粉粒在二细胞阶段从花药释放，第二次有丝分裂在花粉管生长阶段进行。十字花科(Crucife-rae)和禾本科(Gramineae)在花粉释放前，其生殖细胞分裂产生两个精细胞。管核通过正在

伸长的花粉管运动，而精细胞则在花粉管进入珠孔(micropyle)后被转移。

绒毯层(tapetum)是区隔花药小室的一种营养组织，由绒毯层原始细胞继后的分裂产生。绒毯层第一个重要作用是产生胼胝质酶，使小孢子从胼胝质壁内释放出来。绒毯层产生并在花粉粒外壁中沉积化合物，包括结构聚合物和色素。绒毯层细胞最终会解体，而且包括蛋白质和脂质的一些细胞质内容物会沉积到花粉外壳上。花粉外壳在与雌性组织的互作方面发挥重要作用。

细胞学和分子证据表明，花药和花粉发育过程在整个被子植物种群中极端保守，尽管在细节方面不同的科会存在微小差异。这种程度的保守性意味着，对容易进行实验研究的模式植物研究获得的花药和花粉发育的各方面的信息都可普遍适用于其他植物。

此外，花药培养或花粉培养(或小孢子培养)可以逆转配子体发育程序，转向孢子体发育程序，产生单倍体植株。育种学家将对这种技术很有兴趣，因为单倍体可经染色体自发加倍或化学处理加倍来产生纯合二倍体。

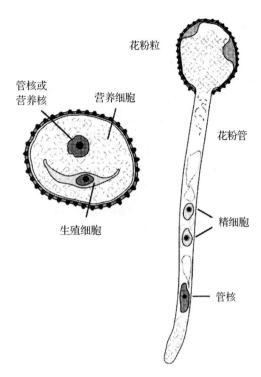

图 10-5　百合(Lilium)成熟花粉粒
(引自 Howell, 1998)

(左)花粉为二细胞的配子体，其中营养细胞内包裹着一个生殖细胞。生殖细胞经有丝分裂产生两个精细胞 (右)花粉萌发和花粉管的延伸。正在生长的花粉管内携带营养细胞质、管核和精细胞

10.1.2　许多基因在雄配体中特异表达

根据 RNA/DNA 杂交所获得的研究结果，估计有 60%~90% 的基因既在配子体中表达，也在孢子体中表达。许多研究集中对花粉特异性基因进行克隆，以确定它们在花粉发育过程中的功能，及了解花粉特异性基因表达的机制。

最新的估算表明，拟南芥有近 350 个基因只在花药中表达。其中一些基因编码的蛋白质为花粉所独有(花粉特异性蛋白质)，另一些包括在植株其他部分也表达蛋白质的花粉特异性变种，如编码许多细胞骨架蛋白(肌动蛋白和微管蛋白)的多基因家族。这些基因家族的某些成员只在生殖器官表达。对若干花粉特异性启动子的分析表明，其特异性是由独特的 DNA 调控序列所介导的。这些顺式作用因子肯定与转录因子结合，但仍不清楚这些转录因子，是否为花粉特异性的，或者是不同的遍在转录因子与这些启动子进行花粉特异性结合。

在番茄中鉴定的两个花粉特异性基因 *LAT56* 和 *LAT59* 编码的蛋白与豚草(艾叶破布草或豕草)(*Ambrosia artemisiifolia*)主要过敏原类似。LAT56、LAT59 和豚草蛋白 Amb1、Amb2 和 Amb3 与果胶酸裂解酶(pectate lyase)的氨基酸序列具有相似性，日本柳杉花粉的主要过敏原 CryJ1 也如此。果胶酸裂解酶首次在植物致病细菌中描述，它们的作用是通过破坏细胞壁而达到软化寄主植物组织。植物来源的果胶酸裂解酶在花粉中表达高度保守，并且常为多基因

家族编码。考虑到豚草为被子植物而日本柳杉为裸子植物（在进化上相距两亿年），这样很高程度的序列保守性表明这些过敏原在花粉发育中发挥着重要作用。一个合理的假说是果胶酸裂解酶在花粉管生长及穿过雌性组织到达胚囊过程中发挥作用。

证据表明其他的过敏原类群对花粉功能是十分重要的，例如，橄榄花粉的主要过敏原与番茄中花粉蛋白 LAT52 及玉米中花粉蛋白 Zm13 相似。反义基因表达试验表明，LAT52 为花粉水合和花粉管生长所必需。番茄基因 *lat52* 在花粉发育晚期过程中只在营养细胞中激活转录，Eady 等（1995）通过研究 *lat52* 基因表达来考察生殖细胞和营养细胞相互区别分化过程。他们测定了 *lat52* 基因在营养细胞中优先表达是否是不等有丝分裂的结果。为了达到上述目的，他们构建了 *lat52* 启动子-GUS 融合基因（*lat52*：GUS）的转基因烟草植株，然后将转基因植株的小孢子在高水平的秋水仙素（有丝分裂纺锤体毒素）下培养，以阻断花粉有丝分裂 I。他们发现虽然可阻断分裂，但并不能阻止 *lat52*：GUS 基因表达。*lat52*：GUS 仍然会在未分裂细胞中表达，并且表达时间与秋水仙素未处理细胞中表达时间大致相同。尽管如此，他们还是发现不等分裂是 *lat52*：GUS 在子细胞中不对称表达所必需的。当用低水平的秋水仙素处理小孢子细胞使其分裂，但使某些小孢子细胞不发生不对称分裂，在这种情况下，产生的两个相同的子细胞都含有较大的营养细胞核，并且 *lat52*：GUS 在两个子细胞中都表达。他们猜测认为不对称花粉有丝分裂 I 将生殖细胞分化所必需的因子不等分配给子细胞，而这些因子或者激活 *lat52*：GUS 在营养细胞核中表达，或者阻抑该基因在生殖细胞中表达。这是一个细胞不均等分裂影响子细胞分化的良好例证。

桦树花粉的主要过敏原为外廓蛋白（profilin），是一种与肌动蛋白结合的蛋白质。由于肌动蛋白在花粉管生长过程中发挥重要作用，因此，外廓蛋白可能同样对花粉管生长具有十分重要的作用。最后，许多禾本科物种的主要花粉过敏原与称之为伸展蛋白或细胞壁松弛蛋白（expansin）类似，伸展蛋白或细胞壁松弛蛋白在细胞壁伸展或松弛过程中发挥作用。这类过敏原家族的一个成员最近表明具有蛋白酶活性。

花粉过敏原蛋白会使人打喷嚏，尽管花粉热或枯草热患者不喜欢过敏蛋白，但过敏蛋白可能为花粉管生长及植物雄性可育性所必需。

支持组织（绒毡层）由生长向退化转变，接着花药裂开，标志着花药发育中阶段 II 的开始。支持组织退化伴随着花粉发育，但是花粉粒中的活动似乎并不会启动导致花药裂开的事件。花粉自杀转基因可使烟草植株雄性不育（male-sterile），但其花药裂开正常（Mariani 等，1990）。花药裂开是由一系列事件引发的，包括绒毡层解体、连接两个花粉囊之间的细胞壁退化及最终花药壁破裂。

目前并不清楚花粉发育中阶段 I 和阶段 II 的信号是什么，但利用分子标记有助于将这两个阶段分开。已分离出花粉特异性 cDNA，并随后进行时空表达（Koltunow 等，1990）。其中一个例子是在非造孢组织（nonsporogenic tissue）中表达的 cDNA TA56，它编码巯基内肽酶（thiol endopeptidase）。该基因在细胞特异性降解事件之前表达，并且在将两个花粉囊区隔开的组织中首先表达。由于 TA56 启动子 – 报告基因构件表达格式与 TA56 本身表达相似，因此，TA56 基因表达激活受转录调控。在绒毡层表达的其他 cDNA 显示具有在阶段 II 中特异性时间表达格式，并且许多 cDNA 在花药裂开前高水平表达。

花粉粒形成也与配子体中的基因表达有关（McCormick，1993）。先前描述的在小孢子中

表达的 *LAT52* 就是一个适当的例子。Muschietti 等(1994)研究显示，编码一个与 Kunitz 胰蛋白酶抑制剂(Kunitz trypsin inhibitor)有关的蛋白，在花粉发育晚期表达。他们利用反义基因构件研究显示，*LAT52* 表达为有功能花粉发育所必需。

10.1.3　雄配子体为复杂细胞壁所包裹

花粉细胞壁的形成在单个花粉从四分体中释放之前就已开始。成熟花粉粒具有一层内壁(inner 或 intine wall)和一层外壁(outer 或 exine wall)(图 10-6)。内壁层在四分体胼胝质壁解体之前开始形成，而大部分外壁层是由绒毡层沉积的材料产生的，并且主要由多聚体孢粉素或孢粉质(sporopollenin)构成。在花粉萌发孔(pollen aperture 或 pore)的位置，内壁没有被外壁所覆盖。花粉管在其中一个萌发孔处形成，并通过管尖伸长，由内细胞壁延伸形成花粉管壁。花粉内壁与其他植物细胞壁一样，同样以纤维素为骨架，但与其他大多数植物细胞不同之处是，其主要成分为 $(1{\rightarrow}3)$ β-D-葡聚糖胼胝质，其中还有少量的纤维素和阿拉伯多糖。

图 10-6　拟南芥花粉具有高度刻饰的外壁扫描电镜观察图(引自 Bowman, 1994)

花粉粒外壁通常装饰有复杂的尖刺和花纹图案(图 10-6、图 10-7)。刻饰格式(sculpting pattern)具有物种特异性，并且由孢子体组织决定，有助于对产生花粉的特种进行鉴定。因此，即使花粉随花粉刻饰格式决定因子而分离，每个单次减数分裂的产物在刻饰格式上也是相同的。花粉粒外壁的主要结构成分是孢粉素(sporopollenin)。孢粉素的组成已争论了许多年，现在认为是一种酚类聚合物。孢粉素极端耐腐蚀。为了提取它，研究者用热的乙酸酐和高浓度的(9.9 M)硫磺酸来处理——这种方法对于其他有机物分子而言，与其说是提取它，不如说是水解它。孢粉素的耐腐蚀性，使得花粉能在化石中保存很长时间。化石中花粉外壁格式为了解数百万年前生活的植物类型提供了线索。胼胝质壁解体产生其他化合物如黄酮醇、脂质等也会沉积形成花粉外面的含油层(tryphine)。这些化合物被认为参与花粉萌发并且在花粉与柱头互作中发挥作用(Preuss 等,1993)。

不同植物是如何产生不同的花粉外壁格式的？当亲缘关系相近但花粉粒形态不同的物种杂交时，产生的 F_1 代花粉粒也许会是相同的。该结果说明花粉壁格式是由孢子体确立的，或者是在减粉分裂之前，或者是由绒毯层作用的。如果花粉壁格式是由配子体决定的，那么 F_1 代植株预期会产生相同数量的两种亲本花粉类型。但 F_1 代植株花粉具有双亲的形态特征(亲本的尖刺密度和亲本的尖刺长度)，说明存在不同且互不连锁的基因控制花粉粒的形态。确定这种基因编码什么类型的蛋白质，是将来一个有意思的研究方向。一种可参考手段是寻求花粉粒外壁格式改变的突变体，但利用目前的技术对影响花粉外壁格式的突变体检测是十分耗费时间的，因为这可能需要利用扫描电镜对诱变群体的单个个体的数百万个花粉进行检查。

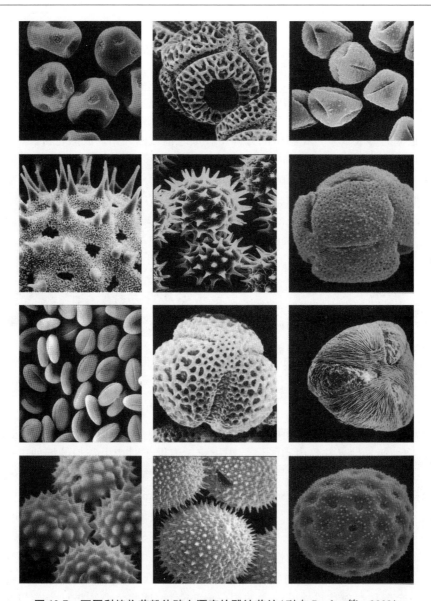

图 10-7   不同科植物花粉外壁上漂亮的雕蚀花纹（引自 Bewley 等，2000）

第一行从左到右依次为大蕉、南美洲的冬木、毛茛；第二行从左到右依次为牵牛花、春白菊、*Pereskia grandiflora*；第三行从左到右依次为荨麻、罂粟、美国梧桐；第四行从左到右依次为豚草、蜀葵、aheaahea

10.1.4   花药发育和花粉形成遗传学

由于雄性不育可为杂交种子生产提供遗传基础，因此雄性不育突变体已被深入研究。由于雄花和雌花，或者雄性花器官和雌性花器官独立发育，因此有可能获得雄性不育但雌性可育的植株。这些植株自交不育，但可通过有亲缘关系但不相同的植株授粉而产生杂种。雄性不育性对多种不同类型的突变敏感。线粒体突变（细胞质雄性不育性）、孢子体表达的细胞核突变（通过母体组织）或配子体表达的的细胞核突变（通过配子），都可导致雄性不育性。

（1）细胞核雄性不育性

在决定雄性不育的核基因中，有些作用于花药发育，其他的则影响小孢子发生、花粉发育、花粉释放或花粉的功能。小孢子四分体的形成容易检测，并可用来识别与鉴定突变体。四分体异常的突变体通常在小孢子发生方面，或在孢原细胞（archesporial cell）的减数分裂前发育存在缺陷，而具有正常四分体的突变体则经常在花粉发育的晚期、花粉的释放和功能方面存在缺陷（Chaudhury 等，1994）。

大多数情况下，雄性不育表型由纯合隐性基因型（*ms/ms*）所致，而具有雄性突变杂合型（+/*ms*）的植株通常则产生 100% 正常的花粉。一些雄性不育突变体是由于减数分裂缺陷所致，而另外一些绒毡层细胞缺陷，表明突变基因影响了绒毡层代谢的某些重要步骤。但同样有另外一些雄性突变体绒毡层组织表现明显正常，例如，一种是花粉虽然功能正常，但花药却存在缺陷，不能释放花粉或释放得很晚，以至于雌花不再适合受粉。另外一个例子是大麦雄性不育突变体，虽然花粉粒发育和花药裂开明显正常，但花粉粒没有萌发孔，因此不能长出花粉管。

最近已克隆了一些雄性不育基因，但它们编码的蛋白质却没有透露任何有关基因功能的线索。例如，从玉米中克隆到的一个雄性不育基因编码的蛋白与 strictocidine 合成酶具有有限的序列相似性，而该酶在吲哚合成中发挥作用。如果这个蛋白也真正参与吲哚生物合成，那么有可能这种雄性不育突变缺乏某种吲哚化合物，而该化合物在花粉粒发育过程的某个点上发挥关键作用。但对这种吲哚化合物的属性和功能却一无所知。从拟南芥克隆到的第一个雄性不育基因的功能未知，但有一段短的氨基酸序列与线粒体编码的蛋白具有相似性。

对破坏花药发育的突变体已有描述，例如，玉米核基因隐性突变 antherless（*at*）虽然具有正常花丝，但却没有花药（Kaul，1988）。其他的玉米突变体如矮化赤霉素缺乏突变体 *d1*、*d3* 和 *d5* 可形成小的花药，但却不能产生花粉。一个称为 *stamenless-2* 的番茄突变体产生的雄蕊短，小孢子没有功能。该突变体同样在赤霉素产生方面存在缺陷，并可通过施用 GA 来加以挽救（Sawhney 和 Bhadula，1988）。玉米和番茄突变体都表明 GA 在雄蕊发育的重要性。

特异性影响花粉发育的其他突变体也有一些描述。在拟南芥中，male sterile（*ms*）突变体在减数分裂前发育存在缺陷，已有四组基因得到鉴定，它们都为孢子体表达的核基因（Chaudhury 等，1994）。例如，*ms3* 和 *ms4* 突变体造孢细胞（sporogenous cell）正常，但四分体却异常，这表明减数分裂前小孢子或减数分裂小孢子发育紊乱或受阻［图 10-8（B）（C）］。玉米核雄性不育突变体中，属于减数分裂前

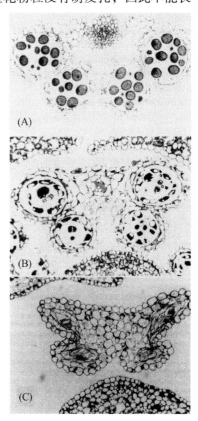

图 10-8　拟南芥雄性不育突变体缺陷
（引自 Chaudhury，1993）
花药横切面：（A）为正常植株花药
（B）雄性不育突变体 *ms4* 减数分裂前小孢子或减数分裂小孢子发育被阻断
（C）雄性不育突变体 *ms3* 小孢子释放时花药小室崩溃

突变体或减数分裂突变体的并不多。Albertsen 等（1981）研究表明，13 个雄性不育突变体中，只有 2 个突变体影响早期的小孢子母细胞发育。一个称为 *ms8* 的突变体在小孢子母细胞减数分裂的早前期阶段异常。大多数 *ms* 突变体为减数分裂后突变体，这表明玉米孢子体基因在控制花粉发育中的重要作用。例如，在突变体 *ms2* 和 *ms7* 的四分体形成正常，但四分体阶段后染色体提前凝缩，并且花粉败育（Albertsen 和 Phillips，1981）。

孢子体的雄性不育突变体在拟南芥中已有描述，但它们都是影响晚期花粉的功能，如花粉—柱头互作（Preuss 等，1993）。这些突变体将在本章加以论述。影响花粉发育的拟南芥突变体，并不是在雄性不育的选择基础上发现的，这些突变体是可育的，是通过检测花粉形态时发现的。已鉴定的两个 *quartet*（*qrt*）突变体在产生花粉时，不能将减数分裂产物分离在单个花粉粒（Preuss 等，1994）。在 *qrt* 突变体中，四个减数分裂产物的花药壁外层融合，以四分体为花粉粒释放。正常情况下胼胝质细胞壁会使小孢子分开。这些突变体的一个稀有的优点是，它们是可成活的，也是可育的，因此，可以对拟南芥的减数分裂产物进行四分体分析。

（2）细胞质雄性不育性

通过雌性传递的雄性不育性称为细胞质雄性不育性（cytoplasmic male sterility，CMS）。CMS 已在 150 种不同的植物物种中发现，并且在玉米、向日葵、水稻、矮牵牛和菜豆（*Phaseolus vulgaris*）上已广泛研究。遗传学家推断出，叶绿体基因组或是线粒体基因组是 CMS 性状产生的原因。在目前所有研究的例子中，雄性不育性都是由花药线粒体中的异常蛋白表达引起的。不同的 CMS 类型表达不同的异常蛋白。有意思的是，突变虽然在植物的所有细胞中都存在，但却只有在花药产生表型。目前虽然不了解异常蛋白是如何破坏线粒体功能的，但这些研究结果表明，在花粉发育过程中有效的线粒体功能尤其重要。

如果异常线粒体蛋白表达减少，育性就会恢复。几乎所有已知的 CMS 系统都有核恢复基因以未知机制抑制异常线粒体蛋白表达。例如，在玉米 CMS-T 系统中，育性恢复需要 *Rf1* 和 *Rf2* 两个核编码基因的表达（图 10-9）。CMS-T 中起重要作用的异常线粒体蛋白，被称为 URF13。如果植株只有唯一一个 *Rf1* 基因

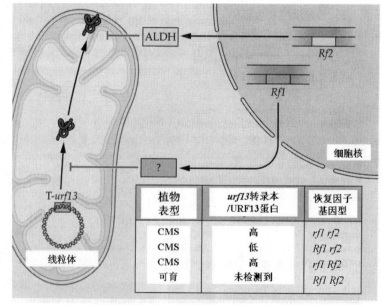

植物表型	*urf13* 转录本/URF13 蛋白	恢复因子基因型
CMS	高	*rf1 rf2*
CMS	低	*Rf1 rf2*
CMS	高	*rf1 Rf2*
可育	未检测到	*Rf1 Rf2*

图 10-9 玉米 CMS-T 系统（引自 Bewley 等，2000）

示意图显示线粒体编码的毒性蛋白 URF13，以及核编码恢复蛋白 Rf1 和 Rf2 发挥的功能。*Rf1* 和 *Rf2* 都为育性恢复所必需。*Rf1* 可极大地减少 *urf13* 转录本的累积，但其机制不明。*Rf2* 编码乙醛脱氢酶（ALDH），但对 *urf13* 转录本的丰度没有影响。ALDH 可能有除去 URF13 蛋白产生的毒性蛋白的功能

（即基因型为 *Rf*1 *rf*2），尽管 URF13 的数量大大减少，但育性仍不能恢复。该结果显示，*Rf*2 基因必须还具有恢复育性的其他重要功能，例如，完全抑制 URF13 表达的功能。但是 *rf*1 *Rf*2 植株却产生较大量的 URF13 蛋白，因而排除了这种可能性。基因 *Rf*2 克隆表明，它编码乙醛脱氢酶。一种模型认为，URF13 可能引起毒害绒毡层线粒体的乙醛的产生，而 *Rf*2 则可对乙醛进行解毒或防止该物质累积。

玉米 T 型 CMS 是由线粒体基因组的一个称为 *T-urf13* 非必需嵌合体基因表达引起的。T-*urf13* 在 CMS 玉米植株中的大部分组织表达并无明显不利后果，但它在花药中表达则会导致绒毡层细胞退化与败育花粉形成。T-*urf13* 编码一个与线粒体内膜有关的 35 kD 多肽（URF13）。真菌玉米小斑病菌 T 生理小种（*Bipolaris maydis* race T）为玉米小斑病（Southern corn leaf blight）的致病病原，而 T-*urf13* 表达使玉米植株对玉米小斑病菌 T 生理小种产生的毒素（T 毒素）敏感（Williams 和 Levings，1992）。T 毒素与 URF13 互作并形成膜孔（Levings，1993）。研究推测，玉米雄性不育是因为花药中产生的毒素类似物质，杀死累积 URF13 的细胞所致（Flavell，1974），但尚未发现这种物质。*Rf*1 和 *Rf*2 两个显性的雄性不育恢复核基因联合作用可恢复 CMS-T 植株的育性。*Rf*1 可降低基因 T-*urf13* 的表达。*Rf*2 已利用转座子标签克隆，发现它编码线粒体乙醛脱氢酶（Cui 等，1996）。该发现令人意外，并产生若干理论来解释它。其中一个理论认为 RF2 蛋白是挽救由 T-*urf13* 表达引起的代谢紊乱所必需的，例如，对乙醛清除或解毒。另一方面，RF2 预期的酶活性可能与上述效应无关，例如，RF2 可能只是在物理上与 URF13 互作，以改善其功能。

矮牵牛上也描述了一个类似的 CMS 类型，它由线粒体基因组的一个称为 *pcf* 的非必需嵌合体基因表达引起（Hanson，1991）。在线粒体内发现 *pcf* 在编码一个 25 kD 多肽，在核基因恢复系中 *pcf* 基因产物的丰度降低。*pcf* 表达的 CMS 株系与电子在正常氧化电子传递途径和交替氧化电子传递途径中分配的变化有关。交替氧化电子传递途径在 CMS 株系中的活性降低，而在育性恢复的株系中则恢复到正常水平。但是否由交替氧化电子传递途径活性变化引起这些株系中的 CMS 仍不清楚。

由于不需要对雌性亲本进行人工去雄，因此细胞质雄性不育性已经在许多作物杂种生产上成功应用。为了生产 F$_1$ 代杂种，植物育种家利用 CMS 植物作为母本，带有核恢复基因的植株作为父本，即可以产生雄性可育的 F$_1$ 代杂种。

已在作物上描述过许多核雄性不育基因，但这些基因并未广泛用于杂种种子生产。种子生产者宁愿采用雄性不育植株来方便杂种种子生产，但农户则需要雄性可育植株来生产种子销售。解决上述矛盾的办法是，将烟草中的绒毡层特异性启动子 TA29 与解淀粉芽孢杆菌（*Bacillus amyloliquefaciens*）的一个细胞毒素蛋白 Barnase 融合构件来遗传操作。将该构件转入植株时就会产生雄性不育植株，这种雄性不育植株可以很容易地用目标父本授粉来生产杂种种子。

尽管经过上述方法，仍不能满足农户生产上的要求，因为 Barnase 编码基因所诱导的雄性不育性是显性性状，种子卖给农户后会萌发产生雄性不育植株，这对于种子生产没有用处。但可通过表达一种称为 Barstar 的特异性抑制蛋白来阻断 Barnase 的细胞毒性，从而修复这种雄性不育性。如果植物育种家将表达 *TA29 :: Barnase* 的母本与携带有 *TA29 :: Barstar* 转基因的父本杂交，产生的杂种种子将是雄性可育的。

10.2 雌配子体发育

10.2.1 雌蕊、胚珠和胚囊发育

被子植物的雌性花器称为雌蕊（pistil 或 gynoecia）。雌蕊是由一个或多个心皮（carpel）组成，高等植物中的心皮通常融合在一起。开花期（anthesis，花开放和受精发生时期）的雌蕊有 3 个功能部分：包含胚珠（ovule）的子房（ovary），供花粉管生长的花柱（style），以及位于花柱顶端，为花粉粒降落和萌发的柱头（stigma）（图 10-10）。

子房是一个包裹起来的空间，通常被分隔成几个小室，由心皮边缘组织融合而成。拟南芥的心皮以简状原基生长，简状原基两侧的组织延伸和融合形成两个小室（Gasser 和 Robinson-Beers，1993）。简状心皮原基延伸，在边缘融合，同时，称为胎座（placenta）的内壁层发育，围成子房空间。在其他许多植物中，心皮在形成之后才融合，即所谓生殖后融合（postgenital fusion）（Verbecke，1992）。融合需要融合发生处表面细胞的再分化。心皮融合和子房闭合完成后，子房顶部组织延伸，形成一个或多个花柱。拟南芥的花柱短，而番茄的花柱较长，玉米的花柱更长，玉米的花柱为从玉米穗末端产生的穗丝（图 10-10）。花柱上面的组织分化成柱头。柱头形成涉及乳头状细胞（papillary cell）的增殖和延伸，这些乳头状细胞可分泌化合物，使花粉黏着，并促进或阻止花粉管的生长。

Reisner 和 Fischer（1993）及 Schneitz 等（1995）对胚珠和胚囊发育进行了描述。胚珠由珠心（nucellus）、一层或多层珠被（integument）及支持性杆状结构的珠柄（funiculus）构成，其中带有大孢子母细胞的大孢子囊（megasporangium）在珠心内发育（图 10-11）。胚珠由内子房壁的胎座上的胚珠原基产生［图 10-11（A）］。在胚珠开始产生后，珠心顶端正下方的一单个皮下细胞增大，这个增大的细胞称为孢原细胞（archesporium），在某些物种中直接作为大孢子母细胞作用，而在大豆等物

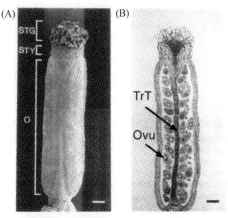
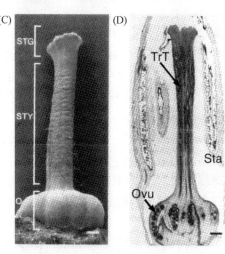

图 10-10　拟南芥和番茄开花期（花开放和受精发生时期）时的花的雌蕊

（引自 Gasser 和 Robinson-Beers，1993）

（A）（B）拟南芥雌蕊的花柱短，而（C）（D）番茄雌蕊的花柱较长。STG：柱头；STY：花柱；O：子房；Ovu：胚珠；TrT：引导通道（transmitting tract）；Sta：雄蕊；（A）（C）扫描电镜观察雌蕊；（B）（D）光学显微镜观察雌蕊的纵切面。（A）（B）的标尺 = 100 μm；（C）的标尺 = 400 μm；（D）的标尺 = 370 μm

种中，皮下细胞分裂形成多细胞的孢原细胞，其中之一将来成为大孢子母细胞。在胚珠原基增大过程中，沿原基的近远轴（proximal-distal axis）可观察到 3 个不同的区域，含孢原细胞的珠心区、珠被旁侧的合点（chalaza）区，及将胚珠固定在子房壁上的珠柄区（Schneitz 等，1995）（图 10-11）。这 3 个区域特征的发育和特化是胚珠发育中格式形成的研究课题。

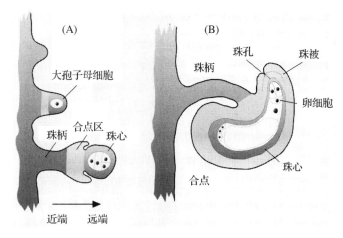

图 10-11 胚珠发育可看作是沿发育中胚珠的远近轴的格式形成过程（引自 Schneitz 等，1995）

（A）第一步（上）胚珠原基出现，紧接着 3 个格式成分形成和发育：含大孢子母细胞的远端成分（转变为珠心）、形成合点的中部成分及形成珠柄的基部成分 （B）成熟但未受精胚珠示意图。胚囊（白色区）由包括珠被的孢子组织包围。卵细胞位于胚囊的珠孔（micropyle）末端附近。胚囊的大部分为中央细胞和液泡。在胚囊的合点端形成的 3 个反足细胞，通常会在受精前或受精过程中退化

同花药一样，胚珠也是多无性系起源的，由一个以上的细胞层形成。对曼陀罗平周嵌合体的分析表明，大孢子母细胞来源于 L2 层（Satina，1945）。珠被由围绕珠心的组织产生。许多双子叶植物和绝大多数单子叶植物有两层珠被。内珠被起源于 L1，而外珠被起源于 L1 和 L2（Reisner 和 Fischer，1993）。胚珠的发育过程中，胚珠原基首先在胎座上出现［图 10-12（A）］，然后胚珠原基增大［图 10-12（B）］。珠被在胚囊形成过程中生长，并包围和覆盖珠心［图 10-12（C）］。在胚囊成熟之前，许多物种的珠心退化，留下胚囊直接与内珠被接触。在这些物种中，与胚囊接触的内珠被会分化成一层被称为内皮层（endothelium）的特殊组织。内皮层的细胞学特征与花药绒毡层类似，其功能可能与绒毡层为生殖细胞发育而产生和分泌的物质相近。子房的极性用珠孔端和合点端来描述。珠孔为珠被终止和花粉管穿过进入胚珠的部位，而合点端是珠柄附着处。胚珠在增大过程中

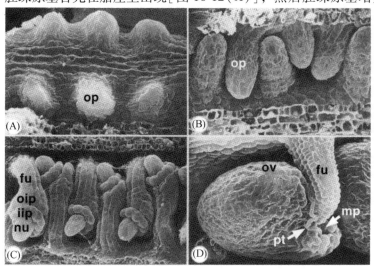

图 10-12 野生型拟南芥胚珠的发育（引自 Bowman，1994）

（A）胚珠原基（op）在胎座出现 （B）胚珠原基增大。胚珠原珠在小室内成行交错排列出现 （C）内珠被原基（iip）和外珠被原基（oip）生长并开始覆盖珠心（nu） （D）正在受精过程中的成熟胚珠（ov）。外珠被向上生长并覆盖内珠被和珠心，以形成珠孔（mp）。胚珠自身弯曲，使珠孔与珠柄（fu）靠近，可看到花粉管（pt）正在进入开放的珠孔中。扫描电镜观察

弯曲，使珠孔与胎座靠近，而花粉管沿着胎座生长，于受精过程中在胎座出现并进入珠孔[图10-12(D)]。

雌性配子发生在胚珠内进行，与雄配子发生一样，也是从减数分裂开始。在标准情况下，胚囊中的一整套细胞核是由两次减数分裂和三次或多次有丝分裂产生的，但有丝分裂的次数和时间是随物种而异。尽管雌性细胞产生胚囊的细胞分裂格式可能存在许多种变异，但70%以上的开花植物，包括玉米和拟南芥胚囊发育为单孢子格式(monosporic pattern)或蓼型(Polygonum-type)，即大孢子母细胞经两次连续减数分裂，通常形成的大孢子沿珠孔—合点轴按线状排列。最靠近合点的大孢子增大，而其余三个退化，并被增大的大孢子挤碎(图10-13)。虽然不清楚单个增大的大孢子是如何被选择的，但据认为与围绕大孢子胼胝质壁形成有关。无功能的大孢子形成的胼胝质细胞壁较厚，很可能导致营养供输中断。存活下来的大孢子经过三次有丝分裂产生8个细胞核的雌配子体或胚囊(图10-14)。典型的成熟胚囊具有7个细胞：3个反足细胞(antipodal cell)，2个助细胞(synergid)，1个中央细胞(central cell)(包含2个单倍体核)和1个卵细胞(egg cell)。胚囊包含卵核，它会与花粉中的精核融合产生合子。在玉米等某些物种中，反足细胞核还可能进行额外的分裂。胚囊内细胞核呈特征性排列。在四核阶段，两个细胞核向胚囊的合点端移动，另外两个细胞核向珠孔端移动。其中在向珠孔端移动的一对细胞核中，远端的细胞核分裂形成助细胞，而近端的细胞核形成卵核和两个极核之一。卵细胞靠近胚囊珠孔端的助细胞，形成一个单位，称为卵器(egg apparatus)。

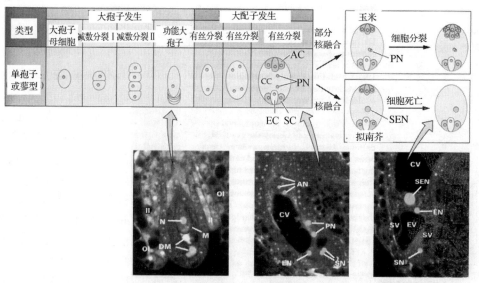

图10-13 蓼型(*Polygonum*-type)雌配子体发育(引自Bewley等，2000)

70%以上的被子植物是以这种典型的细胞分裂格式进行胚囊发育。该过程可分为两个阶段：减数分裂的大孢子发生(megasporogenesis)和存活的单倍体大孢子进行有丝分裂的大配子发生(megagametogenesis)。在拟南芥和其他物种中，极核(polar nuclei, PN)完全融合，形成次生胚乳核(secondary endosperm nucleus, SEN)。AC：反足细胞；AN：反足细胞核；CC：中央细胞；CV：中央细胞液泡；DM：退化大孢子；EC：卵细胞；EN：卵核；EV：卵液泡；II：内珠被；M：大孢子；N：细胞核；OL：外珠被；SC：助细胞；SN：助细胞核；SV：助细胞液泡

有丝分裂产生胚囊细胞核后并不立即进行细胞壁形成。胚囊为多核（multinucleate 或 coenocytic）体，直到最后一次分裂后才发生细胞化（cellularization）。姐妹细胞细胞核之间的细胞化，是分裂后通过细胞板的正常形成实现的。两个助细胞之间共同的细胞壁就是如此形成的。不是同时分裂产生的非姐妹细胞细胞核之间，如何形成细胞壁并不清楚。面向珠孔的助细胞细胞壁发育中特征性向内生长，形成丝状器（filaform apparatus），该特化结构可使花粉管进入珠孔（Russell，1993）。

开花植物的受精为双受精过程，卵细胞受精形成二倍体合子（二倍体植物），中央细胞受精形成三倍体的胚乳。在受精时，花粉管在珠孔端进入胚囊，向一个助细胞内释放内容物（Russell，1993）。两个精核都向助细胞的合点端移动，其中一个精核与卵细胞核融合，

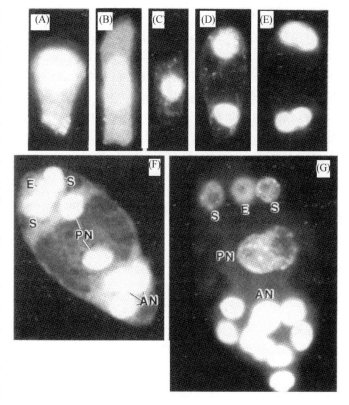

图 10-14　玉米大孢子母细胞与胚囊的发育

（引自 Huang 和 Sheridan，1994）

（A）减数分裂前的大孢子母细胞　（B）减数分裂前期 I 的大孢子母细胞　（C）大孢子　（D）二核阶段的胚囊　（E）四核阶段的胚囊　（F）八核阶段的胚囊　（G）具有十个或更多反足细胞的成熟胚囊　E：卵；S：助细胞；PN：极细胞；AN：反足细胞核。切割出子房后，用酶消化法分离胚囊，染色用 Hoechst 33258，用荧光显微镜观察

产生合子，另外一个精核与中央细胞中的极核融合，产生胚乳组织。精核如何移动还不清楚，但此时在精核移动的非姐妹细胞之间，例如，助细胞与卵细胞及助细胞与中央细胞之间的细胞壁形成并未完成。

一个有趣的问题是，是否助细胞会释放信号来吸引进入胚珠中的花粉管（在第 11 章讨论花粉管进入珠孔问题）。接受花粉管内容物的助细胞在花粉管到达之前或之后解体，由于当解体时质膜和液泡膜崩溃，所以容易识别。助细胞液泡中贮存有大量的钙，据猜测某些释放出的物质可能具有吸引花粉管的功能（Russell，1993）。

10.2.2　影响雌蕊、胚珠和胚囊发育的突变体

破坏发育过程的突变体对分析发育途径中的事件极为有用。以前，鉴定雄性不育突变体要等到生长季节结束时，根据植株是否结果实而加以鉴定。最近，拟南芥突变体大规模检测已经可以鉴定花药发育或功能所必需的基因，以及在孢子体中破坏胚珠发育的基因。新的增

强子陷阱或捕获（enhancer trap）诱变检测法已用于鉴定在胚囊中一个或几个细胞中特异表达的基因。增强子陷阱或捕获是由相对较弱的启动子驱动的一个报告基因组成的 DNA 构件用来产生转基因系。如果 DNA 构件插入一个由顺式作用的增强子元件上游的基因附近，报告基因就会表达。然后对转基因系进行检查，选择在特殊细胞或组织（如雌配子体）中表达的转基因系。这样就可以对增强子作用的基因进行克隆。

通过检测降低雌育性的植株，已鉴定出了胚珠和雌配子体发育突变。这些配子体中的大部分为孢子体突变体，说明这些突变体是由母体组织的二倍体基因型决定，而且不论配子的基因型如何，配子都会受到影响。配子体突变体则更难识别，因为它们并不通过母体传递，只能对杂合体检测，而杂合体通常并非完全不育（Angenent 和 Colombo，1996）。拟南芥孢子体突变体 short integument1（sin1）、bell1（bel1）和 ovule（ovm2 和 ovm3）对珠心发育、珠被形成、大孢子产生或大配子体产生中的一个或多个过程具有特异效应。

拟南芥 bel1 突变体胚珠会发生有趣的同源异型转化。突变体 bel1 珠被转化为心皮状结构（图 10-15）（Modrusan 等，1994；Ray 等，1994）。内珠被不能产生，外珠被变成心皮状结构，而大配子体发生在发育晚期受阻。因此，*BEL1* 为内珠被形成和外珠被确定所必需。*BEL1* 已被克隆，发现它为同源异型结构域转录因子（Reiser 等，1995）。*BEL1* 在花内的整个胚珠原基中表达，但当原基开始生长时，则只局限于珠心与珠柄之间将要发育形成内外珠被的区域。因此，*BEL1* 表达可预测珠被发育区域。

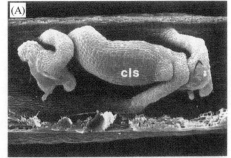

Ray 等（1994）发现 bel1 突变体的胚珠与组成型表达 *AGAMOUS*（*AG*）的转基因 35S：*AG* 植株的很相似，因此，*AG* 表达似乎阻抑 *BEL1* 的功能。据推测，*BEL1* 和 *AG* 表达可能相互颉颃，*BEL1* 可能部分通过抑制 *AG* 在珠被中表达而直接指导正常珠被的发育。当正常 *BEL1* 功能缺失时，*AG* 表达就会将外珠被转化为心皮状结构。但在 bel3 突变体（花）芽开放前 *AG* 的表达格式与野生型无异，因此，*BEL1* 和 *AG* 相互颉颃，很可能并不通过表达，而是通过功能进行的（Reiser 等，1995）。

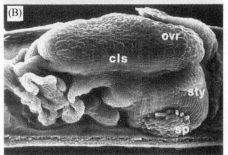

其他拟南芥突变体如 aintegumenta（ant）和 short integument（sin）也同样会阻断珠被和大配子体的发育。*ANT* 与 *BEL1* 功能不同，后者为内珠被起始发生和外珠被确定所需（Elliott 等，1996；Klucher 等，1996）。尽管没有明显的珠被同源异型转化现象，但在较强的 ant 等位基因突变体中无珠被产生，而在较弱的 ant 等位基因突变体中珠被生长情况变化较大。*ANT* 已被克隆，它是一个与 *APETALA2*（*AP2*）转录因子结构域家族相关的基因（Elliott 等，1996；Klucher 等，1996）。*ANT* 在胚珠原基，尤其是在珠被开始形成的原基区域表达。但 *ANT* 也在除根以外的营养性

图 10-15　拟南芥 bell1（bel1）突变体珠心的异常发育（引自 Modrusan 等，1994）

（A）珠被转化为心皮状结构（carpelloid struc-ture，cls），两个相邻的胚珠退化　（B）心皮状结构进一步发育，具有可辨认的组织分别为胚珠（ovr）、花柱（sty）、柱头乳头状细胞（sp）。扫描电镜观察

原基及花的不同器官中表达。*ant* 突变体具有多效性突变效应，这反映了 *ANT* 在多种不同的营养性原基及胚珠原基中的作用。

　　Angenent 等（1995）描述了一种寻找影响早期胚珠形成和特征基因的不寻常的方法。他们推测控制胚珠发育的基因很可能是含 MADS 盒的转录因子，取矮牵牛雌蕊来构建 cDNA 文库，用杂交探针来检测文库中的 MADS 盒序列，鉴定出两个称为 *floral binding protein7* 和 *11*（*fbp7* 和 *11*）的 cDNA。原位杂交表明，这两个 cDNA 代表的基因在雌蕊中央表达，稍后在胚珠发育中表达。为了确定这些基因是否参与胚珠发育，将这两个 cDNA 与 CaMV 35S 启动子连接，并将构

图 10-16　含 MADS 盒 cDNA 构件转基因植株的胚珠（引自 Angenent 等，1995）

（A）正常矮牵牛　（B）导入含 MADS 盒 cDNA 构件的转基因植株的子房。导入 cDNA 构件引起对应基因的共抑制，并且在子房发育中产生含心皮状结构与意大利式面条类似的结构

件导入转基因植株中去。结果在转基因植株中观察到奇异的现象，其胚珠为意大利式面条结构[图10-16（B）]。由于 *fbp7* 和 *11* 所代表基因的 RNA 都未在转化体的子房中累积，因此这种胚珠类似意大利式面条的植株出现，是由于对应基因的共抑制（cosuppression，表达下调）所致。对这种畸形胚珠的详细分析表明，它们具有心皮状结构，并且顶部有乳头状突起。

　　另外，在 Angenent 等（1995）培养的其他转基因植株中，也观察到过度表达现象，而不是基因共抑制现象。用 CaMV 35S 启动子- *fbp11* 构件（35S：*fbp11*）转化的植株，在花瓣远轴侧和苞片近轴侧发育出胚珠状结构[图 10-17（B）]（Colombo 等，1995）。胚珠形成异常表明，心皮发育并非胚珠发育的先决条件。这与裸子植物胚珠发育多少有些类似，裸子植物并不在子房内形成胚珠，而是在珠鳞（ovuliferous scale）上形成游离的胚珠。

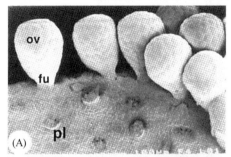
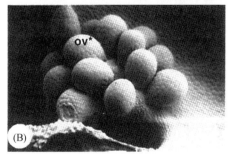

图 10-17　转基因矮牵牛苞片上异位形成胚珠状结构（引自 Colombo 等，1995）

通过 35S：*FBP11* 构件作用，在转基因植物过度表达花结合蛋白 MADS 盒基因（*FBP11*）

（A）非转基因矮牵牛子房中的胎座（pl）。为了能看到单个胚珠和珠柄（fu）结构，已去掉一些胚珠（ov）　（B）转基因矮牵牛苞片上胚珠状结构（ov★）的特写镜头。扫描电镜观察

　　前文已描述过一些影响配子体发育及在胚珠的孢子体发育方面存在明显缺陷的突变体。玉米 *meiotic*（*mei*）突变体阻断减数分裂阶段，并最终导致大孢子发生和大配子体发生受到干扰（Golubovskaya 等，1992）。但减数分裂并非雌配子体

形成的绝对前提。在无融合生殖或单性生殖的植物物种中，减数分裂异常或完全不经历减数分裂，而胚囊由非孢原组织形成。这些例子表明，胚囊发育不必与减数分裂偶合在一起，并且大孢子母细胞也不是能获得形成胚囊的能力的唯一细胞。描述过的胚囊突变体很少是配子体的（由配子单倍体基因型决定），其原因可能是由于配子传递问题，而非胚珠或胚囊发育所需的基因较少的缘故。

　　另外的雌配子体特异性基因中，若干个编码的蛋白可能调控细胞分裂次数、胚囊极性或细胞化（cellularization）进程（图 10-18）。

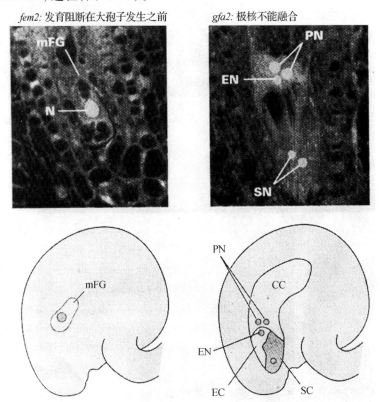

图 10-18　拟南芥大配子发生缺陷突变体的共聚焦激光扫描显微照片（引自 Bewley 等，2000）

突变体 *fem2* 在单细胞阶段发育停止。而突变体 *gfa* 的极核则不能融合。CC：中央细胞；EN：卵核；EC：卵细胞质；mFG：突变体的雌配子体；N：细胞核；PN：极细胞；SC：助细胞质；SN：助细胞核；EN：卵核

10.3　植物授粉和受精

　　植物受精包括了很多现代生物学概念，如细胞—细胞通讯（cell-cell communication）、自体识别（self-recognition）、生长引导（growth guidance）、植物—昆虫互作（plant-insect interaction）等。由于受精涉及雄配子从花的雄性器官向雌性器官的转移及雌雄配子的结合，因此，受精是植物有性生殖的关键步骤。受精过程包括带有雄配子的花粉粒（雄配子体）到雌性花器官（雌蕊），花粉管生长至花柱底部，将精细胞释放到胚珠内的胚囊（雌配子体）中。

　　在一些物种中，柱头表面覆盖有手指状的乳头状细胞，当花粉粒落到柱头表面时，受精

过程开始[图 10-19(A)]。在干花粉物
种中,乳头状细胞湿润花粉粒,然后花
粉萌发,花粉管出现和生长。用荧光染
料苯胺蓝对花粉管中的胼胝质进行染
色,可很容易观察到花粉管向花柱底部
的生长路线[图 10-19(B)]。花粉管生
长可分以下 4 个阶段:①花粉管穿透角
质层(cuticle),并生长通过乳头状细胞
的细胞壁;②花粉管进入乳头状细胞基
部的引导通道(transmitting tract),并经
花柱的引导通道向下生长;③花粉管从
胚珠的珠柄附近的隔膜(septum)或胎座
出现;④花粉管沿隔膜或珠柄表面生
长,并进入胚珠的珠孔。

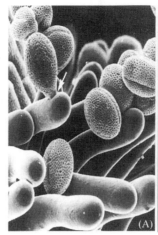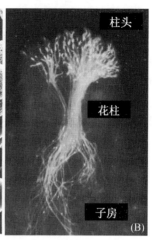

图 10-19 拟南芥花粉萌发与花粉管生长
(引自 Howell, 1998)

(A)花粉在柱头的乳头状细胞上面结合和萌发。当花粉管穿
透柱头角质层并生长进入乳头状细胞的细胞壁时,会形成根足
(箭头所指)(Bowman, 1994) (B)花粉管在雌蕊中生长。花粉粒
落在柱头上萌发,然后花粉管经引导通道向花柱和子房底部生长。
用荧光染料苯胺蓝对花粉管中的胼胝质进行染色,可观察到花粉
管伸长过程中形成的胼胝质。亮点为沿花粉管间隔形成的栓塞,
全载染色用紫外荧光显微镜观察

　　成功的受精需要引导花粉管从柱头
向胚囊生长。引导涉及雌蕊和花粉管的
沿途多个步骤中进行的信号交换(Wil-
helmi 和 Preuss, 1977)。信号交换用来
指导花粉管生长,并确保将适当的植物
物种的配子释放到胚囊中。由于植物环境经常充满不同的花粉,因此,在受精过程中的每一
步都有保护机制来确保受精的物种特异性。

10.3.1 花粉萌发和花粉管生长

　　授粉是花粉从花药向柱头转移过程。这种转移是通过物理手段(如风)或动物载体来进
行,花结构通常很精致,能促进上述转移过程。在亲和性系统(compatible system)中,花粉
吸水,萌发形成花粉管(pollen tube)。这个过程可以十分迅速。例如,玉米沉降(deposition)
后 5 min 就萌发,花粉管生长速度可达到 1 cm/h。由于花柱可能长达 50 cm(风媒授粉需要
柱头从植株上突出来,这可能是一种对风媒授粉的适应),而花粉管要长到花柱底部,因
此,这种快速生长是十分有必要的。

　　花粉管从尖部开始生长,其后的细胞质稠密而富含小泡(vesicle)。这些小泡与花粉管原
生质膜融合,为花粉管的快速生长提供细胞壁材料。花粉管壁为双层结构:外层由果胶质、
半纤维素和纤维素构成,而内层(不包括尖部)则富含胼胝质。萌发和花粉管生长所必须的
许多蛋白质和 RNA 已经存在于成熟花粉粒,因为如果用转录抑制剂(利用蛋白质合成抑制
剂)处理成熟花粉粒,并不会阻断这些过程。随着花粉管的生长,细胞质向下运动,然后在
其后被胼胝质栓塞封住,同时产生大的液泡。按着上述方式,两个精核和一个营养核在花粉
管内沿花柱向下转运,经胚孔进入胚囊。

　　(1)花粉水合作用是花粉管萌发的第一步

　　花粉是以一种部分脱水状态从花药中释放的。当它落到柱头上时必须经水合作用才能向

胚珠长出花粉管。是什么控制花粉的水合作用及花粉管生长的启动？水合作用的一个早期线索似乎是花粉外皮上的脂质分子。例如，与所谓"干燥型"柱头接触的植物花粉外皮包含脂质。这种脂质外皮缺失突变体，如拟南芥的 *cer* 水合作用存在缺陷，因此，在干燥环境会雄性不育。与此相反，如果相对湿度较高，*cer* 花粉粒就可水合。

而对于烟草等"湿润型"柱头植物，花粉外皮脂质被认为对花粉粒的功能重要性不大。某种类型脂质可以取代柱头分泌液，在风干的烟草柱头涂敷脂质，实验结果表明了上述观点。最近研究者揭示水是花粉管出现的最初指向性信号，花粉外皮中脂质或柱头分泌物在水中形成的浓度梯度引导花粉管的生长。

诸如次生代谢物黄酮醇可促进某些植物的花粉管生长。花粉中黄酮醇色素由绒毯层产生，并沉积在花粉粒上。玉米和矮牵牛缺失查尔酮合成酶（黄酮醇生物合成的一个关键酶）的植株自交不育。但是如果花粉粒用外源黄酮醇处理，就能萌发，并且可以成功自体受精。此外，查尔酮合成酶缺失的花粉粒也可给野生型植株成功授粉，这表明雌株柱头组织同样可以为缺失查尔酮合成酶的花粉粒提供黄酮醇。

通常花粉粒在接触到柱头时水合并萌发。但携带 *fiddlehead*（*fdh*）突变的拟南芥植株表皮发生改变：花粉粒可以在 *fdh* 突变体叶片表面水合并萌发，但在野生型柱头上则不能。有趣的是，因为只有拟南芥或亲缘关系相近的物种花粉才能在 *fdh* 植株上水合，所以在叶表皮上花粉识别的某些方面仍然有效。

为什么花粉能在 *fdh* 叶细胞上萌发？一种可能性是 *fdh* 突变体叶片细胞获得雌蕊特征。由于 *fdh* 突变体叶片并不表达 *AGAMOUS* 基因（该基因在早期发育的雌蕊上表达），因此这种假说似乎不太可能。但实验表明 *fdh* 突变体表皮细胞的通透性发生改变，并且它上面的高分子量的脂质与野生型叶片上的不同。这表明脂质在花粉—雌蕊互作中还有其他作用。

在干花粉物种中，对花粉进行润湿（hydration）可引发花粉萌发。根据物种和环境条件的差异，柱头表面有干湿之分。在湿黏柱头表面，如烟草柱头润湿花粉没有障碍。而在干柱头上，花粉萌发可由花粉—柱头互作控制，并涉及柱头向花粉传递水分和其他物质（Wilhelmi 和 Preuss，1997）。曾发现一个拟南芥条件性雄性不育突变体，因花粉—雌蕊互作干扰而不能对花粉润湿（Preuss 等，1993）。拟南芥 *pollen-pistil interactions1*（*pop1*）突变体花粉会引发柱头产生胼胝质（通常是对外源花粉的防御反应）。*pop1* 花粉可在体外条件下萌发，但却不能在柱头表面萌发，这是因为胼胝质沉积阻止花粉接近其萌发所必需的柱头液。该突变之所以是条件性的是因为在湿度较高的条件下，尽管形成胼胝质障碍，但仍可吸收足够的水分来萌发。*pop1* 由于花粉含油层（由绒毡层分解后沉淀的覆盖层）中缺乏胞外脂，因此柱头对花粉产生防御反应。在营养性状上也存在缺陷，例如，产生由长链脂组成的角质层蜡（epicuticular wax）。实际上，*pop1* 与描述为蜡质缺乏的 *cer6* 突变体具有等位性。这些研究发现表明，含油层或含油层物质对花粉—柱头互作至关重要，同时它可防止柱头对相容性花粉产生防御反应。

花粉管的出现标志着花粉萌发。由于许多物种的花粉在体外条件下可以萌发和生长花粉管，因此花粉管的生长被广泛研究（Mascarenhas，1993）。玉米花粉在体外条件下迅速萌发（润湿 5 min 内），花粉管在花柱中的生长也很快（1 cm/h）。但在其他物种如兰花花粉管则萌发很慢，要花数月才能到达胚珠。基因表达在花粉管发育中发挥显著作用。花粉中有

10%~20%的 RNA 为花粉特异性的，而围绕减数分裂和产生生殖细胞和营养细胞的有丝分裂的转录活动最多（Mascarenhas，1993）。在许多植物特种中花粉萌发并不需要新的 RNA 或蛋白质合成，但花粉管的生长，尤其是晚期花粉管的生长需要新的 RNA 或蛋白质合成。这些结论大部分通过利用 RNA 和蛋白质合成抑制剂体外处理紫鸭拓草（*Tradescantia*）等植物花粉后得出的。

花粉管为尖端生长的细胞，其生长在许多方面与真菌的菌丝生长具有可比性。尖端生长被认为是通过分泌小泡（secretory vesicle）向尖端处质膜融合，且细胞壁物质向外沉积所致。与其他尖端生长细胞一样，花粉管尖端包含大量由细胞质流（cytoplasmic streaming）转运至尖端的分泌小泡。细胞质流似乎与肌动球蛋白（actomyosin）为基础的系统有关。在花粉管尖部观察到肌动蛋白（actin）网络，而细胞松弛素（cytochalasin）处理（促进肌动蛋白解聚作用）可抑制尖端生长（Pierson 和 Cresti，1992）。在其他生物如酵母中，GTPase 的 *rho* 家族调控一定数量的肌动蛋白为基础的细胞过程。这些细胞过程包括细胞形态发生和极性的确立。GTPase 的 *rho* 家族成员 *Rop1* 在豌豆的花粉和花粉管中特异性表达（Lin 等，1996）。利用免疫定位技术，发现 Rop1 蛋白富集在尖端的皮层区附近，并与生殖细胞相关。在豌豆的花粉管尖端注射入抗 Rop1 抗体可诱导生长迅速阻遏，但并不影响细胞质流（Lin 和 Yang，1977）。因此，Rop1 在尖端生长过程中发挥关键作用，很可能在生长中的尖端内小泡停靠/融合调控中发挥关键作用。

花粉顶端包含一个顶端生长区和一个亚顶端细胞器富集区，之后是一个含管核及生殖细胞或精细胞的核区。当花粉管生长时，管核及生殖细胞或精细胞会运动到花粉管下方作为一个单位（Palevitz 和 Tiezzi，1992）。因此，花粉管的生长较为独特，细胞体与花粉管生长前端一起向前推进（Heslop-Harrison，1997；Steer 和 Steer，1989）。事实上，一旦花粉顶端生长入花柱，去除花粉粒和基端花粉管也不会影响受精（Jauh 和 Lord，1995）。在花粉管生长过程中，在花粉管顶端附近的细胞质富集区后面，会以固定的间隔沉积胼胝质形成拴塞，这些栓塞会阻断细胞质向后面的非细胞质区流动。根据生殖核在花粉释放前是否分裂形成两个精核，不同物种的花粉粒可包含两个或三个细胞。如果生殖核在花粉释放前没有分裂，那么会在细胞核向花粉管底部移动过程中进行分裂。

（2）花粉管以一种未鉴定的信号转导机制指向胚囊

要想成功受精，花粉管必须经花柱向下生长，进入到子房，并在含未受精卵的胚珠附近的胎座上出现。花粉管经由花柱的引导通道向下生长，并不采取直接的路径到靶器官；而是花粉管尖端在胎座上出现，然后向附近的胚珠前进，最后进入珠孔。花粉管到达靶器官的问题与动物神经系统发育中的轴突引导（axon guidance）相似（Wilhelmi 和 Preuss，1996）。但在这些系统中的困难是鉴定引导信号及理解由什么机制使花粉管或轴突响应的。

雄配子体的营养细胞长成花粉管，花粉管穿过柱头和花柱，将其"乘客"——两个精细胞运送到胚囊。花粉管最先从萌发孔挤出，靠内壁的尖端延伸生长。花粉管可以生长得很快，速度可达到 10 μm/min。当花粉管生长时，细胞质在近尖端处加浓，但最接近花粉粒的地方则为胼胝质栓塞所封堵。使用钙螯合剂表明钙离子浓度梯度为花粉管生长所必需。如果花粉管尖端的钙离子浓度被操纵后，花粉管的生长方向也会改变。

许多植物的花粉可以在包含硼酸、钙和蔗糖（作为碳源和渗透剂）的溶液中水合和生长。

尽管花粉管可以在简单培养基中生长，但其离体条件下的生长速率并不如活体条件下测量到的那样大，这表明其他因子，最有可能是雌株中的因子为花粉管最适生长所必需。也可能是花粉管需要粘附到雌性组织上才能保持快速生长。动物细胞通过细胞外蛋白或细胞外基质中的其他组分相互粘附；也可以将其粘附到涂敷有从动物细胞外基质中提纯的蛋白质的组织培养平板上培养。

如果花粉管发生粘附，是花粉管的什么组分与花柱分泌物介导的这种互作？对于许多植物来讲，由于花粉管生长并穿过坚实的花柱组织中小的细胞间隙，因此解决上述问题将是十分困难的。麝香百合（铁炮百合或复活节百合）是研究这类问题的一个方便的实验模型，由于其花柱中空，很容易接近穿过花柱生长的花粉管。可用一种黏附测验来纯化百合花柱中为花粉管黏附所必需的组分。从百合中空的花柱提取到花柱分泌物，然后涂敷在硝酸纤维膜上。这种测验可用来确定花柱分泌物中什么组分对吸附起重要作用。低倍显微图片（SEM）显示花粉管吸附在涂有花柱分泌物（stylar exudate，SE）的硝酸纤维膜上（nitrocellulose membrane，NC）。吸附主要在花粉管尖处发生。

花粉管经花柱中的引导通道向下生长，引导通道有富含多糖类、糖蛋白类及糖脂类的胞外基质（extracellular matrix，ECM）。富阿拉伯半乳聚糖糖蛋白（arabinogalactan-rich glycoprotein，AGP）为引导通道内一组丰富的糖蛋白，被认为在支持和引导花粉管中发挥重要作用。Cheung 等（1995）从烟草花柱内提取 AGP，表明这些糖蛋白在体外可刺激烟草花粉的生长。蛋白本身约 38 kD，但其糖基化形式在 50 到 100 kD 之间。当与生长的花粉一起培养时，糖

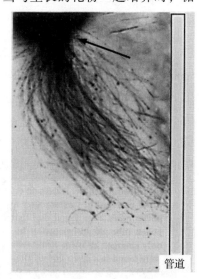

蛋白会持续进行去糖基化（大小降低到 26 kD）（Wu 等，1995）。Cheung 等（1995）利用新的测试方法表明，这些糖蛋白可指导花粉管的生长。在测试中，在靠近花柱底部将授粉后的雌蕊切下，并置于花粉管生长培养基的琼脂糖板上（图 10-20），在切口端处出现定向生长的花粉管，其后穿过琼脂糖表面后呈扇形散开。当把烟草引导通道中的糖蛋白提取出来灌输到培养基的另一侧，或置于另一生长中的花粉管前面，花粉管会优先向灌入糖蛋白提取液的一侧生长。但去糖基化的提取液不能吸引花粉管。若干对照实验表明，这种吸引不仅仅是支持花粉管生长的代谢，当然这种可能性难以排除。Wu 等（1995）提出花粉管在引导通道中向下生长的原因可能是由于 AGP 糖基化梯度的存在，研究发现在花柱基部糖蛋白要比顶部的糖蛋白更高度糖基化（体积更大）。这种更高度糖基化蛋白梯度可能是花粉管生长的一般性指导信号。

图 10-20 烟草花柱提取的花粉管吸引物质测试（引自 Cheung 等，1995）

花已授粉，将花柱切下，置于花粉管生长培养基的琼脂糖板上。当花粉管吸引物质不存在时，在花柱基部（箭头所指）出现的花粉管呈扇形散开。当将花柱引导通道蛋白（0.5 μg/μl）置于花柱右侧管道中，花粉管会朝管道一侧生长

有人试验在转基因植株中阻断这些糖蛋白的产生，来检查它们在植株中对花粉的引导作用，结果鉴定出编码一个在引导通道中特异表达的糖蛋白的 cDNA 拷贝（称为 TTS cDNA）。将该 cDNA 的反义构件（35S：反义 TTS）导入转基因植株中，以干预引导通道内富阿拉伯半乳聚糖糖蛋白的

产生（Cheung 等，1995）。在降低糖蛋白产生的转基因烟草株系中，花粉管在花柱内的生长速率减慢，同时这些株系育性降低。

当花粉管长到花柱底部，花粉尖端出现的位置又是如何选择的？通常花粉管在将要进入的那个胚珠附近出现。Hülskamp 等（1995）曾研究拟南芥花粉管是否是在偶然的位置出现，结果发现它们在花粉管较少的花中，花粉管在上位（顶端）胚珠位置出现的概率较大。当花中花粉管数目较大时，花粉管才在下位胚珠位置出现。因此，出现位置并非随机选择，只有竞争出现位置（花中花粉管数目较大）时，才会引导花粉管向频率较低的位置出现，以避免多精受精现象（polyspermy）（单个卵子与多个精子受精）的发生。

花粉管向胚珠引导可能受 Ca^{2+} 的释放影响。由于在花粉管的最顶端 Ca^{2+} 向细胞内运动，导致花粉管生长尖端的细胞内 Ca^{2+} 的浓度梯度很高（Pierson 等，1996）。Ca^{2+} 局部内流被认为是由新的 Ca^{2+} 通道激活或安置所导致的，而当 Ca^{2+} 通道从生长尖端向后持续回转时便会失活。利用显微注射和束缚 Ca^{2+} 闪烁光分解作用（flash photolysis of caged Ca^{2+}）对花粉管生长尖端一侧或另一侧胞液中自由 Ca^{2+} 进行局部操作，可使花粉管生长进行重新取向（Malho 和 Trewavas，1996）。提高胞液中 Ca^{2+} 水平，可使生长尖端向 Ca^{2+} 释放一侧弯曲。尽管 Ca^{2+} 参与花粉管再定向机制，但在外部 Ca^{2+} 浓度梯度是否是花粉管生长再定向的信号问题上仍存在争议。也可能其他物质作用花粉管生长再定向的信号，而再定向机制涉及尖端 Ca^{2+} 通道的再定位。

Hülskamp 等（1995）还研究了花粉管在隔膜或胎座上出现后的定靶现象（图 10-21）。研究发现绝大多数花粉管向最近的胚珠生长，但也有一些向距离一个或两个胚珠远的胚珠生长。花粉管在出现后的行为不依赖于花粉管的数目。花粉管取向说明胚珠可能产生某种因子来吸引花粉管。为了检测上述假说，对胚囊形成缺陷的突变体（short integument、sin1 和 47H4）中花粉管的行为进行研究，发现花粉管并不优先在上位胚珠处出现，相反，花粉管以

几乎相同的概率沿隔膜出现。当花粉管在这些突变体的隔膜上出现后，并不进入最近的胚珠，而是随机在各处表面上生长。对该实验的解释是，胚珠或胚珠的发育影响到花粉管的出现，也可能突变影响到引导通道的某些特性。

为了确定胚珠中花粉管的定靶所必需的组织，Hülskamp 等（1995）对拟南芥突变体 54D12 进行检查，该突变体的胚珠有不同程度的发育。所在胚囊发育正常的胚珠通常可以较高频率吸引花粉管，而在胚囊发育不太好的胚珠则只吸引较小的花粉管。胚囊根本不能发育的胚珠则未被吸引到花粉管。作者得出结论，胚囊本身或胚囊发育的某些方面为吸引花粉所需。

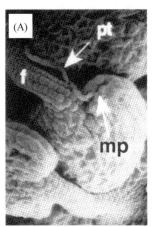

图 10-21　拟南芥花粉管在胎座上出现后的定向生长
（引自 Hülskamp 等，1995）

（A）野生型子房中花粉管（pt）沿胚柄（f）生长，并进入珠孔（mp）　（B）胚囊发育缺陷突变体 47H4 中花粉管生长无定向。扫描电镜观察

从蓝猪耳(*Torenia fournieri*)上找到进一步证据，证明指导信号是由胚囊发出。蓝猪耳的胚囊是"裸露的"，而不是由典型的细胞壁包裹。该植物的花粉管在进入花柱后向胚囊生长的方向更精确，方向性也更强。很可能是助细胞提供这种向胚囊生长的指导信号。原因如下：第一，花粉管从助细胞一端进入胚囊；第二，助细胞为分泌细胞，其内包含高浓度的钙；第三，蓝猪耳的花粉管不受已受精胚囊、助细胞破坏的胚囊或高温杀死的胚囊所吸引。

已鉴定的另一个拟南芥突变体虽然形成了正常胚珠但花粉管引导存在缺陷(Wilhelmi 和 Preuss，1996)。在带有隐性突变 *pop2* 和显性突变 *pop3* 的突变体中，种子产量大大降低。有趣的是该突变体自交不育(self-sterility)，而与野生型互交却完全可育。是否存在缺陷取决于亲本的基因型，而不取决于配子的基因型。例如，突变体 *pop2/pop2*、*pop3/POP3*⁺ 植株尽管只有半数雌雄配子携带有 *POP3*⁺ 等位基因，但它们自交不育。这种遗传方式为孢子体遗传，意味着突变体表型不是由配子体本身决定的，而是由配子体来源的亲本组织决定的。但孢子体遗传难以解释为什么观察到突变体缺陷是在授粉最后一步(花粉管在隔膜上出现后)才发生的现象。这些花粉管并不进入最近的胚珠，而是在子房小室中随机生长。利用纯合的单、双突变体和野生型互交试验，发现 *POP2* 和 *POP3* 在雌雄亲本中都发挥功能，表明这些基因编码的分子在花粉管和雌蕊细胞中都存在(Wilhelmi 和 Preuss，1996)。这些突变体上的自交不育性性状可能代表了植物进化产生的更精密的自交不亲和性系统(self-incompatibility system)。

10.3.2 自交不亲和性机制

植物完全花(同一朵花中既有雌器官，又有雄器官)或雌雄同株的单性花通常具有自交授粉的能力。为避免近亲繁殖，一些植物进化出自交不亲和性机制来干扰受粉。在自交不亲和植物中，"自身"花粉会被识别与排斥。自交不亲和机制利用受粉期间花粉和雌蕊之间的紧密互作及产生障碍而阻止受粉。不亲和互作中的花粉排斥(pollen rejection)是植物细胞特异性识别的最好例证。

(1)自交不亲和性破坏正常的花粉—雌蕊互作并阻止自交

大多数花的结构有利于花粉落到同一朵花的柱头上。尽管如此，仍然有许多物理机制可以阻止授粉成功。例如，相对于雌性组织有能力接受花粉管生长的时间而言，花粉产生的过早或过晚，也会导致授粉失败。有趣的例子是自交不亲和性现象导致的授粉失败。自交不亲和性是指同一株的花粉和雌性器官不能授粉，但可与同一物种的其他个体成功授粉。达尔文注意到自交不亲和性将会增加异交并且阻止自交。自交不亲和性在不同的科都有存在，但不同科的植物采用不同的蛋白来达到上述目的。

自交不亲和性的遗传控制已经研究得很清楚。自交不亲和性通常由具有复等位基因的单个基因位点控制。S 位点包含一个或多个等位基因，它们在雌雄生殖组织中表达。由这些基因编码的蛋白差异被认为是自己(不亲和的)或非我(亲和的)花粉识别的基因。对于携带相同等位基因的植株，不会发生成功的授粉和受精，而雌雄亲本携带有不同的等位基因，则会杂交成功。

从花粉在雌蕊组织上的行为可分为两种主要的自交不亲和性。在配子体自交不亲和性(gametophytic self-incompatibility，GSI)中，花粉的自交不亲和性由单倍体花粉在 S 位点的基因型决定。在孢子体不亲和性(sporophytic self-incompatibility，SSI)中，花粉的自交不亲和性由亲本的二倍体 S 基因型决定(图 10-22)。在自交不亲和性已得到遗传鉴定的所有植物中，该性状由一个称为 S 位点的单基因位点所控制，该位点具有很许多等位基因。当具有 S 等位基因的植株花粉落到同一植株，或具有相同 S 等位基因的另一植株的雌蕊上时，就会发生花粉排斥。配子体不亲和性系统中雄配子体(花粉)基因型决定受粉是否成功。在配子体不亲和性系统中，当花粉管通过引导通道长到花柱底部时，花粉生长受阻。孢子体不亲和性系统中花粉的来源，即植株(孢子体)的基因型决定花粉的排斥与否。在该不亲和性系统中，花粉通常在柱头表面就发育受阻。在被子植物中，配子体自交不亲和性和孢子体不亲和性机制各自独立进化多次。这两种不亲和性机制在多个植物科内出现，但在一个给定的种内，自交不亲和性物种要么全部是配子体自交不亲和性，要么全部是孢子体不亲和性。配子体系统更为常见，已在超过 60 个科的植物上加以描述。在 GSI 的大多数情况中，不亲和的花粉管能在花柱中启动生长，但会停止生长。而孢子体系统较为少见，而且花粉—雌蕊早期互作经常会阻止花粉水合或花粉管。

(2)孢子体自交不亲和性

孢子体自交不亲和性在芸薹属植物(油菜、花椰菜等)中研究最深入，这些植物中 S 位点为成串紧密连锁的基因(Nasrallah 等，1994)。该位点的基因串超过 200 kb，决定某种特定自交不亲和表型，称为 S 单体型(S haplotype)。S 位点多态性程度很高，S 位点基因串的不同等位基因形式组成不同的 S 单倍体型。在孢子体自交不亲和性中，当一种 S 单体型的花粉落到同株或具有相同 S 单体型植株(如产生花粉的花药及受粉花的花柱相配的 S 单体型为显性或共显性)的雌蕊上时，就会发生花粉排斥(图 10-22)。芸薹属植物的单体型已根据其显性关系分类。一般而言，Ⅰ类单体型显性较强，它显性于Ⅱ类单体型。

十字花科中的孢子体自交不亲和性是由雌株中的类受体蛋白激酶介导。正如在配子体系统中那样，由于丰度柱头蛋白与特殊 S 等位基因密切相关，因而被鉴定为 SSI 系统组分。多年来，已知 SSI 蛋白的数目已经增加了不少，该系统现在也已十分复杂(图 10-23)。*S-locus glycoprotein(SLG)* 和 *S-locus receptor kinase(SRK)* 两个 S 位点的基因研究得比较深入。*SLG* 基因编码一种分泌到柱头乳突细胞壁中的糖蛋白，而 *SRK* 基因编码受体类激酶，该酶包含一个细胞外结构域，一个将蛋白锚定在质膜上的跨膜结构域，以及一个具有丝氨酸/苏氨酸激酶活性的细胞质结构域。SRK 的细胞外结构域常与对应的 SLG 蛋白具有显著的氨基酸序列同一性。考虑到不同 S 等位基因来源 SLG(或 SRK)的差异很大，因而这种序列保守性是引人注目的。任何一个 S 等位基因的两个组分之间、SRK 细胞外结构域和 SLG 之间的氨基酸序列保守性说明，SRK 和 SLG 都为参与自交不亲和性的花粉组分识别所必需。

(3)配子体自交不亲和性

配子体自交不亲和性在观赏烟草、花烟草(*Nicotiana alata*)、矮牵牛(*Petunia inflata*)、番茄品种(番茄耐盐野生近缘种)(*Lycopersicon peruvianum*)等植物上已有描述。在不亲和性互作中，花粉管通常在引导通道中受阻且生长不规则，花粉管壁增厚，尖端经常破裂。

与孢子体自交不亲和性一样，配子体自交不亲和性中的花粉排斥也受复等位基因 S 位点作用控制。S 位点编码一种花柱引导通道中定位的丰富糖蛋白。不同 S 型被发现存在不同的S-位点糖蛋白异构体(凝胶迁移形式不同)。S-位点糖蛋白具有 5 个保守结构域，其中有两个与真菌核糖核酸酶类似。这种序列相似性导致发现 S-位点糖蛋白具有非特异性核糖核酸酶活性，这种核糖核酸酶活性对不亲和性花粉的排斥是必不可少的（McClure 等，1989）。花粉排斥中核糖核酸酶（S-RNase）活性发挥作用的确定性证据，来自于 S 等位基因（S1、S2、S3 等）正义或反义形式的转基因试验。在反义构件中，基因的转录部分相对于启动子的方向部分或全部反向插入载体，启动子驱动基因的相对链进行 RNA 合成，产生互补的或反义 mRNA（antisense mRNA）。如果反义 RNA 能阻断内源基因表达，那么这种策略就是成功的。Lee 等（1994）反义抑制 S2S3 基因型矮牵牛植株中 S2 和 S3 的表达，由此产生的转基因植株产能排斥 S2 和 S3 的花粉。他们进一步将 S3 基因导入 S1S2 植株中，导致转基因植株能对 S3 花粉排斥。

配子体自交不亲和性

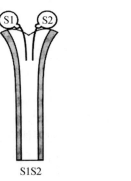
S1S2

S1S3

S3S4

孢子体自交不亲和性

S1S2

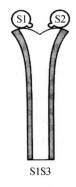
S1S3

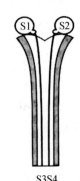
S3S4

图 10-22　配子体自交不亲和性和孢子体自交不亲和性

（引自 Öpik 和 Rolfe，2005）

S1S2 植株产生的单倍体花粉为 S1 等位基因，或者为 S2 等位基因。在配子体自交不亲和性中，如果单个花粉的等位基因与二倍体花柱的任意一个等位基因相配，通常在花柱内花粉管生长就被阻遏。在孢子体自交不亲和性中，花粉生长情况不是由单个花粉粒决定，而是由亲本的基因型决定。因此，由于 S1S2 的花粉亲本与接受者 S1S3 都有一个共同的等位基因 S1，所以包含 S2 等位基因的花粉粒不能在 S1S3 的柱头上发育，花粉在乳突表面就被阻遏

茄科植物的配子体自交不亲和性由雌株中的 RNA 酶介导。S-位点基因编码的 S-糖蛋白已在柱头提取物中得到鉴定，这种特异的丰度蛋白与特定 S 等位基因存在相关。不同的 S 蛋白电泳迁移率不同，因而可对它们进行纯化和测序，并由此克隆到相应的基因。继后的分析表明，S 蛋白为 RNA 酶。由于 RNA 酶基因的突变导致 RNA 酶失活，并产生自交亲和性植株，所以 RNA 酶活性为自交不亲和性反应所必需。不同等位基因编码的 S-RNA 酶呈高度多态性，例如，不同等位基因编码的 RNA 酶共有的氨基酸序列一致性在 38% ~98% 之间。

花粉表达的、与雌性 RNA 酶互作的雄性组分属性尚不可知。假定由于 S-RNA 酶降解花粉管 RNA 而阻止花粉管的生长，那么至少有两个模型可以解释雄性组分与花柱 S-RNA 酶之间的互作。花粉 S 基因产物可以是一种受体，它允许同一等位基因特异性的 S-RNA 酶进入花粉管，并通过降解花粉 mRNA 而抑制花粉管的生长。也有另外一种可能，就是所有 S-

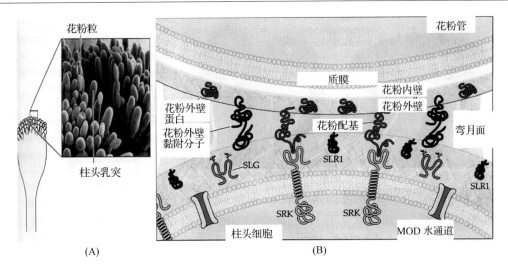

图 10-23　花粉与柱头的相互识别（引自 Bewley 等，2000）

（A）图为扫描电镜显微照片显示为柱头表面。柱头乳突细胞和花粉粒清晰可见　（B）图为芸薹属柱头乳突细胞和不亲和性花粉粒之间的接触区域。图中标出了被认为是参与互作的某些蛋白质（模型中蛋白的形状和大小具有假说性）。S 位点受体激酶（SRK）与花粉配基结合，在某些情况下该结合可为与 S 位点糖蛋白（SLG）互作所促进。花粉配基可能是花粉外皮的组分。SLG 类受体 1（SLR1）和花粉外皮的其他组分很可能参与花粉与乳突细胞的吸附作用。MOD：自交不亲和性修饰因子（modifier of self-incompatibility）

RNA 酶都可自由进入花粉细胞质，但只有同一等位基因特异性的 S-RNA 酶才会有活性，并能抑制花粉管的生长，而其他 S-RNA 酶全部失活。

SRK 和 SLG 是否都是雌株中 SSI 反应所必不可少？*SRK* 基因表达缺陷的植株为自交可亲和性植株，因此说明 SRK 是重要的。但 SLG 是否必需的尚不确定。一些植物 *SLG* 表达水平极低，但仍然是自交不亲和的，而另一些植物虽然强烈表达 SLG 但却是自交亲和的。

在研究最好的自交不亲和性系统中，雌株组分已被鉴定，雄株组分则未被鉴定。具有这种功能的候选组分必须满足以下标准：雄株组分必须是由 S 位点连锁的基因编码，并且表现 S 等位基因特异性。最有可能的是，雄株组分也由 S 位点编码的雌株组分，如典型的茄科配子体系统中雌蕊定位的 S-RNA 酶，或典型的十字花科孢子体系统中雌蕊定位 SRK 或 SLG 直接互作，由于雄株和雌株组分必须与 S 位点连锁，因此许多研究者试图通过寻找在花药中表达的基因来鉴定花药组分。实际上一些花药中表达的 S 等位基因连锁的基因就是这样鉴定出来的，但是，由于某些因素，这些基因并不编码人们长期寻找的花粉组分。

最近对芸薹属植物的研究表明，花粉涂层中的化合物（蛋白质）具有等位基因特异性，因而包含花粉组分。自交不亲和性的等位基因决定因子定位于花粉涂层的某一部分，是一组加浓的特定蛋白质，称为花粉外皮蛋白（pollen coat protein，PCP）。此外，芜菁（*Brassica rapa*）PCP 蛋白的一个成员可与 S 糖蛋白互作，而且已发现这个编码 PCP 类蛋白的基因与特定的 S 等位基因连锁。但是仍不清楚，该 S 等位基因编码的 PCP 类蛋白是否表现与其他 S 等位基因的氨基酸趋异性（divergence），以及它是否是自交不亲和性功能所必要和充分的 SSI 雄性组分。

10.3.3 双受精和无融合生殖

配子体发育和受精事件如图 10-24 所示。一旦花粉管经珠孔进入胚囊，会释放出两个精子，并进入两个助细胞(synergid)之一，同时该助细胞退化。两个精细胞具有不同的受精靶目标。助细胞被认为在代谢上十分活跃，具有许多向内突入细胞壁(cell wall ingrowth)或丝状器(filiform apparatus)，以及许多线粒体，并被认为是指导花粉管生长的信号源。雄配子(精细胞)释放后，首先移动到剩余的另一个助细胞的合点端，然后其中一个精细胞与与卵融合形成二倍体的合子(zygote)，合子将来发育成胚胎；另一个精细胞与细胞中央的一个或多个细胞核融合，发育形成三部体的胚乳(endosperm)。这就是双受精发生过程(double fertilization)(图 10-25)。在组织中，珠被发育形成坚硬而具有保护性的种皮或外种皮(testa)，而子房将形成果实。

一些植物的两个精细胞大小和形状不同，细胞器的数目和类型也不一致。在这些情况下，据推测精细胞携带有指导精子与卵细胞核或中央细胞核融合的决定因子。例如，蓝雪花属(*Plumbago*)植物具有较多质体的小精子总是与卵细胞融合，很可能两个精子的表面组分不同，而卵细胞和中央细胞的质膜具有识别不同精子表面组分的受体。要测验这种可能性则需要利用细胞学或生物化学手段区分和纯化获得每一种类型精子群体。

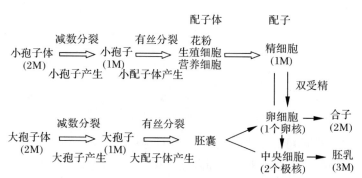

图 10-24 配子体发育和受精事件示意图(引自 Howell, 1998)

雄性花器官中花粉发育包括小孢子产生(microsporogenesis)和小配子体产生(microgametogenesis)，雌性花器官中胚囊发育包括大孢子发生(megasporogenesis)和大配子体产生(megagametogenesis)。被子植物的双受精中，一个精细胞与卵细胞结合形成合子，另外一个精细胞与两个极核融合形成三倍体的胚乳。倍性数目指二倍体植物

在有性生殖中，种子由受精后启动的发育程序产生。在一些植物如普通蒲公英(*Taraxacum vulgare*)中，未受精卵子却可通过无融合生殖(apomixis)来产生可成活种子(Asker 和 Jerling，1992)。在不同的植物物种中观察到众多不同的无融合生殖机制，但绝大多数是绕过配子体形成的一些正常步骤。总体上无融合生殖机制有三类：倍数孢子形成(diplospory)、无孢子形成(apospory)和不定胚形成(adventitious embryony)(Koltunow，1993)。

在倍数孢子形成中，胚由未进行减数分裂(减数分裂 I)的大孢子母细胞产生。在倍数孢子形成型无融合生殖中，配子体发育的继后步骤十分正常，并形成八个未减数核的胚囊，而卵细胞不经受精直接进行胚胎发育。在无孢子生成中，胚由珠心细胞而不是由大孢子产生，但无论如何会产生包含未减数核的胚囊。由上可见，倍数孢子形成和无孢子形成会产生配子体或胚囊，被归为配子体无融合生殖(gametophytic apomixes)。还有另外一种无融合生殖被称为孢子体无融合生殖(sporophytic apomixis)，当珠心进行胚胎发生时，胚囊外形成不定胚。

在正常的有性生殖中，受精是启动胚和胚乳发育所必需的。在倍数孢子形成中，胚乳通

常不经受精自主形成。尚不清楚某发生机制，以及胚乳的倍性水平多变。胚乳形成通常需要雌雄配子的结合，而无孢子形成的无融合生殖不必如此。无孢子形成的无融合生殖很少能进行自主胚乳形成，胚乳发育的启动通常需要极核受精。尚不清楚卵细胞在这种无融合生殖中不参与受精的原因。无孢子形成的无融合生殖的每个胚珠中可形成若干个胚囊，但通常只有一个参与受精。因此，这种无融合生殖可能破坏了每个胚珠只能形成一个胚囊的限制。孢子体无融合生殖并不是在胚囊中形成胚，它依赖于在同一胚珠中的配子体受精来形成胚乳。无融合生殖与有性生殖并非互相排斥。在兼性无融合生殖中，同一植株中同时进行无融合生殖和有性生殖。

由于无融合生殖产生的胚在起源上为纯粹母源性的，其遗传组成是一致的，因此，植物育种计划中十分需要控制无融合生殖。由于无融合生殖中雄配子体对胚没有贡献，后代的基因型是固定的。鉴于此，在杂交种子生产中控制无融合生殖，尤其是繁殖 F_1 代杂交种是十

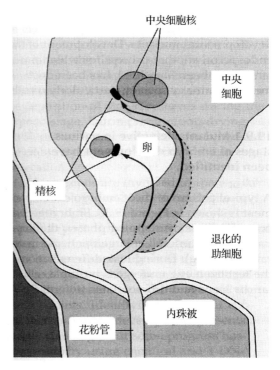

图 10-25　玉米双受精（引自 Bewley 等，2000）
花粉管进入一退化助细胞，然后释放出精子。精细胞核迁移并与卵核或中央细胞核融合

分有用的（Koltunow 等，1995）。正常的杂交种在经有性生殖后，会因父母本的性状分离而失去杂交种优势。而 F_1 杂交种的无融合生殖后代的基因型则可固定下来，与杂交种形成相关的杂种优势也得以保留。在所有无融合生殖形式中，兼性无融合生殖可能对杂交种种子繁殖最为有用。兼性无融合生殖可经有性繁殖产生小部分杂种种子，但大规模繁殖利用无融合生殖方式进行。

参考文献

Albertsen M C, Phillips R L. 1981. Developmental cytology of 13 genetic male-sterile loci in maize[J]. Can. J. Genet. Cytol. , 23: 195 – 208.

Angenent G C, Colombo L. 1996. Molecular control of ovule development[J]. Trends Plant Science, 1: 228 – 232.

Angenent G C, Franken J, Busscher M, et al. 1995. A novel class of MADS box genes is involved in ovule development in petunia[J]. Plant Cell, 7: 1569 – 1582.

Asker S E, Jerling L. 1992. Apomixis in plants[M]. Boca Raton FL: CRC Press.

Bowman J. 1994. Arabidopsis: An atlas of morphology and development[M]. New York: Springer- Verlag.

Bewley J D, Hempel F D, McCormick S, et al. 2000. Reproductive development[M]. In: Buchanan B, Gruissem W, Jones R. eds. Biochemistry & Molecular Biology of Plants. Rockville, MD, USA, ASPB, pp. 988 – 1043.

Bowman J. 1994. Arabidopsis: An Atlas of Morphology and Development[M]. New York: Springer- Verlag.

Chaudhury A M. 1993. Nuclear genes controlling male fertility[M]. Plant Cell, 5: 1277 – 1283.

Chaudhury A M, Lavithis M, Taylor P E, et al. 1994. Genetic control of male fertility in *Arabidopsis thaliana*: Structural analysis of premeiotic developmental mutants[J]. Sexual Plant Reproduction, 7: 17 – 28.

Cheung A Y, Wang H, Wu H M.* 1995. A floral transmitting tissue-specific glycoprotein attracts pollen tubes and stimulates their growth[J]. Cell, 82: 383 – 393.

Colombo L, Franken J, Koetje E, et al. 1995. The petunia MADS box gene *FBP*11 determines ovule identity [J]. Plant Cell, 7: 1859 – 1868.

Cui X, Wise R P, Schnable P S. 1996. The *rf*2 nuclear restorer gene of male-sterile T-cytoplasm maize[J]. Science, 272: 1334 – 1336.

Dawe R K, Freeling M. 1990. Clonal analysis of the cell lineages in the male flower of maize[J]. Devel. Biol. , 142: 233 – 245.

Eady C, Lindsey K, Twell D. 1995. The significance of microspore division and division symmetry for vegetative cell-specific transcription and generative cell differentiation[J]. Plant Cell, 7: 65 – 74.

Elliott R C, Betzner A S, Huttner E, et al. 1996. *AINTEGUMENTA*, an *APETALA*2-like gene of *Arabidopsis* with pleiotropic roles in ovule development and floral organ growth[J]. Plant Cell, 8: 155 – 168.

Flavell R. 1974. A model for the mechanism of cytoplasmic male sterility in plants, with special reference to maize[J]. Plant Sci. Lett. , 3: 259 – 263.

Franklin-Tong V E. 1999. Signaling and the modulation of pollen tube growth[J]. The Plant Cell, 11: 727 – 738.

Gasser C S, Robinson-Beers K. 1993. Pistil development[J]. Plant Cell, 5: 1231 – 1239.

Goldberg R B, Beals T P, Sanders P M. 1993. Anther development: Basic principles and practical applications [J]. Plant Cell, 5: 1217 – 1229.

Golubovskaya I, Avalkina N A, Sheridan W F. 1992. Effects of several meiotic mutations on female meiosis in maize[J]. Dev. Genet, 13: 411 – 424.

Hanson M R. 1991. Plant mitochondrial mutations and male sterility[J]. Annu. Rev. Genet, 25: 461 – 486.

Heslop-Harrison. 1987. Pollen germination arid pollen tube growth[J]. Int. Rev. Cytol. , 107: 1 – 78.

Howell S H. 1998. Molecular genetics of plant development[M]. Cambridge: Cambridge University Press, 1 – 365.

Huang B Q, Sheridan W F. 1994. Female gametophyte development in maize: Microtubular organization and embryo sac polarity[J]. Plant Cell, 6: 845 – 861.

Hülskamp M, Schneitz K, Pruitt R E. 1995. Genetic evidence for a long-range activity that directs pollen tube guidance in *Arabidopsis*[J]. Plant Cell, 7: 57 – 64.

Ikeda S, Nasrallah J B, Dixit R, et al. 1997. An aquaporin-like gene required for the *Brassica* self-incompatibility response[J]. Science, 276: 1564 – 1586.

Jauh G Y, Lord E M. 1995. Movement of the tube cell in the lily style in the absence of the pollen grain and the spent pollen tube[J]. Sex. Plant Repro. , 8: 168 – 172.

Kaul M L H. 1988. Male Sterility in Higher Plants[M]. Berlin: Springer- Verlag.

Klucher K M, Chow H, Reiser L, et al. 1996. The *AINTEGU MENTA* gene of Arabidopsis required for ovule and female gametophyte development is related to the floral homeotic gene *APETALA*2[J]. Plant Cell, 8: 137 – 153.

Koltunow A M. 1993. Apomixis: Embryo sacs and embryos formed without meiosis or fertilization in ovules[J].

Plant Cell, 5: 1425 – 1437.

Koltunow A M, Bicknell R A, Chaudhury A M. 1995. Apomixis: Molecular strategies for the generation of genetically identical seeds without fertilization[J]. Plant Physiol. , 108: 1345 – 1352.

Koltunow A M, Truettner J, Cox K H, et al. 1990. Different temporal and spatial gene expression patterns occur during anther development[J]. Plant Cell, 2: 1201 – 1224.

Lee R S, Ruang S, Kao T R. 1994. S proteins control rejection of incompatible pollen in Petunia inflata[J]. Nature, 367: 560 – 563.

Levings C S. 1993. Thoughts on cytoplasmic male sterility in cms-T maize[J]. Plant Cell, 5: 1285 – 1290.

Lin Y, Wang Y, Zhu J K, et al. 1996. Localization of a Rho GTPase implies a role in tip growth and movement of the generative cell in pollen tubes[J]. Plant Cell, 8: 293 – 303.

Lin Y, Yang Z. 1997. Inhibition of pollen tube elongation by microinjected anti-Rop1Ps antibodies suggests a crucial role for Rho-type GTPases in the control of tip growth[J]. Plant Cell, 9: 1647 – 1659.

Malho R, Trewavas A J. 1996. Localized apical increases of cytosolic calcium control pollen tube orientation [J]. Plant Cell, 8: 1935 – 1949.

Mariani C, De Beuckeleer M, Truttner J, et al. 1990. Induction of male sterility in plants by a chimeric ribonuclease gene[J]. Nature, 347: 737 – 741.

Mascarenhas J P. 1993. Molecular mechanisms of pollen tube growth and differentiation[J]. Plant Cell, 5: 1303 – 1314.

McClure B A, Baring V, Ebert P R, et al. 1989. Style self-incompatibility gene products of Nicotiana alata are RNase[J]. Nature, 342: 955 – 957.

McCormick S. 1993. Male gametophyte development[J]. Plant Cell, 5: 1265 – 1275.

Modrusan Z, Reiser L, Feldmann K A, et al. 1994. Homeotic transformation of ovules into carpel-like structures in Arabidopsis[J]. Plant Cell, 6: 333 – 349.

Muschietti J, Dircks L, Vancanneyt G, et al. 1994. LAT52 protein is essential for tomato pollen development: Pollen expressing antisense LAT52 RNA hydrates and germinates abnormally and cannot achieve fertilization[J]. Plant J. , 6: 321 – 338.

Nasrallah J B, Nasrallah M E. 1993. Pollen-stigma signaling in the sporo-phytic self-incompatibility response [J]. Plant Cell, 5: 1325 – 1335.

Nasrallah J B, Stein J C, Kandasamy M K, et al. 1994. Signaling the arrest of pollen tube development in self-incompatible plants[J]. Science, 266: 1505 – 1508.

Newbigin E, Anderson M A, Clarke A E. 1993. Gametophytic self-incompatibility systems[J]. Plant Cell, 5: 1315 – 1324.

Öpik H, Rolfe S A. 2005. The Physiology of Flowering Plants[M]. 4th Edition. London: Cambridge University Press, pp. 1 – 287.

Palevitz B A, Tiezzi A. 1992. Organization, composition and function of the generative cell and sperm cytoskeleton[J]. Int. Rev. Cytol. , 140: 149 – 185.

Pierson E S, Cresti M. 1992. Cytoskeleton and cytoplasmic organization of pollen and pollen tubes[J]. Int. Rev. Cytol. , 140: 73 – 125.

Pierson E S, Miller D D, Callaham D A, et al. 1996. Tip-localized calcium entry fluctuates during pollen tube growth[J]. Dev. Biol. , 174: 160 – 173.

Preuss D, Lemieux B, Yen G, et al. 1993. A conditional sterile mutation eliminates surface components from Arabidopsis pollen and disrupts cell signaling during fertilization[J]. Genes Dev, 7: 974 – 985.

Preuss D, Rhee S Y, Davis R W. 1994. Tetrad analysis possible in *Arabidopsis* with mutation of the *QUARTET* (QRT) genes[J]. Science, 264: 1458 – 1460.

Ray A, Robinson Beers K, Ray S, *et al.* 1994. *Arabidopsis* floral homeotic gene *BEL*1 (*BEL*1) controls ovule development through negative regulation of *AGAMOUS* gene (*AG*)[J]. Proc. Natl. Acad. Sci. USA, 91: 5761 – 5765.

Reiser L, Modrusan Z, Margossian L, *et al.* 1995. The *BELL*1 gene encodes a homeodomain protein involved in pattern formation in the *Arabidopsis* ovule primordium[J]. Cell, 83: 735 – 742.

Reisner L, Fischer R L. 1993. The ovule and the embryo sac[J]. Plant Cell, 5: 1291 – 1301.

Russell S D. 1993. The egg cell: Development and role in fertilization and early embryogenesis[J]. Plant Cell, 5: 1349 – 1359.

Satina S. 1945. Periclinal cimeras in *Datura* in relation to the development and structure of the ovule[J]. Am. J. Bot. , 32: 72 – 81.

Satina S, Blakeslee A F. 1941. Periclinal chimaeras in *Datura stramonium* in relation to development of leaf and flower[J]. Am. J. Bot. , 28: 862 – 871.

Sawhney V K, Bhadula S K. 1988. Microsporogenesis in the normal and male-sterile stamenless mutant of tomato (*Lycopersicon esculentum*)[J]. Can. J. Bot. , 66: 2013 – 2021.

Schneitz K, Huelskamp M, Pruitt R E. 1995. Wild-type ovule development in *Arabidopsis thaliana*: A light microscope study of cleared whole-mount tissue[J]. Plant J. , 7: 731 – 749.

Steer M W, Steer J M. 1989. Pollen tube tip growth[J]. New Phytol. , 111: 323 – 358.

Stein J C, Dixit R, Nasrallah M E, *et al.* 1996. SRK, the stigma-specific S locus receptor kinase of *Brassica*, is targeted to the plasma membrane in transgenic tobacco[J]. Plant Cell, 8: 429 – 445.

Tantikanjana T, Nasrallah M E, Stein J C, *et al.* 1993. An alternative transcript of the S locus glycoprotein gene in a class II pollen-recessive self-incompatibility haplotype of *Brassica oleracea* encodes a membrane-anchored protein[J]. Plant Cell, 5: 657 – 666.

Verbecke J A. 1992. Fusion events during floral morphogenesis[J]. Annu. Rev. Plant Physiol. Plant Mol. Biol. , 43: 583 – 598.

Wilhelmi L K, Preuss D. 1996. Self-sterility in *Arabidopsis* due to defective pollen tube guidance[J]. Science, 274: 1535 – 1537.

Wilhelmi L K, Preuss D. 1997. Blazing new trails: Pollen tube guidance in flowering plants[J]. Plant Physiol. , 113: 307 – 312.

WIlliams M E, Levings C S. 1992. Molecular biology of cytoplasmic male sterility[M]. In: Plant Breeding Reviews, ed. Janick J, pp. 23 – 51. New York: John Wiley.

Wu H M, Wang H, Cheung A Y. 1995. A pollen tube growth stimulatory glycoprotein isdeglycosylated by pollen tubes and displays a glycosylation gradient in the flower[J]. Cell, 82: 395 – 403.

第11章 种子与果实发育

种子发育是一种高度成功的适应机制，确保了高等植物（被子植物）的散布与成活。真种子外由种皮包裹，内贮营养以滋养萌发和早期发育中的胚。被子植物在子房内发育种子，而裸子植物则产生"裸露"种子。裸子植物的种子不在子房发育，而是在珠鳞（ovuliferous scale）上着生。被子植物和裸子植物的种子都由起源于珠被的种皮提供保护，但被子植物胚和特化的胚外组织具有贮存营养功能，而裸子植物则在高度发育的雌配子体中贮存营养。

果实是包含种子的附属生殖结构（发生单性结实除外）。果实不仅为种子成熟提供了适当的环境，还在种子保护和种子传播方面具有重要作用。果实结构异常多样，反映了它们所具有的不同功能。虽然人类将苹果或香蕉当作果实，但在植物学上番茄、豌豆荚，甚至拟南芥的长角果也算果实。果实是种子在其内发育并且可促进种子散布的器官。果实由子房发育而来，通常授粉或受精信号会引发果实发育。绝大多数果实由含肉的、加厚壁的果皮（peri-carp）组成，果皮由子房壁产生。果皮典型地由表皮（skin）、角质层（cuticle）或外果皮（exo-carp）、柔软的中果皮（mesocarp）、以及常较坚硬的内果皮（endocarp）组成。其他果实的果皮也许是干燥或无肉的，且通常在果实成熟时裂开。番茄和葡萄的肉质果实由单一子房发育而来，而黑莓和木莓由多子房发育而来。苹果、梨和草莓果实大部分是花托组织。其他物种的果实没有什么水分，包括开裂就释放出种子的豆科植物（豌豆、大豆）的荚果，传播种子的蒴果（罂粟、蝇子草属植物）及在萌发之前才开裂的核果。番茄的果实的大部分源自 L3 层。只有表皮细胞层与亚表皮细胞层源于 L1 和 L2（Gillaspy 等，1993）。

11.1 种子发育

受精启动种子发育事件（无须受精的无融合生殖除外）。被子植物受精为双受精，花粉管中两个精子之一与卵核受精，产生合子，另外一个精子与极核受精，形成胚乳核。绝大多数被子植物种子在萌发前要经历脱水或干燥（desiccation）与休眠（dormancy）的过程。在干燥状态下能保持可成活胚，为植物种子的存活和散布提供了特别有利的条件。在准备休眠时，种子会累积渗透保护剂（osmoprotectant）以及糖、蛋白等其他溶液，在脱水过程中帮助种子保持胚的活力。

以大豆为例，种子发育可分为四个阶段。前 3 个阶段如图 11-1 所示（Goldberg 等，1989）。第一阶段为形态发生阶段（morphogenesis），形成胚和胚外组织。第二阶段为成熟阶段（maturation），累积贮存物质和种子生长。第三阶段为脱水阶段（desiccation）或脱落后阶段（postabscission），发生在胚珠脱离和种子从母体组织上切断联系之后，种子干燥及胚休眠。第四阶段为萌发阶段（germination），为打破种子休眠后的阶段，胚利用种子内的贮存物质进行生长。种子对上述各阶段起始时间的精密安排对其自身成功发育至关重要。借助于干扰种子发育事件的突变体，人们可深入了解这些事件是如何协调的。例如，*viviparous*（*vp*）突变体提前萌发（通常在成熟阶段晚期就萌发）。这些突变体一般为隐性丧失功能突变体，这表明野生型基因的功能是在种子发育过程中阻抑种子萌发。

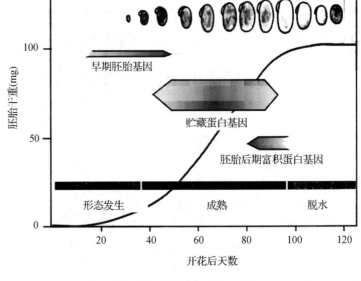

图 11-1　大豆种子发育过程中事件的时间顺序（引自 Goldberg 等，1989）

开花后的天数表示横坐标，以胚的干重为纵坐标。种子发育阶段用粗黑线条标明，并标出主要的基因群表达时间，上方绘图显示种子发育情况

11.1.1　胚乳发育

被子植物的双受精产生胚和胚乳，而裸子植物增大的雌配子体作为胚乳。因此，胚乳是经有性过程产生的，是种子植物进化过程中产生的新发育过程。

单子叶植物玉米的胚乳在种子发育中作用突出，是种子内最主要的营养贮藏组织（图 11-2）（Lopes 和 Larkins，1993），而胚则只有较少的、不同的营养贮备。例如，蓖麻胚乳相对较大，由活细胞构成，这些细胞贮存油和蛋白，并能产生转运这些营养贮备所必需的酶。而禾谷植物和胚乳型豆科植物的胚乳的绝大多数细胞，在成熟时为死亡细胞，这些胚乳所包含的营养贮备可被其内合成的酶水解，并释放到周围的糊粉层。而在一些双子叶植物中，胚乳只是一个寿命短暂的组织，在种子成熟前被完全吸收。大豆种子萌发所需的营养贮藏在子叶中，子叶是胚的器官，而不是如胚乳一样的胚外组织。一些植物种子的胚乳会一直保留，如莴苣、番茄等，但只有一个或数个细胞厚，并且与包围它的胚相比，其营养贮藏功能不显著。

胚乳和胚的发育十分不同。一般可将胚乳发育分为细胞型（cellular）、核型（nuclear）和沼生目型（helobial）3 类（Brink 和 Cooper，1947）。细胞型胚乳（凤仙花属、半边莲属）中，无自由核阶段，如番茄和 *Centranthus*［图 11-3（A）］。细胞型胚乳不存在游离核阶段，初生胚乳核及其后继的细胞分裂，有规则地形成细胞壁。核型胚乳发育是最

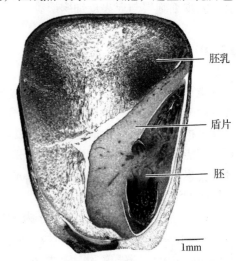

图 11-2　玉米成熟籽粒（引自 Raven 等，1986）

纵剖面显示胚乳、盾片和胚。盾片相当于子叶

常见的发育格式，是禾谷类植物胚乳的发育方式。玉米及图示中 *Phacelia tanacetifolia* 的胚乳［图 11-3（B）］为核型，核型胚乳中细胞核分裂不进行细胞化过程（即没有细胞壁的形成）。细胞核迁移到中央细胞的外周后才进行细胞化。换言之，核型胚乳发育中，胚乳经若干次的游离核分裂才形成细胞壁。在沼生目型［图 11-3（C）］中，初生胚乳核分裂形成大小不等的细胞，较大的珠孔细胞进行细胞发育，而较小的合点细胞保持不分裂状态或形成一多核细胞。

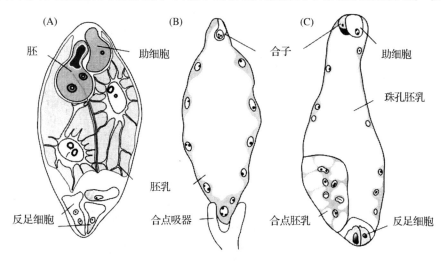

图 11-3　胚乳核分裂后细胞化差异产生的不同胚乳类型（引自 Schnarf，1929）

（A）*Centranthus macrosiphon* 的细胞型胚乳。多数细胞核分裂后进行细胞化，因此，胚乳是由单核细胞组成（B）*Phacelia tanacetifolia* 的核型胚乳。细胞核分裂不进行细胞化过程，形成的胚乳为多核胚乳　（C）*Ixolirion montanum* 沼生目型胚乳。第一次胚乳核分裂进行细胞化过程，产生珠孔胚乳细胞和合点胚乳细胞。以后的核分裂不进行细胞化，产生两个多核胚乳细胞

　　大麦胚乳发育包括多核体阶段（syncytial）、细胞化阶段（cellularization）、分化阶段（differentiation）和成熟阶段（maturation）（图 11-4）。

　　已经分离到许多贮存营养生物合成紊乱的突变体。另外一类突变体则表现胚乳形态改变，包括玉米 *de* 和 *dek*，大麦 *dex* 和 *sex* 突变体。若干 *sex* 突变体细胞壁形成缺陷，它们的胚乳发育被阻断在合胞阶段 I，因而产生突胚乳表型。其他突变体的胚乳发育则被阻断在阶段 II，虽然淀粉质胚乳和糊粉层细胞分化，但胚乳表现不完全细胞化。如同胚发育突变体一样，参与胚乳发育的特异性调控基因及其产物尚且有待鉴定。

　　种子发育涉及母体组织、胚和胚乳三种遗传组成不同的组织之间的互作。由于胚乳是由花粉管中的一个精核与中央细胞中的两个极核融合产生的，因此胚乳为三倍体（3 N）。在单孢型植物中，胚乳和胚的遗传组成在质上是相似的，因为它们都是同一雌性减数分裂产物和同一雄性减数分裂产物相结合产生的。胚和胚乳遗传组成在数量上是不同的，两种组织中母本基因组对父本基因组的比例存在差异。研究提出是由于两者的遗传组成在数量上的差异导致它们具有不同的发育命运（Kermicle 和 Alleman，1993）。一系列研究表明，破坏胚、胚乳和母体组织之间母本基因组对父本基因组的比例平衡会导致"种子崩溃"，即种子发育受阻。胚是否能成功发育依赖于胚乳发育，因为胚乳发育失败会导致胚发育失败。亲本的遗传差异会经常干扰胚乳发育，这种不相容性被认为是被子植物种群产生生殖隔离的重要因素。物种

内倍性水平差异造成的生殖隔离，归因于胚乳发育问题。Johnston 和 Hanneman（1982）指出，由于胚乳发育二倍体和四倍体马铃薯之间的杂交一向都会失败，而二倍体或四倍体种内杂交通常都能成功。少数四倍体马铃薯种可与二倍体种杂交，但这些四倍体种不能与其他四倍体种杂交，除非它们的染色体数目是加倍的（4X→8X，X 表示单倍体基因组的倍性水平）。上述研究结论引申出胚乳平衡数目（endosperm balance number，EBN）概念，认为任何物种都可将其染色体数目改变到有效的倍性水平，但这可能并不是其实际倍性数目。当胚乳的母本—父本倍性比为 2m : 1p 时，通常这些种可成功杂交。根据其遗传来源不同，种子中不同组织具有不同的母本—父本倍性比例。两个二倍体杂交产生的典型种子，母体组织、胚和胚乳组织的母本 – 父本倍性比分别为 2m : 0p、1m : 1p、2m : 1p。

由于玉米的胚和胚乳

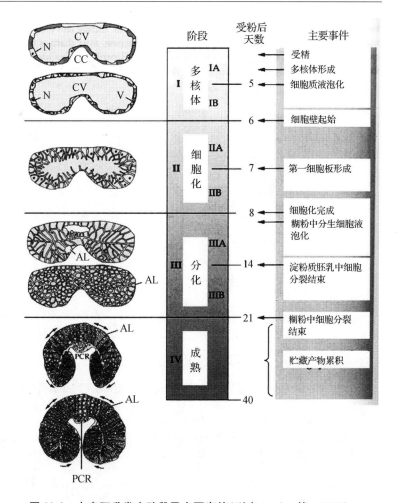

图 11-4 大麦胚乳发育阶段及主要事件（引自 Bewley 等，2000）

（阶段 IA）胚囊中间区域发育导致围绕中央液泡（CV）的细胞核（N）分裂，但并未形成细胞壁（合胞型或多核型胚乳）。存在中央褶皱（CC）。（阶段 IB）细胞核进一步有丝分裂，细胞质中出现液泡（V）。（阶段 IIA）胚乳细胞壁开始在外围形成，（阶段 IIB）细胞化过程持续进行，直致形成约 100 000 个细胞。（阶段 IIIA）在褶皱上形成第一个糊粉层（AL）细胞。（阶段 IIIB）糊粉层分化从中央褶皱向两侧扩展，并与其他局部形成区域相接。（阶段 IV）由于细胞扩大，胚乳扩展并越过褶皱，营养贮存开始。营养物质通过韧皮部，经胎座—合点区域（placento-chalazal region，PCR）进入胚乳。随着胚乳扩展并填实褶皱区域，PCR 最终会堵塞。此阶段完成胚乳扩展和营养贮存

倍性比可以操作，因此玉米母本—父本倍性比研究更为深入。Lin（1984）对一个产生异常极核数并引起胚乳中母本倍性水平变异的突变 *indeterminate gametophyte*（*ig*）进行了研究。Lin 利用二倍体或四倍体植株产生的花粉进行受精，改变父本基因组在胚乳中所占的比重，再次研究发现只有当胚乳中的母父本倍性比达到 2m : 1p 时，胚乳才会成功发育，该研究表明胚乳中总体倍性水平并不是关健，父母本基因组的相对比重才是重要的。例如，在 6X 胚乳中，4m : 2p 的胚乳发育是正常的，其他倍性比如 5m : 1p 则会发生胚乳败育。根据上述研究，

Lin 提出胚乳败育是亲代印迹(parental imprinting)的结果，即雌雄亲本基因组在胚乳中作用不同。印迹是一种动物遗传现象，它确保通过有性生殖进行繁衍，因为胚胎的成功发育需要来自雄性和雌性亲本的配子等位基因。在开花植物的胚乳发育中，印迹作为有性生殖的检查点(checkpoint)，印迹过程有所不同(Walbot，1996)。成功的胚乳发育需要亲本基因组的适当平衡。

当胚乳倍性比不平衡时，胚、胚乳和母体组织之间的脆弱关系可能是由于它们相互紧密接触之故。Charlton 等(1995)检查了胚乳倍性比 2m∶2p 导致败育的玉米籽粒中上述组织之间的结构互作，研究发现正常情况下，在受精后约 8d 会在胚乳中形成转移细胞层(transfer cell layer)，但在败育的玉米胚乳中则被完全阻抑。转移细胞被认为负责将母体组织中的营养运输向胚乳，因此，倍性比不平衡胚乳预期是因缺乏营养而败育。但不形成转移细胞的原因尚不清楚。

胚乳中的一些特异表达基因，其中许多基因似乎是别处表达基因的复制副本，但已特化为胚乳特异性表达(Lopes 和 Larkins，1993)。它们编码的产物参与贮藏营养，如淀粉的合成。这些基因的丧失功能突变对胚乳发育有深刻的影响。例如，玉米籽粒淀粉缺失突变 *shrunken-2*(*sh2*)是因 ADP-葡萄糖磷酸化酶的胚乳形式存在缺陷，该酶为玉米籽粒淀粉生物合成所必需(Bhave 等，1990)。此外，胚乳还会累积脂质和贮藏蛋白。

母体组织与胚/胚乳组织之间尽管没有直接的或共质体联系，但在种子发育过程中，这些组织之间存在很重要的互作(Thorne，1985)。据推测这种安排可防止病毒从母体组织向胚胎组织传递。由于这个原因，一定有某种特殊机制在籽粒成熟或灌浆期间将营养从植物体向种子转移。这种转移是通过母体组织在种子基部的韧皮部末端将营养向质外体卸载，然后胚乳通过基部的转移细胞来吸收。转移细胞有很多指状突起。有关胎座结构的发育了解甚少，但发现一种 cDNA 可作为这些细胞胚乳发育过程中的分子标记(Hueros 等，1995)。该 cDNA 是从玉米胚乳 RNA 产生的文库中分离到的，发现原位杂交可将其定位在转移细胞。该 cDNA 称为 *Bet*1，编码一个可能是转移细胞所特有的小的细胞壁蛋白。

11.1.2　贮藏营养沉积与种子成熟

种子是一个胚胎植株，由亲本植物来提供营养贮备和保护性种皮。种子在植物存活方面的价值研究如下；在植物界，具有种子的植物在 5 个生存下来的分枝上独立进化，还有一些类群现已灭绝。种子包含高度浓缩的营养贮备，在为人类提供营养和文明发展方面的价值不可替代。对于人类来说，种子是重要的主食来源之一，因此在种子内营养贮备的合成及继后的转运，尤其在单子叶植物(主要是禾谷类作物)的胚乳方面进行了很多研究。

正在发育的种子(和果实)是碳水化合物累积的主要场所，碳水化合物以蔗糖形式通过韧皮部转运。蔗糖水解酶(蔗糖转化酶或蔗糖合成酶)代谢蔗糖，在发育的组织中形成和维持一定的浓度梯度。玉米为研究种子发育提供了一套有吸引力的研究系统，因为玉米不仅是重要的农作物，而且影响玉米籽粒发育的缺陷容易被观察。包括 *miniature1*(*mn1*)、*shrunken1*(*sh1*)和 *shrunken2*(*sh2*)在内的许多这种突变已经被鉴定，带有这些缺陷的玉米植株籽粒不能正常发育。*mn1* 突变导致植株丧失蔗糖转化酶活性。该酶位于胚乳基部，将母体组织提供的蔗糖水解成葡萄糖和果糖，供正在发育的胚乳吸收。然后葡萄糖和果糖用来合成淀粉和其他化合物。如果失去蔗糖转化酶，向胚乳的营养就会破坏。*sh1* 和 *sh2* 突变导致蔗糖合成酶和 ADP-葡萄糖焦磷酸化酶失去活性，而这两个酶在淀粉生物合成中的作用十分重要。

种子在蛋白质、脂质和碳水化合物含量方面差别极大。贮藏淀粉类种子有巨大的经济价值，包括禾谷类作物（水稻、玉米、小麦和大麦）及双子叶植物（豌豆、菜豆）。与之相反的是，南瓜、芝麻和油菜种子富含脂质。在绝大多数种子中，蛋白质都占有较大的比例，大豆中高达 40% 是蛋白质，这对素食者来说是十分重要的。种子还是食物中重要的维生素和矿物质来源。

淀粉和脂质都是在质体中合成。淀粉以颗粒形式贮藏在淀粉体中，或者存在于胚乳（禾本科、蓖麻），或者存在于子叶（豌豆、大豆）中。淀粉是葡萄糖的多聚体，以两种形式存在，一种是大致呈线形的直链淀粉（amylose），由 α1-4 糖苷键连接而成，另一种是支链淀粉（amylopectin），其直链部分也是 α1-4 糖苷键连接，在分支处有 α1-6 糖苷键连接。而脂肪酸为油的前体，脂质（油）在细胞质的内质网中合成，脂肪酸为其底物。贮藏脂肪酸的种类非常多，在种子油中发现有 300 种以上的不同形式。

种子中所含蛋白质的量随不同物种而异。所有的种子既包含结构蛋白，也包括代谢蛋白，这些蛋白质对细胞功能至关重要的。除此之外，种子细胞，尤其是在贮藏性器官中，累积特殊蛋白质，作为营养贮备，有时也作为保护剂。占种子总蛋白含量 50% 的种子贮藏蛋白存在于蛋白体中。蛋白体是由小液泡内沉积蛋白形成的，在极少的情况下是粗面内质网中沉积蛋白形成的。

在种子发育的成熟阶段，种子会积累大量的贮藏大分子物质，如蛋白、脂和碳水化合物。一些贮藏蛋白作为胚发育的营养来源，另外的贮藏蛋白则参与生物合成与病虫害防护功能。最主要的贮藏蛋白对于形成种子的物种而言都是相同的，即球蛋白（globulin）和白蛋白（albumin），禾谷类作物种子中特有的贮藏蛋白为谷醇溶蛋白（prolamine）。

由于种子贮藏物质为人畜的主要食物来源之一，因此，种子蛋白的合成及种子贮藏蛋白的基因表达调控被广泛研究。绝大多数贮藏蛋白由大的多基因家族编码，而许多种子贮藏蛋白基因是在种子成熟过程中表达的，会导致在此阶段蛋白质的大量累积。在多数情况下，贮藏蛋白的合成是由转录调控的（Goldberg 等，1989）。Dure（1985）提出可根据种子发育过程中表达的基因的时间格式进行分类。这些基因共分为两大组：在成熟阶段中期合成种子贮藏蛋白（seed storage protein）的基因，与编码胚胎晚期丰富蛋白（late embryonic abundant protein，LEA protein）基因。LEA 蛋白在成熟晚期与脱落后期阶段合成，被认为发挥种子脱水的保护剂功能。不同发育阶段开启不同的基因群表达，表明种子发育过程中存在一个分层的调控系统用于调节基因表达，而且最有可能的是，存在不同的全局调控因子（global regulator）控制较大的基因群表达。

脱落酸（abscisic acid，ABA）对于编码种子贮藏蛋白及晚期胚胎发生蛋白基因来说是一种重要的调节物质。ABA 可促进种子贮藏蛋白合成和抑制外植后的胚胎提前萌发。小麦种子发育中 ABA 水平的升降方式与发育过程预期的调节物质方式一致。当胚胎成熟和种子贮藏蛋白累积时，ABA 水平上升；而当种子脱水时，ABA 水平下降（King，1976）。在其他的系统中，ABA 累积格式并不与贮藏蛋白合成格式相关。

曾有学者对拟南芥 ABA 合成或 ABA 反应缺陷突变体种子发育中的 ABA 功能进行过研

究。Koornneef 等(1984)对 ABA 突变体进行了鉴定，在正常情况下包含高水平 ABA 的培养基会抑制种子萌发，从培养基上可选择得到能够萌发的 ABA 不敏感突变体。Parcy 等(1994)对拟南芥突变体 aba-1 和 abi3 种子发育过程中一系列基因的表达模式进行了监测，其中 aba-1 为 ABA 合成缺陷突变体，而 abi3 为 ABA 反应缺陷突变体。他们发现某些基因在 abi3 中的激化受到影响，但受影响的基因并不一定属于同一时间组。例如，编码贮藏蛋白 napin (At2S3)和 cruciferin(CRC)的 mRNA 在正常拟南芥种子的成熟阶段过程中累积，如预期那样，在 ABA 反应缺陷突变体 abi3 中 mRNA 的累积大大减少。但 mRNA 的累积在 ABA 累积缺陷突变体 aba-1 中并未完全阻断。上述结果表明 ABA 合成在突变体 aba-1 中并未完全阻断，其水平在基因表达所需的阈限之上。另一方面，结果也表明并非所有的种子蛋白基因都能被 ABA 所激活，ABI3 在种子发育中发挥更大的作用，而不仅仅局限于参与 ABA 反应。一般而言，发现 ABA 是很重要的，而且它不仅仅作为种子发育的调控因子。其他的调控因子在种子发育过程中控制基因表达肯定也同样重要，甚至在特定时间组内也同样重要。

ABA 是种子发育过程中某些基因表达的重要调控因子，其作用的分子基础已得到深入研究。Em 是小麦种子成熟过程中被诱导表达的主要贮藏蛋白基因之一，ABA 可诱导其转录 (Marcotte 等，1988)。利用非胚性组织细胞悬浮培养制备的原生质体作为瞬间表达系统，对 Em 基因启动子的表达进行了研究(原生质体为去壁后的植物细胞，在瞬间表达系统中，将包含所研究基因的质粒 DNA 导入原生质体。Em 基因启动子与 uidA 或 GUS 报告基因相连，构建 Em 基因启动子：GUS 构件。导入 DNA18h 后对表达进行检测)。Em：GUS 在原生质体中以 ABA 依赖性方式激活。

对 Em 基因启动子进行缺失分析表明，在该启动子内鉴定出一个顺式作用的 ABA 反应元件(ABA response element，ABRE)。在包括光调节基因在内的众多调节基因的启动子内发现一类通用的元件，称为 G 盒元件(G-box element)，而 ABRE 与此元件相关。已鉴定出一个与 G 盒元件结合并激活 Em 基因表达的因子，并从小麦中克隆这个称为 EmBP-1 的转录因子，它属于碱性亮氨酸拉链(basic leucine zipper，bZIP)转录因子(Guiltinan 等，1990)。并不清楚 ABA 是如何通过 EmBP-1 作用而影响 Em 基因表达的。不论悬浮培养细胞是否用激素处理，EmBP-1 存在并与悬浮培养细胞提取液中的 DNA 结合。ABA 对 Em 基因表达激活也需要转录因子 VP1(ABI3 的直向同源物)与 EmBP-1 协同作用。

不同的调控因子控制种子贮藏蛋白表达。例如，玉米中控制编码醇溶蛋白(玉米蛋白，zein)一组基因表达的调控通路。玉米中种子贮藏蛋白一半以上是玉米蛋白，玉米蛋白由一个很大的基因家族编码，该基因家族由 100 个以上的成员组成(Lopes 和 Larkins，1993)。玉米蛋白可分为五大类，其中最丰富的为 19 kD 和 20 kD 蛋白。与其他种子贮藏蛋白一样，玉米蛋白在种子发育过程中按时间顺序调控。已知有若干影响玉米蛋白基因调控的突变，尤其是影响 19 kD 和 20 kD 蛋白的突变。其中最知名的突变体是 opaque2(o2)，该突变体(粉质胚乳)失去透明特性。在 o2 等位基因无效突变体中，玉米蛋白基因(zein)表达下降 60% ~ 80%，主要是由于 20 kD 类蛋白转录速率下降所致(Kodrzycki 等，1989)。研究表明 O2(o2 基因编码的蛋白)可能是转录因子，利用转座子标签对该基因进行克隆，发现的确是一个 bZIP 转录因子(Schmidt 等，1990)。

Schmidt 等(1992)研究表明 O2 可识别 20 kD 玉米蛋白基因(zein)启动子中的特异靶序列

5′-TCCACGTAGA-3′，并与之结合。为了搞清 O2 是否刺激玉米蛋白基因（zein）的表达，用 CaMV 35S 强启动子驱动 O2 基因（35S: O2），和 20 kD 玉米蛋白（zein）基因启动子与报告基因相连的构件一起用基因枪轰击到玉米（纯合 o2 玉米系）胚乳薄片中（Unger 等，1993）。在该实验中，O2 转激活 20 kD 玉米蛋白（zein）基因启动子，然后引起 GUS 报告基因高水平表达。

Unger 等（1993）用类似的实验分析表明 O2 蛋白突变体形式，尤其是碱性结构域缺失后可抑制 O2 蛋白正常形式的激活作用。干扰正常基因功能的突变称为显性失活突变（dominant negative mutation）。O2 是一个 bZIP 转录因子，以二聚体形式与 DNA 结合。研究者发现突变后的蛋白可与正常蛋白形成二聚体，但产生的异源二聚体却不能与 DNA 结合。最终显性失活突变通过形成失活二聚体来干扰正常蛋白功能。

11. 1. 3　种子脱水

休眠可使种子在恶劣的天气条件下存活，并可在萌发前得到散布，但休眠中断了由胚向实生苗的持续发育进程。那么，休眠是萌发和正常发生苗发育所必需中间阶段吗？在种子发育的成熟阶段晚期，胚能够提前萌发并发育成实生苗，只不过在种子内被阻止。如油菜的成熟晚期胚（开花后 50d）外植（从种子中取出）到培养基上，可提前萌发（Finkelstein 等，1985）。成熟阶段中期胚（开花后 30～40d）外植后虽然不能正常发育，但仍继续胚生长，并合成贮藏蛋白。萌发时，胚通常启动新的事件程序，并且贮藏物质从累积转向降解。这种转变是否发生在干燥和脱水阶段？Comai 和 Harada（1990）对油菜正在成熟中的胚、干燥种子内的胚及萌发的实生苗进行转录格式比较。由于干种子内 RNA 和蛋白质合成并不活跃，因此研究者从不同胚中获得细胞核，利用体外"连缀"转录（"run-on" trnscription）对种子内基因表达潜力进行评估。对种子成熟阶段特异表达的一些基因（大部分是贮藏蛋白基因）的表达格式，以及萌发后表达基因的表达格式进行监测，发现干种子与成熟中胚的基因表达格式相似，但与萌发中的实生苗不同。研究结论表明，种子干燥过程中基因表达并无显著变化，萌发时才启动新的转录格式。

11. 1. 4　种子休眠

被子植物成功进化的最主要原因之一是其种子耐干燥脱水。使得它在处于不利环境时期以代谢无活性状态存活，并且有利于种子的传播散布。绝大多数被子植物产生耐干燥脱水的种子，但也有一些被子植物包括许多重要的商业性物种不产生耐干燥脱水的种子。

受精后，正在发育的种子随着胚和周围组织的发育快速生长。该生长阶段与高浓度的生长调节物质（诸如生长素、细胞分裂素，尤其是赤霉酸）相联系。一旦胚的基本结构形成，大体上胚内的细胞分裂就会在心形胚阶段停止，进一步的生长主要由细胞扩展和贮藏物质累积所致。在相对较早期的胚胎发生阶段，胚就具有发育成一个新植株的潜力，如果将胚从种子中取出，置于适当的条件下培养，就能使这种潜力实现。但进一步的发育通常会受到抑制，至少发生在种子从亲本株上掉落之前，而且经常会持续较长时间。

随着种子成熟，GA 含量下降而 ABA 含量上升，含水量也会下降，并且代谢活性降低，直到种子变干，实际上此时的代谢活性已经停滞。在此阶段有一系列基因表达，被认为在干燥耐性发育中发挥重要作用，包括植物胚胎发育晚期富积蛋白（late embryogenesis abundant，LEA）和脱水蛋白（dehydrin）基因。干燥耐性发育和脱水与种子休眠紧密相关。休眠难以准确定义，但可看作是存活种子即使处于其他有利的条件下仍不能萌发的状态。从亲本植株上落下的种子处于上述状态，被认为是表现初级休眠（primary dormancy），而在亲本植株上落下之后，响应于不利的环境条件而进入休眠，称之为次级休眠（secondary dormancy）。

理论上，休眠是由于不存在生长所需的信号或存在阻止生长的抑制信号所致。实际上，可能是两种原因共同参与调控休眠的开始、休眠的解除和继后的萌发。胚本身及周围的种皮在上述过程的调控中起作用。种皮施加的休眠是最常见的，被认为通过一系列机制起作用，包括机械限制胚轴伸长［泽泻（*Alisma plantago-aquatica*）、荠菜（*Capsella bursa-pastoris*）］、阻止水分吸收（豆科植物）或氧气吸收（苍耳）、产生萌发抑制物质及保留胚产生的抑制物质。胚施加的抑制被认为是由 GA 和 ABA 之间互作引起的，ABA 阻止萌发而 GA 刺激萌发。植物生长激素的浓度反过来又受发育状态和环境条件调控。

在种子发育全过程中，ABA 浓度与 GA 浓度形成对照：最初 ABA 浓度低，但随着籽粒灌浆而升高，在成熟干燥过程中又降低，ABA 在控制种子内胚的休眠和抑制提前萌发（precocious germination 或 vivipary）中发挥主要作用。ABA 不敏感植物或 ABA 生物合成缺陷植物经常表现早熟萌发或胎生（种子未脱离母体以前发芽）。玉米中至少描述过 10 种 *viviparous* 突变体，如 *v5* 和 *v7*，绝大多数在 ABA 合成或反应方面存在缺陷，阻断了 ABA 生物合成，这些突变体在籽粒中只有很低水平的 ABA，并可提前萌发（Neill 等，1986）。对野生型施用 ABA 合成抑制剂可复制这些突变体的表型效应（Fong 等，1983）。ABA 合成是通过类胡萝卜素降解而间接合成的，因此胡萝卜素生物合成抑制剂如氟啶酮（fluridone）可阻断 ABA 合成。氟啶酮可诱导玉米提前萌发（尽管只有在很窄的一段发育窗口期内处理才有效）。玉米 *viviparous* 突变体 *v1* 可提前萌发，但它是 ABA 反应而不是 ABA 合成有缺陷（Robichaud 等，1980）。这类突变体胚在培养中萌发对 ABA 的抑制作用不敏感。突变体 *vp1* 表型表现多效性，影响与种子形成中与成熟阶段相关的多个发育过程（McCarty 等，1989）。由于突变体 *vp1* 不能激活花色素苷调控基因 *C1*，因此还影响花色素苷生物合成。*C1* 编码一个 *myb*-类转录因子，它参与调控花色素苷生物合成途径上的结构基因。在控制萌发及参与花色素苷生物合成基因的调控级联系统中，VP1 是一个主调控因子。*Vp1* 已利用转座子标签法克隆，它编码一个酸性转录因子（McCarty 等，1991）。拟南芥 *ABI3* 编码的蛋白与 VP1 类似（Giraudat 等，1992）。突变体 *abi3* 可缩短种子休眠，但没有其他营养性状。与上述观察一致的是，*abi3* 在种子中特异性表达，并不在植物的营养部分中表达。ABI3 是一个种子贮藏蛋白基因的强有力的调控因子，在 ABA 存在时，它甚至可驱动它们在非胚胎组织中表达。*ABI3* 除了对贮藏蛋白累积与胚胎发育成熟阶段施加控制外，该基因还对晚期胚胎发生与萌发具有作用。如同玉米中的 *vp1*，拟南芥 *abi3* 种子也常常打破休眠，并且有时会提前萌发。野生型拟南芥种子需要光才能有效萌发，而重度 *abi3* 等位基因突变体在无光刺激的黑暗条件下就会萌发。番茄 *sitiens* 突变体种子在过度成熟的果实中萌发，并且 ABA 含量只有野生型番茄的 10%。ABA 产生缺陷突变体（ABA-dificient，*aba*）或 ABA 不敏感突变体（ABA-insensitive，*abi*），种子表现休眠减少，并且双突变体表现早熟萌发。如果 ABA 缺失突变体纯合植株（*aba/aba*）与杂合植株（*ABA/aba*）的花粉受精，那么母体组织中将缺乏 ABA，但 50% 胚胎为 *ABA/aba*，因此包含 ABA，而另外 50% 胚胎为 *aba/aba*，因此缺乏 ABA。如果母体组织中的 ABA 调控休眠的话，那么预期所有种子都不能休眠，但事实上只有 50% 表现休眠，表明胚胎组织中的 ABA 才是重要的。同样地，如果进行反交，则所有的母体组织中都含 ABA，但仍有 50% 的胚表现休眠。

使用抑制剂对激素合成突变体的研究阐明了 GA 在种子休眠中的作用。拟南芥 GA 缺失突变体种子在施用外源 GA 后才能萌发，但将 GA 缺失突变体与 ABA 缺失突变体植株杂交，则会刺激萌发。结果表明，ABA 和 GA 的相对浓度在维持和打破休眠中发挥重要作用。如果用 GA 合成抑制剂处理种子，萌发就被阻止，表明需要 GA 的重新合成，而不是利用以前形成的 GA。GA 是刺激细胞分裂和种子贮备转运的重要信号。

如图 11-5 所示为环境信号和内源信号互作调控种子休眠。并不是所有的信号在同一物种中发挥作用，而是依据种子已休眠的时间而具有相对不等的重要性。胚的生长潜力受 GA 刺激，但受 ABA（和其他可能的物质）抑制，而种皮既是萌发的物理限制，也可防止抑制物质的丧失。去除种皮或破坏种皮［该过程称破皮处理（scarification）］可刺激许多物种的种子萌发，种子经后熟（after-ripening）或冷处理或低温层积（stratification）也可刺激种子萌发。这些需求可使种子在适当时间萌发。在温带，越冬或满足打破休眠的低温需求，因此种子不是在秋天萌发，而是在春天萌发。在盛行周期性火灾的炎热干旱地区，种子需要火烧裂开才能保证在适当时间萌发（如 *Rhus ovata*）。在容易发生火灾的生境中的许多物种，烟被鉴定为可单独诱发种子萌发的重要因子。大火之后，灰烬中的营养释放并富化土壤，同时植株的竞争减少。当零星的降雨灌溉干枯的河道，水流冲刷种子沿河床滚动，一些荒漠灌木的坚硬种子被磨损，如铁木（*Olneya*）和假紫荆（*Cercidium*）植物种子。

响应于光环境而萌发。此类种子称为需光性的（positively photoblastic）种子，如柳叶菜属植物（*Epilobium* spp.）和槲寄生（*Viscum album*）；光照抑制萌发的种子称为嫌光性的（negatively photoblastic）种子，如百合科（Liliaceae）的许多成员。其他如欧洲白桦或垂枝桦（*Betula pendula*）为光周期植物。环境因子调控 ABA 和 GA 浓度及对这些激素的敏感性，或通过其他

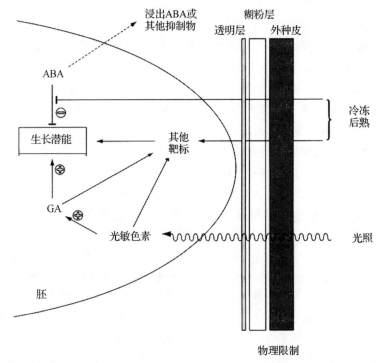

图 11-5　打破种子休眠（引自 Öpik 和 Rolfe，2005）
环境因子和植物生长调节物质通过互作来维持种子休眠或诱发萌发

靶点(target)潜在地发挥作用。在具有光响应性的种子内，光敏色素可增加 GA 生物合成中两个关键酶的表达。

在农业生产环境下，播种后全部种子同时萌发具有高度优势，并选育出快速萌发作物。但包括野燕麦(*Avena fatua*)在内的许多野生植物产生的种子具有多种休眠，当年播种只有一小部分种子萌发，在土壤中建立持久的种子库，这样即使全年内种子萌芽被不良环境破坏，也可保证下一年有种子进行萌发。

尽管产生耐干燥脱水种子在植物界是十分普遍的，但被子植物仍有至少 60 个科的植物产生的种子不表现休眠。这些种子不休眠的植物包括热带植物可可(*Theobroma cacao*)、湿地物种(如许多红树林植物)及大种子树如欧洲有柄橡木(*Quercus robur*)(也称长柄栎、夏橡、夏栎)。不能进入休眠状态的植物种子通常称为顽拗型种子(recalcitrant seed)，其生活力在贮藏后很快就丧失。顽拗型种子在从亲本株上掉落后很快就萌发成实生苗，例如热带龙脑香科树(dipterocarp)重红婆罗双(*Shorea*)表现一种称为"大年结实(mast fruiting)"的现象。这种树在既定地方的绝大多数年份并不产生种子，但每隔 5～10 年会有大量种子产生。这些种子会很快萌发，并产生大量实生苗，可以在植被遮阴深处存活数年，只有当出现树冠缝隙时才会发育。据认为，这种一次产生很多种子的现象是一种适应性，这样可在数量上压倒性地超过当地天敌群体，提高种子的存活率。但是这些物种的种子产生次数少及种子贮藏困难，使得其难以受到保护。

在某些物种中，胚在种子发育全过程中都会持续生长，并且种子还未脱离亲本株时就萌发。种子在未脱离母体前发芽称为胎生或显胎生(vivipary)，而如果实生苗不是从果实上出现，则称为隐胎生(cryptovivipary)。胎生现象在红树林上进行过广泛的研究。Farnsworth 和 Farrant(1988)的研究表明，与产生耐脱水种子相近的物种相比，胎生的红树林物种胚内 ABA 水平一般都不高，与玉米突变体观察到的情况相似，ABA 含量降低使得胎生得以实现。

11.1.5　萌发和生长恢复

种子萌发从干种子吸收水分，即吸涨(imbibition)开始。种子萌发结束后，正在生长的胚从种皮中出现。最初的吸水十分迅速。大分子和结构重新水合，具有功能形式；在此期间，低分子量的溶质会从种子中丧失，推测原因是脱水质膜中的脂质需要时间才能从渗漏性的凝胶相转变为更不具备渗透性的水合半晶体相。呼吸活性迅速升高。由于种皮的存在不利于氧气扩散，萌发种子通常在外种皮裂开前进行无氧呼吸，并累积大量乙醇，之后线粒体激活，线粒体复制也被刺激。蛋白质合成开始，最开始是由预先贮存的 mRNA 指导合成，之后由实生苗发育所必需的基因具有活性，转录新的 mRNA 和翻译蛋白质。

为了促进胚的生长，种子贮备物由其不溶形式转化为可溶的、可运输的和(或)可代谢的次生物。研究最清楚的系统是禾谷类植物的胚乳。在萌发过程中，诸如淀粉酶和麦芽糖酶产生，将淀粉质胚乳降解成为葡萄糖。这些葡萄糖是在围绕胚乳的糊粉层中产生的。对禾谷类植物的研究表明，胚中产生的 GA 激发了这个过程。将胚从种子中移去，即使经过长时间的培养后也不会有淀粉降解。但将胚置于紧靠种子其余部分的琼脂平板表面，GA 扩散过去会导致淀粉降解。施用 GA 也可刺激淀粉水解。

在贮油种子的子叶内，脂肪酸通过脂加氧酶从油体中释放。脂肪酸进入乙醛酸循环体

（小细胞器），连续多轮的 β-氧化作用将脂肪酸氧化分解产生乙酰 CoA，乙酰 CoA 又用于乙醛酸循环中琥珀酸的形成。这样有机酸进入线粒体和 Krebs 循环或三羧酸循环（tricarboxylic acid cycle，TCA）。然后 TCA 循环中的草酰乙酸作为底物用于蔗糖的合成（糖异生作用），将进一步促进生长，之后适当时期光合活性发育。这时实生苗就进行营养生长，并最终进入下一轮的生殖生长阶段。

11.2　果实发育

尽管果实在农业生产中的意义重大，但我们对果实的理解仍然不够全面，而且这些理解主要局限于最容易进行果实研究的物种。番茄果实就特别容易进行研究，因为番茄果实经历的若干个阶段易于鉴定，存在许多不同的品种，而且在经济上也是十分重要的。

11.2.1　果实生长

对于种植者、加工者与销售者来说，商用果实的发育和成熟已分成若干阶段。番茄果实发育分为 3 个阶段（Gillaspy 等，1993）：阶段 I 包括开花、子房发育、受精和座果；阶段 II 时，正在发育的果实进行细胞分裂，种子形成及胚开始发育；阶段 III 果实细胞扩大，胚成熟。果实发育阶段之后是果实成熟，番茄果实成熟主要由色泽与软化来决定。

番茄果实发育早期阶段的典型特征是细胞分裂速率较快，并伴随着生长素、细胞分裂素及赤霉酸含量的提高。生长素和赤霉酸被认为在座果方面发挥重要作用，对未受精果实施用这些激素通常会导致单性结实（parthenocarpy）——形成无种子果实。经过这段细胞分裂期后，细胞扩展使细胞体积迅速增大。在细胞分裂期内，许多基因表达蛋白质重塑细胞壁，包括伸展素（expansin）、木葡聚糖内糖基转移酶（xyloglucan endotransglycosylase）、1，4-β-葡聚糖内切酶（endo-1，4-β glucanase）和糖苷酶（glycosidase）。生长素和赤霉酸含量再次升高，脱落酸（ABA）含量也升高。ABA 在种子成熟过程中发挥重要作用，在最靠近种子的地方 ABA 浓度最高。在这个时间点上，果实已丰满，但仍然是绿色的和未成熟的。子房壁发育形成果实壁或果皮（由内果皮、中果皮和外果皮组成），外面覆盖一薄层角质层。心皮的子房室将果实分为若干室，种子附生中轴胎座上。组成心皮的绝大多数细胞较大，液泡化，并且包含叶绿体。这些细胞具有光合活性，表达许多光合作用基因。与叶片不同，果实也是碳水化合物累积的主要场所之一，植物的其他部分将碳水化合物以蔗糖的形式向果实提供。而蔗糖降解主要由蔗糖合成酶催化的，产生向果实的浓度梯度（该酶尽管叫蔗糖合成酶，在生理条件下通常主要是作用于蔗糖的降解，而非催化其合成）。

在番茄果实生长的早期阶段（阶段 II），果皮和胎座组织（着生种子的组织）中细胞分裂活跃。细胞分裂的速度与范围受种子发育控制。在番茄（果实）细胞分裂阶段，果实生长速度与正在发育的种子数目相关（Hobson 和 Davies，1970）。而在其自身生长的晚期（阶段 III），果实显著增大（Gillaspy 等，1993）。此时绝大多数细胞已停止分裂，果实生长依靠细胞扩大来进行。番茄果实生长中，细胞扩大阶段的开始正好与生长素累积顶峰一起发生。在番茄果实细胞扩大期，种子内的胚很少生长。当果实细胞扩大结束，胚会迅速生长，并达到完全成熟。

对于果实较大或较多的植物而言，果实生长需要植物具有很强的代谢能力。在果实迅速扩大期，绝大多数果实累积大量的糖和淀粉，这些物质可作为贮藏代谢物累积的重要代谢库（metabolic sink）。发育果实中库的容量（sink strength）由遗传决定，这种调控是间接的，并且会影响到开花前子房中细胞数目等特性。如番茄果皮等果实组织在光合作用方面是有活性的，并且具有叶片组织的其他形态特性，因为它们在个体发生上是相关的。绿色番茄细胞包含叶绿体，果皮中大部分的组织结构更像叶片中的栅栏组织层。果实的光合能力适中，但并不能维持番茄的发育。

对于番茄等果实而言，果实的大小、重量和固形物的百分比是重要的商业性状。番茄果实的重量是最著名的复杂数量性状（具有连续变异）例子之一。果实重量受多个基因控制，番茄果实重量被认为有 5 到 20 个基因控制（Alpert 和 Tanksley，1996）。研究者已经在努力绘制决定番茄果实重量的数量性状位点（quantitative trait loci，QTL），并试图克隆主要位点。已将一个称为 *fw2.2* 的主要位点高精度绘制到番茄基因组的确定区域，这表明主要的 QTL 代表单个基因（Alpert 和 Tanksley，1996）。

11.2.2　果实成熟

果实发育的最后一个阶段是成熟。许多不同的果实成熟涉及导致果实的色、香、味及软化程度改变的事件。这些变化后面的生化途径随物种或品种的不同而各有区别，但果实成熟过程也有一些共同特征。果实根据呼吸跃变型（climacteric）和无呼吸跃变型（nonclimacteric）加以分类。呼吸跃变型果实如番茄和香蕉的果实，在成熟开始时会出现呼吸速率的突然升高，并且释放乙烯，而乙烯又会以自身催化方式（autocatalytic manner）刺激释放更多的乙烯。无呼吸跃变型果实如柑桔和草莓的果实，则不表现呼吸速率显著的上升，也不会出现乙烯释放量的显著增加（Picton 等，1995）。随着果实成熟，其内发生许多生理变化。番茄果实的叶绿素含量下降而类胡萝卜素含量上升，使果实着红色。含叶绿素的叶绿体转变为含类胡萝卜素的有色体，同时丧失光合作用能力。蔗糖转化酶的作用使蔗糖转变为葡萄糖和果糖，导致甜度和适口性增加。当降解果胶质中间层的酶合成后，细胞间的联系松弛，果实会软化。此外，许多细胞壁重建酶（cell wall remodeling enzyme）表达，改变细胞壁的可塑性（plasticity）。

植物激素乙烯控制果实发育的许多方面，乙烯合成受两个关键酶调控：ACC 合成酶和 ACC 氧化酶，这些酶在果实发育早期活性增加，导致乙烯产量大幅增加。利用遗传工程改造番茄以阻止 ACC 合成酶表达，其果实不能成熟，番茄 *neverripe* 突变体也被鉴定为乙烯受体存在缺陷。乙烯是呼吸跃变型果实成熟的关键调控因子。果实成熟开始于细胞分裂与细胞扩大结束之后，并以呼吸速率的突然升高与大量释放乙烯为标志。阻断乙烯感知的抑制剂如二环庚二烯（降冰片二烯，norbornadiene）或银离子作用表明乙烯对成熟过程的重要性。用这些抑制剂处理番茄可延缓成熟过程的开始与进程（Picton 等，1995）。乙烯通过激活一系列乙烯诱导基因表达对果实成熟施加影响。许多乙烯诱导基因已从成熟果实中提取的 RNA 构建的 cDNA 文库中克隆。

为了理解乙烯在果实成熟中的作用，已获得对乙烯不敏感的番茄突变体。番茄的突变体是通过已有的果实成熟突变体，在实生苗阶段对乙烯不敏感的检测而加以鉴定的（Lanahan 等，1994）。一个称为 *Never ripe*（*Nr*）的番茄果实成熟突变体在对其黑暗中生长的实生苗乙烯处理后未能显示三重反应。决定乙烯不敏感性的 *Nr* 基因与拟南芥 *ETR*1 类似，被认为是编码一个乙烯关键受体组分的基因。*Nr* 突变体总是缓慢成熟和不完全成熟，不会变红，同时只是稍微变软，显示乙烯在番茄果实成熟中发挥多种不同作用。

出于商业目的，已利用遗传工程操作技术创造出在乙烯产生和释放方面存在缺陷，而不是乙烯感知方面有缺陷的番茄，之所以如此，是因为人们要培育像香蕉一样可以通过施用乙烯来控制其成熟的番茄。番茄中乙烯的产生主要由乙烯生物合成中的限速酶：1-氨基环丙烷-1-羧酸（1-aminocyclopropane-1-carboxylate，ACC）合成酶和 ACC 氧化酶来控制。ACC 合成酶负责催化由 S-腺苷甲硫氨酸向 ACC 转化，而 ACC 氧化酶在乙烯生物合成中的最后一步——ACC 向乙烯转化中发挥作用。番茄编码 ACC 合成酶和氧化酶的 cDNA 已得到鉴定，并用于构建反义构件，使内源植物基因表达沉默。反义 ACC 合成酶构件（反义 35S：*ACS2*）可有效降低转基因番茄的乙烯合成，并阻止番茄成熟（Oeller 等，1991；Theologis 等，1993）。用外源乙烯处理反义 ACC 合成酶转基因番茄与非转基因番茄后的效果相同，表明转基因植株中只有乙烯合成存在缺陷。反义 ACC 氧化酶构件虽然在降低乙烯产生方面略逊ACC 合成酶反义构件，但可阻止收获后的转基因番茄果实成熟（Picton 等，1993），对摘下的番茄果实施用乙烯只能向部分成熟恢复。反义 ACC 合成酶转基因植株可用于分辨果实成熟事件是否是为乙烯诱导所致（Theologis 等，1993）。例如，在反义植株中累积正常水平 mRNA 的基因，被认为不能被乙烯诱导，如 ACC 氧化酶自身和多聚半乳糖醛酸酶（polygalacturo-nase，PG）。果实不能累积 PG 蛋白表明 PG RNA 正常翻译或 PG 蛋白累积需要乙烯。总之，反义植株表明番茄果实成熟中既有依赖乙烯的分子事件，也有不依赖乙烯的分子事件。

利用其他方式也能成功地干扰番茄果实成熟的控制，例如将编码降解 ACC 酶的细菌基因导入番茄（Klee 等，1991）。细菌编码 ACC 脱氨基酶基因在 CaMV 35 S 控制下（35S：ACC 脱氨基酶）在番茄植株中遍布表达，包括成熟果实，反义基因构件推迟了果实成熟，对番茄植株少有其他影响，这表明乙烯对植物发育的作用有限（衰老等过程中的影响除外）。

研究者还发现了其他控制与推迟番茄果实成熟的方法，包括干扰参与果实软化的多聚半乳糖醛酸酶（PG）基因的表达。多聚半乳糖（polygalacturonide）是番茄细胞壁中最主要的多聚糖，在果实成熟过程中 PG 活性高水平表达。PG 的 cDNA 已从番茄中克隆，cDNA 构件以反义方向导入番茄植株，以降低 PG 表达水平（Sheehy 等，1988；Smith 等，1988）。虽然反义构件在不同转基因系中对果实成熟的控制水平不同，但成功商业化的转基因品系如 FLAVR SAVR 番茄是反义基因表达提高了耐贮性（Kramer 和 Redenbaugh，1994）。FLAVR SAVR 番茄是第一种在美国批准商业化销售的转基因作物。

参考文献

Alpert K B, Tanksley S D. 1996. High-resolution mapping and isolation of a yeast artificial chromosome contig containing *fw*2.2：A major fruit weight quantitative trait locus in tomato［J］. Proc. Natl. Acad. Sci. USA，93：15503 – 15507.

Bewley J D, Hempel F D, McCormick S, *et al*. 2000. Reproductive development［M］. In：Buchanan B, Gruissem W, Jones R. eds. Biochemistry & Molecular Biology of Plants. Rockville, MD, USA, ASPB, pp. 988 – 1043.

Bhave M R, Lawrence S, Barton C, et al. 1990. Identification and molecular characterization of shrunken-2 complementary DNA clones of maize[J]. Plant Cell, 2: 581 – 588.

Brink R A, Cooper D C. 1947. The endosperm in seed development[J]. Bot. Rev. , 13: 423 – 541.

Charlton W L, Keen C L, Merriman C, et al. 1995. Endosperm development in Zea mays: Implication of gametic imprinting and paternal excess in regulation of transfer layer development[J]. Development, 121: 3089 – 3097.

Comai L, Harada J J. 1990. Transcriptional activities in dry seed nuclei indicate the timing of the transition from embryogeny to germination[J]. Proc. Natl. Acad. Sci. USA, 87: 2671 – 2674.

Debeaujon I, Koornneef M. 2000. Gibberellin requirement for Arabidopsis seed germination is determined both by testa characteristics and embryonic abscisic acid[J]. Plant Physiology, 122: 415 – 424.

Dure L. 1985. Embryogenesis and gene expression during seed formation. Oxford Surv[J]. Plant Mol. Cell Biol. , 2: 179 – 197.

Farnsworth E J, Farrant J M. 1998. Reductions in abscisic acid are linked with viviparous reproduction in mangroves[J]. American Journal of Botany, 85: 760 – 769.

Finkelstein R R, Tenmbarge K M, Shumway J E, et al. 1985. Role of ABA in maturation of rapeseed embryos [J]. Plant Physiol. 78: 630 – 636.

Fong F, Smith J D, Koehler D E. 1983. Early events in maize seed development[J]. Plant Physiol, 52: 350 – 356.

George W, Scott J, Spilttstoesser, W. 1984. Parthenocarpy in tomato[J]. Hort. Rev. , 6: 65 – 84.

Gillaspy G, Ben-David H, Gruissem W. 1993. Fruits: A developmental perspective [J]. Plant Cell, 5: 1439 – 1451.

Giraudat J, Hauge B M, Valon C, et al. 1992. Isolation of the Arabidopsis abi3 gene by positional cloning [J]. Plant Cell, 4: 1251 – 1261.

Goldberg R B, Barker S J, Perez-Grau L. 1989. Regulation of gene expression during plant embryogenesis[J]. Cell, 56: 149 – 160.

Guiltinan M J, Marcotte W R, Quatrano R S. 1990. A plant leucine zipper protein that recognizes an abscisic acid response element[J]. Science, 250: 267 – 271.

Hattori T, Vasil V, Rosenkrans L, et al. 1992. The viviparous-1 gene and abscisic acid activate the c1 regulatory gene for anthocyanin biosynthesis during seed maturation in maize[J]. Genes Dev, 6: 609 – 618.

Hobson G, Davies J. 1970. The tomato[M]. In: The Biochemistry of Fruits and Their Products, ed. Hulme A C. pp. 437 – 482. London: Academic Press.

Howell S H. 1998. Molecular genetics of plant development[M]. Cambridge: Cambridge University Press, 1 – 365.

Hueros G, Varotto S, Salamini F, et al. 1995. Molecular characterization of BET1, a gene expressed in the endosperm transfer cells of maize[J]. Plant Cell, 7: 747 – 757.

Johnston S A, Hanneman R E. 1982. Manipulations of endosperm balance number overcome crossing barriers between diploid Solanum species[J]. science, 217: 446 – 448.

Kermicle J L, Alleman M. 1993. Genetic imprinting in maize in relation to the angiosperm life cycle[J]. Development, (Suppl.): 9 – 14.

King R W. 1976. Abscisic acid in developing wheat grains and its relationship to grain growth and maturation [J]. Planta, 132: 43 – 51.

Klee H J, Hayford M B, Kretzmer K A, *et al.* 1991. Conuol of ethylene synthesis by expression of a bacterial enzyme in transgenic tomato plants[J]. Plant Cell, 3: 1187 – 1194.

Kodrzycki R, Boston R S, Larkins B A. 1989. The *opaque*-2 mutation of maize differentially reduces *zein* gene transcription[J]. Plant Cell, 1: 105 – 114.

Koornneef M, Reuling G, Karssen C M. 1984. The isolation and characterization of abscisic acid-insensitive mutants of *Arabidopsis*[J]. Physiol. Plant, 61: 377 – 383.

Kramer M G, Redenbaugh K. 1994. Commercialization of a tomato with an antisense polygalacturonase gene: The FLAVR SAVR-TM tomato story[J]. Euphytica, 79: 293 – 297.

Lanahan M B, Yen H C, Giovannoni J J, *et al.* 1994. The never ripe mutation blocks ethylene perception in tomato[J]. Plant Cell, 6: 521 – 530.

Lin B Y. 1984. Ploidy barrier to endosperm development in maize[J]. Genet, 107: 103 – 115.

Lopes M A, Larkins B A. 1993. Endosperm origin, development, and function[J]. Plant Cell, 5: 1383 – 1399.

Marcotte W R, Bayley C C, Quatrano R S. 1988. Regulation of a wheat promoter by absdsic add in rice protoplasts[J]. Nature, 335: 454 – 457.

McCarty D R, Carson C B, Stinard P S, *et al.* 1989. Molecular analysis of *viviparous*-1, an absdsic add-insensitive mutant of maize[J]. Plant Cell, 1: 523 – 532.

McCarty D R, Hattori T, Carson C B, *et al.* 1991. The *viviparous*-1 developmental gene of maize encodes a novel transcriptional activator[J]. Cell, 66: 895 – 906.

McClintock B. 1978. Development of the maize endosperm as revealed by clones[M]. In: The Clonal Basis of Development, ed. Subtelny S, Sussex I M. pp. 418 – 471. London: Academic Press.

Nambara E, Keith K, McCourt P, *et al.* 1995. A regulatory role for the *ABI3* gene in the establishment of embryo maturation in *Arabidopsis thaliana*[J]. Development, 121: 629 – 636.

Neill S J, Horgan R., Parry A D. 1986. The carotenoid and absdsic add content of viviparous kernels and seedlings of *Zea mays* L. [J]. Planta, 169: 87 – 96.

Oeller P W, Min Wong L, Taylor L P, *et al.* 1991. Reversible inhibition of tomato fruit senescence by antisense RNA[J]. Science, 254: 437 – 439.

Öpik H, Rolfe S A. 2005. The Physiology of Flowering Plants[M]. 4th Edition. Cambridge: Cambridge University Press, pp. 1 – 287.

Parcy F, Valon C, Raynal M, *et al.* 1994. Regulation of gene expression programs during Arabidopsis seed development: Roles of the *ABI3* locus and of endogenous absdsic add[J]. Plant Cell, 6: 1567 – 1582.

Picton S, Gray J E, Grierson D. 1995. Ethylene genes and fruit ripening[M]. In: Plant hormones: Physiology, biochemistry and molecular biology, ed. Davies P. pp. 372 – 394. Dordrecht: Kluwer Academic.

Picton S J, Barton S L, Bouzayen M, *et al.* 1993. Altered fruit ripening and leaf senescence in tomatoes expressing an antisense ethylene-forming enzyme transgene[J]. Plant J. , 3: 469 – 481.

Raven P H, Evert R F, Eichhorn S E. 1986. Biology of Plants[M]. New York: Worth Publishers.

Robichaud C S, Wong J, Sussex I M. 1980. Control of *in vitro* growth of viviparous embryo mutants of maize by absdsic acid[J]. Develop. Genet, 1: 325 – 330.

Schmidt R J, Burr F A, Aukerman M J, *et al.* 1990. Maize regulatory gene *opaque*-2 encodes a protein with a leucine-zipper motif that binds to zein DNA[J]. Proc. Natl. Acad. Sd. USA, 87: 46 – 50.

Schmidt R J, Ketudat M, Aukerman M J, *et al.* 1992. Opaque-2 is a transcriptional activator that recognizes a specific target site in 22-kD zein genes[J]. Plant Cell, 4: 689 – 700.

Schnarf K. 1929. Embryologie der Angiosprermen[J]. In: Handbuch der PIlanzenanatomie II, part 2, pp. 321 – 372, Gebriider Borntraeger, Berlin.

Sheehy R E, Kramer M, Hiatt W R. 1988. Reduction of polygalacturonase activity in tomato fruit by antisense RNA[J]. Proc. Natl. Acad. Sci. USA, 85: 8805 – 8809.

Smith C J S, Watson C F, Ray J, et al. 1988. Antisense RNA inhibition of polygalacturonase gene expression in transgenic tomatoes[J]. Nature, 334: 724 – 726.

Theologis A, Oeller P W, Wong L M, et al. 1993. Use of a tomato mutant constructed with reverse genetics to study fruit ripening a complex developmental process[J]. Dev. Genet, 14: 282 – 295.

Thome J H. 1985. Phloem unloading of C and N assimilates in developing seeds[J]. Ann. Rev. Plant Physiol., 36: 317 – 343.

Unger E, Parsons R L, Schmidt R J, et al. 1993. Dominant negative mutants of opaque2 suppress transactivation of a 22 kD zein promoter by opaque2 in maize endosperm cells[J]. Plant Cell, 5: 831 – 841.

Walbot V. 1996. Sources and consequences of phenotypic and genotypic plasticity in flowering plants[J]. Trends Plant Sci, 1: 27 – 32.

Wilkinson J Q, Lanahan M B, Yen H C, et al. 1995. An ethylene-inducible component of signal transduction encoded by Never-ripe[J]. Science, 270: 1807 – 1809.